제2판

선형대수의 이해

국립부경대학교 수학교재편찬위원회 지음

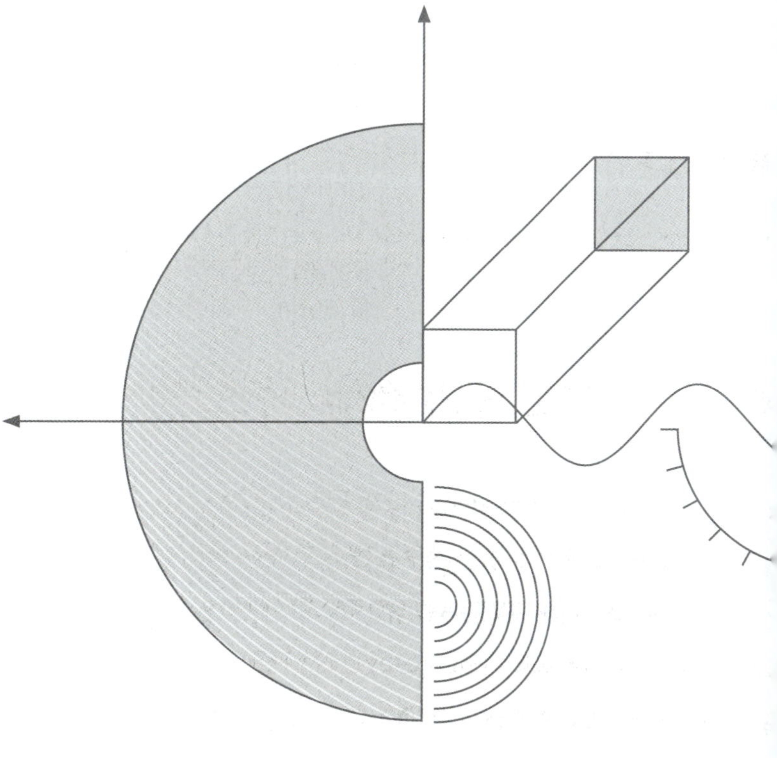

LINEAR
ALGEBRA

자유아카데미

머리말

고대 수학자인 피타고라스는 만물의 근원이 수라고 주장하였다. 비록 그의 사상은 정수 중심의 수 체계에 머물러 있었으나, 2500여 년이 지난 오늘날 우리는 과학과 수학의 발전 속에서 "세상의 거의 모든 문제는 수학으로 표현되고 분석될 수 있는 시대", 즉 4차 산업혁명 시대에 살고 있다. 인공지능, 기계학습, 빅데이터, 생명정보학, 로봇공학 등 다양한 기술이 산업, 사회, 문화 전반에 걸쳐 활용되고 있으며, 이 모든 변화의 중심에는 현실을 수학적 언어로 모델링하고 구조화하는 과정이 존재한다.

그중에서도 선형대수학은 현대 수학적 모델링의 출발점이자, 인공지능과 데이터 분석에서 가장 기본이 되는 이론이다. 인공지능에서 데이터를 표현할 때 하나의 데이터는 벡터(vector)로, 여러 개의 데이터는 행렬(matrix)로 표현된다. 신경망의 학습 과정 또한 결국 행렬과 벡터의 곱, 선형변환(linear transformation)의 반복으로 이루어져 있으며, 이러한 연산은 고차원 데이터를 이해하고 구조를 파악하는 핵심적인 도구가 된다. 즉, 벡터, 행렬, 선형결합, 고윳값과 고유벡터는 인공지능의 내부 구조를 이해하는 데 필요한 가장 기본적인 수학적 언어라고 할 수 있다.

따라서 선형대수학은 더 이상 단순한 이론 학문이 아니라, 자연과학 · 공학 · 경제학 · 사회과학 · 경영학 등 다양한 학문 분야를 유기적으로 연결하는 핵심 기반 학문으로 자리 잡았다. 이러한 시대적 변화에 따라 교육과정에서도 그 중요성이 점점 더 강조되고 있다.

이에 본 교재는 기초 이론의 충실한 전달을 기본으로 하면서, 인공지능 시대의 학문적 요구와 학습자의 사고 흐름에 부합하는 방향으로 전면 개편하였다. 특히, 학습자가 선형대수학의 개념을 보다 직관적이고 체계적으로 이해할 수 있도록 개념 간의 연계성을 강화하고, 학습 순서를 논리적으로 재구성하였다. 또한 각 장에서는 핵심 이론의 명확한 전개와 함께 풍부한 예제 및 응용 사례를 제시하여, 선형대수학이 실제 문제 해결 과정에서 어떻게 활용되는지를 자연스럽게 체득할 수 있도록 하였다. 이를 통해 학습자는 단순한 계산 능력을 넘어, 논리적 사고력과 응용력을 함께 함양할 수 있을 것이다.

각 장의 구성은 다음과 같다.

1장에서는 행렬의 정의와 행렬의 덧셈, 곱셈, 전치, 역행렬 등 기본적인 연산을 학습하고, 행렬이 수학적 구조를 표현하는 데 사용되는 방법을 다룬다.

2장에서는 벡터의 개념과 벡터 연산, 선형결합을 학습하며, 벡터들의 집합이 대수적 구조를 갖는 과정을 이해한다.

3장에서는 행렬과 벡터의 개념을 바탕으로 연립일차방정식의 해법을 다룬다. 가우스 소거법, 해의 존재성, 해공간의 구조 등을 학습한다.

4장에서는 행렬식의 정의와 기본 성질, 여인수 전개 등을 다루며, 행렬식이 역행렬, 선형독립성 등과 어떻게 연결되는지를 설명한다.

5장에서는 유클리드 벡터공간을 중심으로 일반적인 벡터공간, 부분공간, 행공간, 열공간, 영공간의 개념과 기저 및 차원 등을 다룬다.

6장에서는 고유값, 고유벡터, 고유공간의 의미를 설명하고, 이를 이용하여 행렬의 대각화 과정을 학습한다.

7장에서는 벡터공간들 사이의 선형변환을 정의하며, 선형변환과 행렬의 대응관계를 통해 추상적인 개념을 구체화한다.

8장에서는 내적공간의 정의, 정규직교기저, 그람－슈미트 정규화 과정을 통해 유클리드 공간의 직교 구조를 일반 벡터공간으로 확장한다.

이 책은 수학을 전공하지 않은 학생들도 선형대수학의 핵심 개념을 부담 없이 익히고, 논리적 사고와 문제 해결 능력을 기를 수 있도록 구성되었다. 아무쪼록 책을 통해 독자 여러분들이 공부하는 데 큰 도움이 되기를 바라며, 출간 이후 수정 및 보완 사항은 자유아카데미 홈페이지(www.freeaca.com) 자료실에 제공할 예정이니 참고하기를 바란다. 끝으로, 책의 출간을 위해 수고해주신 모든 분들께 감사드린다.

2026년 2월

저자 일동

차례

1장 행렬과 연산

2장 벡터 기하

3장 연립일차방정식

4장 행렬식

1 장

행렬과 연산

행렬은 숫자, 기호, 함수 등 다양한 대상을 두 개의 축으로 정리한 직사각형 배열이다. 처음에는 단순한 정보 정렬 도구처럼 보이지만, 그 구조와 연산 방식이 지닌 선형적 성질 덕분에, 수학 외에도 물리학 · 전자공학 · 컴퓨터 그래픽스 등 광범위한 분야에서 필수적으로 사용된다. 특히 현대 디지털 시대에는 빅데이터 분석, 머신러닝, 영상 처리, 네트워크 모델링 등의 영역에서 행렬이 정보를 체계화하고 복잡한 문제를 계산 가능한 형태로 전환하는 데 필수적인 도구로 자리 잡았다. 또한 경제 예측, 환경 변화 분석, 의료 영상 처리 등 실제 사회문제 해결에도 행렬이 직접적으로 응용된다.

이 장에서는 행렬의 정의와 기본연산(덧셈, 스칼라 곱, 전치, 곱셈)을 체계적으로 다룬다. 더불어 이를 바탕으로 정량적 사고를 확립하고, 복잡한 문제를 단순한 연산으로 환원하는 방법을 살펴보겠다.

01 행렬과 기본연산

행렬(matrix)은 숫자나 문자들로 구성된 행과 열로 이루어진 직사각형 모양의 배열로 정의한다. $m \times n$ 행렬은 m개의 행과 n개의 열로 이루어진 행렬을 의미하며 $m \times n$은 행렬의 **크기**(size)를 나타낸다. 예를 들어서 스칼라 5는 1×1 행렬로 볼 수 있고 행렬 $\begin{pmatrix} 1 & 2 & 3 \end{pmatrix}$, $\begin{pmatrix} 1 & 0 \\ 0 & 2 \end{pmatrix}$, $\begin{pmatrix} 1 & 0 & 0 \\ 0 & 3 & 0 \end{pmatrix}$은 각각 1×3 행렬, 2×2 행렬, 2×3 행렬이다. $m \times n$ 행렬 A의 i번째 행과 j번째 열의 위치에 있는 성분을 a_{ij} 또는 $A(i, j)$로 표기하고 A의 (i, j) **성분**(entry)이라고 한다. 일반적으로 $m \times n$ 행렬 A를

$$A = \begin{pmatrix} a_{11} & a_{12} & \cdots & a_{1n} \\ a_{21} & a_{22} & \cdots & a_{2n} \\ \vdots & \vdots & & \vdots \\ a_{m1} & a_{m2} & \cdots & a_{mn} \end{pmatrix}$$

와 같이 표현하며 간단하게 행렬 $A = (a_{ij})$로 쓴다.

예제 1.1

$A(i, j) = 2i - j$ 인 3×3 행렬 A를 구하여라.

풀이 각 성분별로 a_{ij} 를 계산하면 다음과 같다.

$$\begin{aligned} a_{11} &= 2-1=1,\ a_{12} = 2-2 = 0,\ a_{13} = 2-3 = -1 \\ a_{21} &= 4-1=3,\ a_{22} = 4-2 = 2,\ a_{23} = 4-3 = 1 \\ a_{31} &= 6-1=5,\ a_{32} = 6-2 = 4,\ a_{33} = 6-3 = 3 \end{aligned}$$

따라서, 원하는 행렬은 $A = \begin{pmatrix} 1 & 0 & -1 \\ 3 & 2 & 1 \\ 5 & 4 & 3 \end{pmatrix}$이다.

다음으로 특수한 행렬을 몇 가지 정의하겠다.

정의 1

(1) $m \times n$ 행렬 A에 대하여 $m = n$ 인 경우, A는 **정사각행렬**(square matrix) 또는 n차 정사각행렬이라고 하고 행렬 A의 (i, i) 성분 a_{ii} 를 A의 **대각성분**(diagonal entry)이라고 한다.

(2) 두 $m \times n$ 행렬 A와 B에 대하여 A의 (i, j) 성분과 B의 (i, j) 성분이 항상 같을 때, 두 행렬은 같다고 하고 $A = B$로 나타낸다.

(3) 정사각행렬 A에 대하여

ⓘ $i > j$ 에 대해 $a_{ij} = 0$ 일 때, A는 **상 삼각행렬**(upper triangular matrix)

ⓘⓘ $i < j$ 에 대해 $a_{ij} = 0$ 일 때, A는 **하 삼각행렬**(lower triangular matrix)

ⓘⓘⓘ A가 상 삼각행렬 또는 하 삼각행렬일 때, A는 **삼각행렬**(triangular matrix)

ⓘⓥ $i \neq j$ 인 모든 경우에 $a_{ij} = 0$ 일 때, A는 **대각행렬**(diagonal matrix)

이라고 한다.

예제 1.2

행렬 $A = \begin{pmatrix} 1 & 2 & 1 \\ 0 & 2 & 3 \\ 0 & 0 & 4 \end{pmatrix}$는 상 삼각행렬이고 행렬 $B = \begin{pmatrix} 1 & 0 & 0 \\ 1 & 2 & 0 \\ 1 & 2 & 3 \end{pmatrix}$은 하 삼각행렬이다.

예제 1.3

정사각행렬 $A = \begin{pmatrix} -1 & 0 \\ 0 & 1 \end{pmatrix}$과 $B = \begin{pmatrix} 1 & 0 & 0 \\ 0 & 2 & 0 \\ 0 & 0 & 3 \end{pmatrix}$은 대각행렬이다.

예제 1.4

1×3 행렬 $(1\ 2\ 3)$과 3×1 행렬 $\begin{pmatrix} 1 \\ 2 \\ 3 \end{pmatrix}$은 서로 다른 행렬이다.

(단, 2장에서 배우게 되는 벡터로서 행벡터 $(1\ 2\ 3)$과 열벡터 $\begin{pmatrix} 1 \\ 2 \\ 3 \end{pmatrix}$은 같은 벡터이다.)

이제 행렬들 사이에 정의되는 기본적인 연산에 대하여 차례대로 배워보도록 하겠다. 실제로 행렬을 실수의 행과 열의 배열로 생각하면 실수들 사이의 여러 가지 연산 법칙들이 행렬에서도 그대로 적용되는 경우가 많다. 먼저 행렬의 **덧셈**(sum)과 **스칼라 배**(scalar multiple)에 대하여 다음과 같이 정의한다(단, 행렬의 덧셈을 정의하기 위해서는 행렬의 크기가 서로 같아야 하고 연산의 결과도 같은 크기의 행렬이어야 한다).

정의 2

(1) $A = (a_{ij})$, $B = (b_{ij})$가 $m \times n$ 행렬일 때 두 행렬의 덧셈 $A + B$는 각 행렬의 같은 성분끼리의 합으로 정의한다. 즉, $A + B$는 $m \times n$ 행렬이 되고 각 (i, j)성분은 A의 (i, j)성분과 B의 (i, j)성분의 합인 $a_{ij} + b_{ij}$이다.

$$A + B = (a_{ij} + b_{ij})$$

(2) $m \times n$ 행렬 $A = (a_{ij})$와 스칼라 $\alpha \in \mathbb{R}$에 대하여 A의 α배인 αA는 A의 모든 성분의 α배로 정의한다. 즉, αA는 $m \times n$ 행렬이 되고 각 (i, j)성분은 αa_{ij}이다.

$$\alpha A = (\alpha a_{ij})$$

예제 1.5

$$A = \begin{pmatrix} 1 & 2 & 3 \\ 3 & 4 & 5 \\ 4 & 5 & 6 \\ 5 & 6 & 7 \end{pmatrix},\ B = \begin{pmatrix} 1 & 0 & 6 \\ 0 & 1 & 0 \\ 2 & 0 & 1 \\ 3 & 2 & 1 \end{pmatrix},\ C = \begin{pmatrix} 1 & 2 & 3 & -1 \\ 3 & 1 & 0 & 2 \\ 0 & 1 & 2 & 5 \end{pmatrix}$$ 에 대하여

$A + B$와 $A + C$를 계산하여라.

풀이 두 행렬 A와 B의 성분 합을 구하면 다음과 같다.

$$A + B = \begin{pmatrix} 1+1 & 2+0 & 3+6 \\ 3+0 & 4+1 & 5+0 \\ 4+2 & 5+0 & 6+1 \\ 5+3 & 6+2 & 7+1 \end{pmatrix} = \begin{pmatrix} 2 & 2 & 9 \\ 3 & 5 & 5 \\ 6 & 5 & 7 \\ 8 & 8 & 8 \end{pmatrix}$$

한편, A는 4×3 행렬이고 C는 3×4 행렬이므로 두 행렬의 덧셈 $A + C$는 정의되지 않는다.

예제 1.6

$$A = \begin{pmatrix} 1 & 2 & 3 \\ 3 & 4 & 5 \\ 4 & 5 & 6 \\ 5 & 6 & 7 \end{pmatrix}$$ 에 대하여 $2A$와 $-3A$를 구하여라.

풀이 행렬 A의 각 성분에 2배와 -3배하여 원하는 행렬을 구할 수 있다.

$$2A = \begin{pmatrix} 2 & 4 & 6 \\ 6 & 8 & 10 \\ 8 & 10 & 12 \\ 10 & 12 & 14 \end{pmatrix},\quad (-3)A = \begin{pmatrix} -3 & -6 & -9 \\ -9 & -12 & -15 \\ -12 & -15 & -18 \\ -15 & -18 & -21 \end{pmatrix}$$

행렬의 덧셈과 스칼라 배는 주어진 행렬의 성분별 덧셈과 스칼라 배로 정의하였다. 이제 실수의 덧셈 연산체계의 항등원과 역원의 개념을 이용하여 행렬의 뺄셈을 정의하자. 임의의 실수 $a \in \mathbb{R}$에 대하여 덧셈 연산 '$a + 0 = 0 + a = a$'와 같이, 연산 이후 다시 원래의 값 a를 결과값으로 가질 때, 0을 덧셈에 대한 항등원이라고 한다. 행렬의 덧셈에서도 실수의 0의 역할을 하는 행렬을 정의할 수 있는데, 모든 성분이 0인 행렬

$$O = \begin{pmatrix} 0 & 0 & \cdots & 0 \\ 0 & 0 & \cdots & 0 \\ \vdots & \vdots & & \vdots \\ 0 & 0 & \cdots & 0 \end{pmatrix}$$

을 영행렬(zero matrix)이라 하고 간단하게 O로 표기하겠다. 주의할 점은 실수 0과 다르게 영행렬 O는 행렬의 크기에 따라 여러 가지 모양을 가질 수 있다. 특별히 크기 $m \times n$을 나타내고자 할 때는 $O_{m \times n}$로 표기한다. 따라서 실수의 덧셈에 대한 항등원 개념과 같은 의미로 임의의 $m \times n$ 행렬 A에 대하여

$$A + O = O + A = A$$

임을 알 수 있다.

또한, 실수의 덧셈에 대한 역원의 개념을 이용하여 임의의 $m \times n$ 행렬 A에 대하여

$$A + X = X + A = O$$

처럼 덧셈 이후 연산의 결과값으로 항등원 O를 가질 때, X를 덧셈에 대한 A의 역원이라 부르고 $X = -A$로 표기한다. 실제로 A의 역원은 A의 (-1)배와 일치하여 $-A = (-1)A$가 성립한다. 따라서 다음과 같이 행렬의 뺄셈을 정의할 수 있다.

정의 3

$A = (a_{ij})$, $B = (b_{ij})$가 $m \times n$ 행렬일 때, 두 행렬의 뺄셈 $A - B$는 행렬 A와 행렬 B의 -1배의 합 $A + (-1)B$로 정의한다. 즉, $A - B$는 $m \times n$ 행렬이 되고 각 (i, j) 성분은 A의 (i, j) 성분 a_{ij}와 B의 (i, j) 성분 b_{ij}의 -1배의 합 $a_{ij} + (-1)b_{ij} = a_{ij} - b_{ij}$이다.

$$A - B = (a_{ij} - b_{ij})$$

예제 1.7

$A = \begin{pmatrix} 1 & 2 & 3 \\ 3 & 4 & 5 \\ 4 & 5 & 6 \\ 5 & 6 & 7 \end{pmatrix}$, $B = \begin{pmatrix} 1 & 0 & 6 \\ 0 & 1 & 0 \\ 2 & 0 & 1 \\ 3 & 2 & 1 \end{pmatrix}$일 때, $2A - B$를 구하여라.

풀이 $2A - B = 2A + (-1)B$이므로 두 행렬 $2A$와 $(-1)B$의 성분끼리의 합을 구하면 다음과 같다.

$$2A + (-1)B = \begin{pmatrix} 2-1 & 4-0 & 6-6 \\ 6-0 & 8-1 & 10-0 \\ 8-2 & 10-0 & 12-1 \\ 10-3 & 12-2 & 14-1 \end{pmatrix} = \begin{pmatrix} 1 & 4 & 0 \\ 6 & 7 & 10 \\ 6 & 10 & 11 \\ 7 & 10 & 13 \end{pmatrix}$$

문제 1.1

$A = \begin{pmatrix} 1 & 5 \\ 2 & 0 \end{pmatrix}$, $B = \begin{pmatrix} -1 & -3 \\ 2 & 0 \end{pmatrix}$, $C = \begin{pmatrix} 1 & 3 \\ -4 & 2 \end{pmatrix}$에 대하여 $A - 3B + 5C$를 구하여라.

문제 1.2

$A = \begin{pmatrix} 1 & 0 & 1 \\ 2 & 1 & -1 \\ 1 & 0 & 2 \end{pmatrix}$, $B = \begin{pmatrix} -3 & 2 & 1 \\ 2 & 1 & 2 \\ 1 & 0 & -1 \end{pmatrix}$, $C = \begin{pmatrix} 1 & 1 & 0 \\ 1 & 1 & 0 \\ 2 & 1 & 1 \end{pmatrix}$에 대하여

$(A + B) + C$와 $A + (B + C)$를 각각 구하여라.

다음은 행렬의 덧셈과 스칼라 배에 대하여 성립하는 여러 가지 기본연산 법칙들이다. 초등교육과정에서 수의 연산을 통해 배운 교환법칙, 결합법칙, 분배법칙 등 우리에게 이미 익숙한 연산 법칙들로써 행렬의 연산에서도 대부분 성립한다.

정리 1

임의의 스칼라 α, β와 임의의 $m \times n$ 행렬 A, B, C에 대하여 다음이 성립한다.

(1) $A + B = B + A$

(2) $(A + B) + C = A + (B + C)$

(3) $A + O = O + A = A$

(4) $A + (-A) = O = (-A) + A$

(5) $1A = A$

(6) $(\alpha\beta)A = \alpha(\beta A)$

(7) $(\alpha + \beta)A = \alpha A + \beta A$

(8) $\alpha(A + B) = \alpha A + \alpha B$

문제 1.3

정리 1을 증명하여라.

행렬에서 정의되는 특별한 연산인 전치행렬과 이와 관련된 몇 가지 특수한 형태의 행렬들을 살펴보자.

정의 4

$m \times n$ 행렬 $A = \begin{pmatrix} a_{11} & a_{12} & \cdots & a_{1n} \\ a_{21} & a_{22} & \cdots & a_{2n} \\ \vdots & \vdots & \ddots & \vdots \\ a_{m1} & a_{m2} & \cdots & a_{mn} \end{pmatrix}$가 주어져 있다.

(1) $n \times m$ 행렬 $A^T = \begin{pmatrix} a_{11} & a_{21} & \cdots & a_{m1} \\ a_{12} & a_{22} & \cdots & a_{m2} \\ \vdots & \vdots & \ddots & \vdots \\ a_{1n} & a_{2n} & \cdots & a_{mn} \end{pmatrix}$를 A의 **전치행렬**(transpose)이라 한다.

이때, A^T의 i번째 행은 A의 i번째 열과 같고, A^T의 j번째 열은 A의 j번째 행과 같고 $(A^T)^T = A$을 만족한다.

(2) $m = n$일 때, 즉 A가 정사각행렬일 때, 다음 두 가지 행렬을 정의한다.

(i) $A^T = A$를 만족할 때, A를 **대칭행렬**(symmetric matrix)이라 한다.

(ii) $A^T = -A$를 만족할 때, A를 **교대행렬**(alternating matrix)이라 한다.

예제 1.8

다음 행렬의 전치행렬을 구하여라.

(1) $A = \begin{pmatrix} 1 & 4 \\ 2 & 5 \\ 3 & 6 \end{pmatrix}$ (2) $B = \begin{pmatrix} -3 & 4 & 1 \\ 4 & 3 & 2 \\ 1 & 2 & 1 \end{pmatrix}$

(3) $C = \begin{pmatrix} 0 & -2 & -3 \\ 2 & 0 & 4 \\ 3 & -4 & 0 \end{pmatrix}$

풀이 (1) $A^T = \begin{pmatrix} 1 & 2 & 3 \\ 4 & 5 & 6 \end{pmatrix}$ (2) $B^T = \begin{pmatrix} -3 & 4 & 1 \\ 4 & 3 & 2 \\ 1 & 2 & 1 \end{pmatrix}$

(3) $C^T = \begin{pmatrix} 0 & 2 & 3 \\ -2 & 0 & -4 \\ -3 & 4 & 0 \end{pmatrix}$

문제 1.4

다음 행렬의 전치행렬을 구하여라.

(1) $\begin{pmatrix} a & c & e \\ b & d & f \end{pmatrix}$ (2) $\begin{pmatrix} 1 & 2 & 3 \\ 2 & 5 & 4 \\ 3 & 4 & 0 \end{pmatrix}$

예제 1.9

(1) 행렬 $A = \begin{pmatrix} 1 & 0 & 0 \\ 0 & 1 & 0 \\ 0 & 0 & 1 \end{pmatrix}$과 $B = \begin{pmatrix} 1 & 2 & 3 \\ 2 & 5 & 4 \\ 3 & 4 & 0 \end{pmatrix}$은 대칭행렬이다.

(2) 행렬 $C = \begin{pmatrix} 0 & -2 & -3 \\ 2 & 0 & 4 \\ 3 & -4 & 0 \end{pmatrix}$은 교대행렬이다.

(3) 행렬 $D = \begin{pmatrix} 1 & -2 & -3 \\ 2 & 1 & 4 \\ 3 & -4 & 1 \end{pmatrix}$은 교대행렬이 아니다.

풀이 (1) $A^T = A$이고 $B^T = B$이므로 행렬 A와 B는 대칭행렬이다.

(2) $C^T = -C$이므로 행렬 C는 교대행렬이다.

(3) $D^T \neq -D$이므로 행렬 D는 교대행렬이 아니다.

주어진 행렬의 전치행렬은 행과 열의 위치를 교환하는 연산으로 덧셈과 스칼라 배에 대하여 다음의 성질을 만족한다.

정리 2

(1) $(A+B)^T = A^T + B^T$ (2) $(\alpha A)^T = \alpha(A^T)$

예제 1.10

정사각행렬 A에 대하여 다음을 보여라.

(1) $A + A^T$는 대칭행렬이고 $A - A^T$는 교대행렬이다.

(2) 모든 정사각행렬은 대칭행렬과 교대행렬의 합으로 나타낼 수 있다.

풀이 (1) 정리 2에 의해서

$$(A+A^T)^T = A^T + (A^T)^T = A^T + A$$

이므로 $A+A^T$는 대칭행렬이고

$$(A-A^T)^T = A^T - (A^T)^T = A^T - A = -(A-A^T)$$

이므로 $A-A^T$는 교대행렬이다.

(2) 위 (1)에 의해서 $\frac{A+A^T}{2}$는 대칭행렬이고 $\frac{A-A^T}{2}$는 교대행렬이다. 한편

$$\frac{A+A^T}{2} + \frac{A-A^T}{2} = A$$

이므로 정사각행렬 A를 원하는 대칭행렬과 교대행렬의 합으로 나타내었다.

문제 1.5

예제 1.10을 이용하여 행렬 $A = \begin{pmatrix} 1 & 2 & 3 \\ 4 & 5 & 6 \\ 7 & 8 & 9 \end{pmatrix}$를 대칭행렬과 교대행렬의 합으로 나타내어라.

02 행렬의 곱셈과 역행렬

행렬의 기본연산에는 앞서 정의한 덧셈, 뺄셈, 스칼라 배가 있으며, 여기에 곱셈이 더해져 행렬의 성질을 한층 풍부하게 하고 선형대수학의 기초를 이루는 핵심 개념이 된다. 연립일차방정식의 풀이, 벡터 변환, 선형변환의 합성과 같은 수학적 주제뿐만 아니라 통계학, 물리학, 컴퓨터 과학 등 다양한 분야에서 폭넓게 활용된다. 이제 두 행렬의 곱셈이 어떻게 정의되는지, 간단한 예를 통해서 살펴보자.

1×3 행렬 $A = (1\ \ 2\ \ 3)$과 3×1 행렬 $B = \begin{pmatrix} 4 \\ 5 \\ 6 \end{pmatrix}$이 주어져 있을 때, 행렬의 곱 AB는 실숫값을 가지며

$$AB = (1\ 2\ 3)\begin{pmatrix}4\\5\\6\end{pmatrix} = 1\times 4 + 2\times 5 + 3\times 6 = 32$$

이다. 일반적인 실수의 곱셈보다 복잡해 보이는 계산이지만, 앞 행렬의 열의 개수와 뒤 행렬의 행의 개수가 같을 때 두 행렬의 곱셈을 정의할 수 있다. 같은 방법으로, 3×1 행렬 $A = \begin{pmatrix}1\\2\\3\end{pmatrix}$와 1×3 행렬 $B = (4\ 5\ 6)$의 곱 AB는 앞 행렬 A의 3개의 행과 뒤 행렬 B의 3개의 열을 각각 곱하여 총 9개의 성분으로 이루어진 3×3 행렬이 되고, A의 i행과 B의 j열의 곱이 AB의 (i, j)성분이 되며, 각 성분은 다음과 같이

$$AB = \begin{pmatrix}1\\2\\3\end{pmatrix}(4\ 5\ 6) = \begin{pmatrix}1\times 4 & 1\times 5 & 1\times 6\\ 2\times 4 & 2\times 5 & 2\times 6\\ 3\times 4 & 3\times 5 & 3\times 6\end{pmatrix} = \begin{pmatrix}4 & 5 & 6\\ 8 & 10 & 12\\ 12 & 15 & 18\end{pmatrix}$$

나열된다. 이제 일반적인 행렬의 곱셈을 정의해보자.

$m\times n$ 행렬 A와 $r\times l$ 행렬 B가 다음과 같이 주어져 있다.

$$A = \begin{pmatrix}a_{11} & a_{12} & \cdots & a_{1n}\\ a_{21} & a_{22} & \cdots & a_{2n}\\ \vdots & \vdots & & \vdots\\ a_{m1} & a_{m2} & \cdots & a_{mn}\end{pmatrix} \qquad B = \begin{pmatrix}b_{11} & b_{12} & \cdots & b_{1l}\\ b_{21} & b_{22} & \cdots & b_{2l}\\ \vdots & \vdots & & \vdots\\ b_{r1} & b_{r2} & \cdots & b_{rl}\end{pmatrix}$$

A와 B의 곱이 정의되려면, 행렬 A의 열의 개수 n과 행렬 B의 행의 개수 r이 같아야 한다. 즉, $n = r$이 되어야 한다. 그러면 두 행렬의 곱 AB의 크기는 $m\times l$이 되고, AB의 (i, j) 성분은 A의 i행 $(a_{i1}\ \ a_{i2}\ \ \cdots\ \ a_{in})$과 B의 j열 $\begin{pmatrix}b_{1j}\\b_{2j}\\\vdots\\b_{rj}\end{pmatrix}$의 곱

$$(a_{i1}\ \ a_{i2}\ \ \cdots\ \ a_{in})\begin{pmatrix}b_{1j}\\b_{2j}\\\vdots\\b_{rj}\end{pmatrix} = a_{i1}\times b_{1j} + a_{i2}\times b_{2j} + \cdots + a_{in}\times b_{rj}$$

으로 정의한다.

정의 5

$m \times n$ 행렬 $A=(a_{ij})$와 $n \times l$ 행렬 $B=(b_{ij})$에 대하여 두 행렬의 곱셈 $AB=(c_{ij})$의 크기는 $m \times l$이고, AB의 (i, j) 성분은 A의 i행 $(a_{i1}\ a_{i2}\ \cdots\ a_{in})$과 B의 j열 $\begin{pmatrix} b_{1j} \\ b_{2j} \\ \vdots \\ b_{nj} \end{pmatrix}$의 곱 $c_{ij}=a_{i1}b_{1j}+a_{i2}b_{2j}+\cdots+a_{in}b_{nj}$로 정의한다. 특별히 $n \times n$ 행렬 A를 k개 곱한 행렬을 A^k으로 나타낸다. 즉, $A^k = AA\cdots A$이다.

앞의 예에서 3×1 행렬 $A=\begin{pmatrix} 1 \\ 2 \\ 3 \end{pmatrix}$과 1×3 행렬 $B=(4\ 5\ 6)$의 곱 AB는 정의에 따라 3×3 행렬이 되고, 행렬 AB의 (3, 2) 성분은 A의 3행 (3)과 B의 2열 (5)의 곱인 $3 \times 5 = 15$가 된다.

예제 1.11

$A=\begin{pmatrix} 1 & 2 \\ 1 & -5 \end{pmatrix}$, $B=\begin{pmatrix} 4 & 3 \\ 2 & 0 \end{pmatrix}$일 때, AB와 BA를 각각 계산하여라.

풀이 정의 5에 따라 AB를 각각의 성분별로 계산하면 다음과 같다.

$$AB=\begin{pmatrix} 1 & 2 \\ 1 & -5 \end{pmatrix}\begin{pmatrix} 4 & 3 \\ 2 & 0 \end{pmatrix}=\begin{pmatrix} 1\times4+2\times2 & 1\times3+2\times0 \\ 1\times4+(-5)\times2 & 1\times3+(-5)\times0 \end{pmatrix}=\begin{pmatrix} 8 & 3 \\ -6 & 3 \end{pmatrix}$$

같은 방법으로

$$BA=\begin{pmatrix} 4 & 3 \\ 2 & 0 \end{pmatrix}\begin{pmatrix} 1 & 2 \\ 1 & -5 \end{pmatrix}=\begin{pmatrix} 4\times1+3\times1 & 4\times2+3\times(-5) \\ 2\times1+0\times1 & 2\times2+0\times(-5) \end{pmatrix}=\begin{pmatrix} 7 & -7 \\ 2 & 4 \end{pmatrix}$$

이다.

예제 1.11과 같이 두 정사각행렬 A, B에 대하여 행렬의 곱 AB와 BA가 정의될 때, 일반적으로 $AB \neq BA$이다. 즉, 실수의 곱셈에 대한 교환법칙과 달리, 행렬의 곱셈에서는 교환법칙이 일반적으로 성립하지 않는다는 것을 의미한다. 또한, 영행렬이 아닌 두 행렬 $A=\begin{pmatrix} 1 & 0 \\ 3 & 0 \end{pmatrix}$과 $B=\begin{pmatrix} 0 & 0 \\ 0 & 4 \end{pmatrix}$의 곱 $AB=\begin{pmatrix} 1 & 0 \\ 3 & 0 \end{pmatrix}\begin{pmatrix} 0 & 0 \\ 0 & 4 \end{pmatrix}=\begin{pmatrix} 0 & 0 \\ 0 & 0 \end{pmatrix}$

은 영행렬이 될 수 있으므로 주의해야 한다.

문제 1.6

행렬 $A = \begin{pmatrix} 1 & 0 \\ 3 & 2 \end{pmatrix}$, $B = \begin{pmatrix} 1 & 2 \\ 3 & 4 \end{pmatrix}$, $C = \begin{pmatrix} 2 & 0 \\ 0 & 2 \end{pmatrix}$에 대하여 모든 두 행렬의 곱셈을 계산하여 $AB = BA$, $AC = CA$, $BC = CB$인지 확인하여라.

문제 1.7

다음 행렬의 곱을 계산하여라.

(1) $\begin{pmatrix} -1 & 3 \\ 0 & 2 \end{pmatrix}\begin{pmatrix} 1 & 3 \\ 4 & 2 \end{pmatrix}$

(2) $\begin{pmatrix} 5 & -3 & 6 \\ 0 & 1 & -2 \end{pmatrix}\begin{pmatrix} 2 & 1 \\ -3 & 2 \\ 1 & 0 \end{pmatrix}$

(3) $\begin{pmatrix} 1 & 0 \\ 2 & -1 \\ 3 & 1 \end{pmatrix}\begin{pmatrix} 2 & 3 & 1 \\ -1 & 1 & -1 \end{pmatrix}$

(4) $\begin{pmatrix} 1 & 0 & 5 \\ 2 & -1 & 3 \\ 4 & 1 & 2 \end{pmatrix}\begin{pmatrix} 1 & 0 & 1 \\ -1 & 1 & 1 \\ 1 & 2 & -3 \end{pmatrix}$

문제 1.8

행렬 $A = \begin{pmatrix} a_{11} & a_{12} \\ a_{21} & a_{22} \end{pmatrix}$, $B = \begin{pmatrix} b_{11} & b_{12} \\ b_{21} & b_{22} \end{pmatrix}$, $\mathbf{x} = \begin{pmatrix} x_1 \\ x_2 \end{pmatrix}$에 대하여

$$(A + B)\mathbf{x} = A\mathbf{x} + B\mathbf{x}$$

가 성립함을 보여라.

다음은 행렬의 곱셈에 대한 결합법칙과 분배법칙 등 여러 가지 연산법칙이 성립함을 나타낸다.

정리 3

행렬 A, B, C와 임의의 실수 α에 대하여 다음이 성립한다(단, 행렬의 곱이 정의되도록 A, B, C의 크기를 임의로 정한다).

(1) $A(B+C) = AB + AC$

(2) $(A+B)C = AC + BC$

(3) $(AB)C = A(BC)$

(4) $\alpha(AB) = (\alpha A)B = A(\alpha B)$

문제 1.9

2차 정사각행렬 $A = \begin{pmatrix} a_{11} & a_{12} \\ a_{21} & a_{22} \end{pmatrix}$, $B = \begin{pmatrix} b_{11} & b_{12} \\ b_{21} & b_{22} \end{pmatrix}$, $C = \begin{pmatrix} c_{11} & c_{12} \\ c_{21} & c_{22} \end{pmatrix}$와 실수 α에 대하여 정리 3을 증명하여라.

예제 1.12

행렬 $A = \begin{pmatrix} 1 & -1 \\ -1 & 1 \end{pmatrix}$에 대하여 A^2와 A^3을 구하여라.

풀이 $A^2 = \begin{pmatrix} 1 & -1 \\ -1 & 1 \end{pmatrix}\begin{pmatrix} 1 & -1 \\ -1 & 1 \end{pmatrix} = \begin{pmatrix} 2 & -2 \\ -2 & 2 \end{pmatrix} = 2A$

$A^3 = AA^2 = A(2A) = 2A^2 = 2(2A) = 4A$

예제 1.13

행렬 $A = \begin{pmatrix} 1 & -1 \\ -1 & 1 \end{pmatrix}$에 대하여 A^n을 구하여라(단, $n \geq 1$인 자연수).

풀이 예제 1.12에서 $A^2 = 2A$이고 $A^3 = 2^2 A$임을 확인하였다. 이러한 규칙에 따라서 일반적으로, $A^n = 2^{n-1}A$가 될 것으로 예측할 수 있다. 여기서는 귀납법을 이용하여 좀 더 엄밀하게 확인해보도록 하겠다. $A^2 = 2A$이므로 임의의 $k \geq 3$에 대하여 곱셈식 $A^k = 2^{k-1}A$가 성립한다고 가정하자. 곱셈식 $A^k = 2^{k-1}A$의 양변에 행렬 A를 곱하면 좌변은 $A^kA = A^{k+1}$이고 우변은 $2^{k-1}AA = 2^{k-1}A^2 = 2^{k-1}2A = 2^kA$이므로 원하는 곱셈식 $A^{k+1} = 2^kA$이 성립한다.

문제 1.10

행렬 $A = \begin{pmatrix} 0 & 1 & 0 & 0 \\ 0 & 0 & 1 & 0 \\ 0 & 0 & 0 & 1 \\ 0 & 0 & 0 & 0 \end{pmatrix}$에 대하여 A^n을 구하여라(단, $n \geq 4$인 자연수).

예제 1.14

행렬 $A = \begin{pmatrix} 1 & 0 \\ 3 & 2 \end{pmatrix}$, $B = \begin{pmatrix} 1 & 2 \\ 3 & 4 \end{pmatrix}$에 대하여 $(AB)^T = B^TA^T$임을 확인하여라.

풀이 $AB = \begin{pmatrix} 1 & 0 \\ 3 & 2 \end{pmatrix}\begin{pmatrix} 1 & 2 \\ 3 & 4 \end{pmatrix} = \begin{pmatrix} 1 & 2 \\ 9 & 14 \end{pmatrix}$이므로 $(AB)^T = \begin{pmatrix} 1 & 9 \\ 2 & 14 \end{pmatrix}$이다.

$B^T = \begin{pmatrix} 1 & 3 \\ 2 & 4 \end{pmatrix}$, $A^T = \begin{pmatrix} 1 & 3 \\ 0 & 2 \end{pmatrix}$이고 $B^TA^T = \begin{pmatrix} 1 & 3 \\ 2 & 4 \end{pmatrix}\begin{pmatrix} 1 & 3 \\ 0 & 2 \end{pmatrix} = \begin{pmatrix} 1 & 9 \\ 2 & 14 \end{pmatrix}$이다.

일반적으로 행렬의 곱셈에 대하여 다음이 성립한다.

정리 4

AB 곱이 정의되면 다음이 성립한다.

$$(AB)^T = B^TA^T$$

문제 1.11

행렬 $A = \begin{pmatrix} 1 & 2 & 3 \\ 4 & 5 & 6 \\ 7 & 8 & 9 \end{pmatrix}$, $B = \begin{pmatrix} 2 & 0 & 2 \\ 3 & 1 & 3 \\ -1 & -3 & 1 \end{pmatrix}$에 대하여 $(AB)^T$과 B^TA^T을 각각 구하고 $(AB)^T = B^TA^T$이 성립함을 보여라.

1.1절에서 임의의 행렬 A에 대하여 행렬의 덧셈에 대한 항등원은 영행렬로 그리고 덧셈에 대한 역원은 행렬 $-A$로 각각 유일하게 결정됨을 살펴보았다.

이번 절에서는 정사각행렬에 대하여 행렬의 곱셈에 대한 항등원과 역원의 역할을 하는 행렬을 정의하고 간단한 예제를 통하여 행렬의 곱셈연산을 이해해보도록 하겠다. 4장에서 이러한 역행렬들의 다양한 성질을 살펴보고 실제 역행렬을 구하는 방법을 배워보도록 하겠다.

임의의 실수 a에 대하여 $a \times x = a$를 만족하는 x는 자연수 1인 것을 알고 있다. 이때, 자연수 1을 실수의 곱셈에 대한 항등원이라고 한다. n차 정사각행렬의 곱에 대하여 이러한 성질을 만족하는 행렬과 성질에 대하여 정리하면 다음과 같다.

정의 6

$n \times n$ 행렬 $I = \begin{pmatrix} 1 & 0 & \cdots & 0 \\ 0 & 1 & \cdots & 0 \\ \vdots & \vdots & \ddots & \vdots \\ 0 & 0 & \cdots & 1 \end{pmatrix}$를 n차 **단위행렬**(unit matrix)이라 하고 임의의 n차 정사각행렬 A는 항상 다음을 만족한다.

$$IA = A = AI$$

특별히, 이런 성질을 가지는 행렬은 단위행렬 I가 유일하다.

예제 1.15

단위행렬 I가 유일하게 존재함을 보여라.

풀이 임의의 행렬 A에 대하여 행렬 X가 존재해서 $XA = A = AX$를 만족한다고 하자. 그러면 행렬 I에 대하여 $XI = I = IX$를 만족한다. 한편 I는 단위행렬이므로 $IX = X = XI$이다. 따라서 $X = I$이다.

예제 1.16

행렬 $A=\begin{pmatrix} 2 & 0 & 2 \\ 3 & 1 & 3 \\ -1 & -3 & 1 \end{pmatrix}$과 $I=\begin{pmatrix} 1 & 0 & 0 \\ 0 & 1 & 0 \\ 0 & 0 & 1 \end{pmatrix}$에 대하여 $IA=A=AI$임을 확인하여라.

풀이 행렬의 곱 정의에 의해서

$$\begin{pmatrix} 1 & 0 & 0 \\ 0 & 1 & 0 \\ 0 & 0 & 1 \end{pmatrix}\begin{pmatrix} 2 & 0 & 2 \\ 3 & 1 & 3 \\ -1 & -3 & 1 \end{pmatrix}=\begin{pmatrix} 2 & 0 & 2 \\ 3 & 1 & 3 \\ -1 & -3 & 1 \end{pmatrix}=\begin{pmatrix} 2 & 0 & 2 \\ 3 & 1 & 3 \\ -1 & -3 & 1 \end{pmatrix}\begin{pmatrix} 1 & 0 & 0 \\ 0 & 1 & 0 \\ 0 & 0 & 1 \end{pmatrix}$$

이다.

0이 아닌 임의의 실수 a의 곱셈에 대한 역원은 $\frac{1}{a}=a^{-1}$이다. 마찬가지로 n차 정사각행렬 A에 대하여 $AX=XA=I$를 만족하는 $n\times n$ 행렬 X의 존재에 대하여 생각해 볼 수 있다. 하지만 실수의 곱셈연산과 다르게 행렬의 곱셈연산에서는 예제 1.17과 같이 곱셈에 대한 역원인 행렬 X가 일반적으로 존재하지 않는다.

예제 1.17

행렬 $A=\begin{pmatrix} 1 & 0 \\ 1 & 0 \end{pmatrix}$에 대하여 $AX=XA=I$를 만족하는 2차 정사각행렬 X는 존재하지 않음을 보여라.

풀이 $AX=XA=I$를 만족하는 행렬 X를 $X=\begin{pmatrix} x_1 & x_2 \\ x_3 & x_4 \end{pmatrix}$라 하자.

$$AX=\begin{pmatrix} 1 & 0 \\ 1 & 0 \end{pmatrix}\begin{pmatrix} x_1 & x_2 \\ x_3 & x_4 \end{pmatrix}=\begin{pmatrix} x_1 & x_2 \\ x_1 & x_2 \end{pmatrix}\neq I$$

$$XA=\begin{pmatrix} x_1 & x_2 \\ x_3 & x_4 \end{pmatrix}\begin{pmatrix} 1 & 0 \\ 1 & 0 \end{pmatrix}=\begin{pmatrix} x_1+x_2 & 0 \\ x_3+x_4 & 0 \end{pmatrix}\neq I$$

이므로 원하는 행렬 X는 존재하지 않는다.

정의 7

n차 정사각행렬 A에 대하여

(1) $AX = XA = I$를 만족하는 $n \times n$ 행렬 X가 존재할 때, A를 **정칙**(nonsingular) 또는 **가역**(invertible)이라 하고 X를 A의 **역행렬**(inverse matrix)이라고 한다. 이때, 역행렬 X를 $X = A^{-1}$로 표기한다.

(2) 반대로, 역행렬이 존재하지 않은 행렬 A를 **특이**(singular) 또는 **비가역**(noninvertible)이라 한다.

예제 1.18

행렬 $A = \begin{pmatrix} 7 & 4 \\ 5 & 3 \end{pmatrix}$에 대하여 $X = \begin{pmatrix} 3 & -4 \\ -5 & 7 \end{pmatrix}$는 A의 역행렬임을 보여라.

풀이 $AX = \begin{pmatrix} 7 & 4 \\ 5 & 3 \end{pmatrix}\begin{pmatrix} 3 & -4 \\ -5 & 7 \end{pmatrix} = \begin{pmatrix} 1 & 0 \\ 0 & 1 \end{pmatrix}$, $XA = \begin{pmatrix} 3 & -4 \\ -5 & 7 \end{pmatrix}\begin{pmatrix} 7 & 4 \\ 5 & 3 \end{pmatrix} = \begin{pmatrix} 1 & 0 \\ 0 & 1 \end{pmatrix}$

이므로 $A = \begin{pmatrix} 7 & 4 \\ 5 & 3 \end{pmatrix}$는 정칙이고 $X = \begin{pmatrix} 3 & -4 \\ -5 & 7 \end{pmatrix}$가 A의 역행렬이다.

예제 1.19

예제 1.17에서 행렬 $A = \begin{pmatrix} 1 & 0 \\ 1 & 0 \end{pmatrix}$에 대하여 $AX = XA = I$를 만족하는 2차 정사각행렬 X는 존재하지 않음을 보였다. 따라서 행렬 A는 특이행렬이다.

문제 1.12

행렬 $A = \begin{pmatrix} 2 & 5 \\ 6 & 15 \end{pmatrix}$는 특이행렬임을 보여라.

다음은 정칙행렬의 몇 가지 중요한 성질을 정리하였다.

정리 5

정칙행렬 A와 B에 대하여 다음이 성립한다.

(1) A의 역행렬은 유일하다.

(2) A^{-1}도 정칙행렬이고 $(A^{-1})^{-1} = A$이다.

(3) AB도 정칙이고 $(AB)^{-1} = B^{-1}A^{-1}$이다.

(4) A^T도 정칙행렬이고 $(A^T)^{-1} = (A^{-1})^T$이다.

증명 (1) A의 역행렬을 A^{-1}로 표기하였다. 이때, X를 A의 역행렬이라 하면 $XA = AX = I$을 만족한다. 따라서

$$X = XI = X(AA^{-1}) = (XA)A^{-1} = IA^{-1} = A^{-1}$$

이다.

(2) $A^{-1}A = AA^{-1} = I$이므로 행렬 A^{-1}를 기준으로 생각하면 역행렬의 정의에 따라 $(A^{-1})^{-1} = A$이다.

(3) 행렬 곱의 결합법칙에 의해서 $(B^{-1}A^{-1})(AB) = B^{-1}(A^{-1}A)B = B^{-1}B = I$이고 마찬가지로 $(AB)(B^{-1}A^{-1}) = A(BB^{-1})A^{-1} = AA^{-1} = I$이다.

(4) 전치행렬의 작용에 대한 정리 4에 의해서 $(A^{-1})^T A^T = (AA^{-1})^T = I^T = I$이고 $A^T(A^{-1})^T = (A^{-1}A)^T = I^T = I$이다.

일차방정식 $ax = b$가 주어져 있을 때, 계수 a값에 따라 해가 결정된다. 예를 들어 $a \neq 0$이면 일차방정식의 해는 $x = \dfrac{b}{a}$로 유일하게 결정된다. 3장에서 n개의 변수로 이루어진 m개의 일차방정식들의 공통 해를 구하는 방법을 배우게 된다. 이러한 연립일차방정식은 방정식의 계수로 이루어진 $m \times n$ 행렬 A와 변수로 이루어진 $n \times 1$ 행렬 x, 그리고 상수들로 이루어진 $n \times 1$ 행렬 b의 곱의 연산을 통해서 $A\mathrm{x} = \mathrm{b}$로 나타낼 수 있다. 이때, A의 역행렬 A^{-1}의 존재성은 연립일차방정식의 해를 나타내는 데 매우 중요한 역할을 한다. 실제로 A^{-1}이 존재하면 다음과 같이

$$A^{-1}A\mathrm{x} = A^{-1}\mathrm{b} \quad \Rightarrow \quad I\mathrm{x} = A^{-1}\mathrm{b} \quad \Rightarrow \quad \mathrm{x} = A^{-1}\mathrm{b}$$

해 집합 $\mathrm{x} = A^{-1}\mathrm{b}$를 계산할 수 있다. 하지만 구체적으로 A^{-1}을 구하는 방법은 그

계산과정이 복잡하고 행렬의 크기가 상대적으로 큰 경우에는 손으로 계산하기보다는 컴퓨터 계산 프로그램을 이용해야 한다. 이 책의 4장에서 $n \times n$ 정칙행렬의 역행렬을 구하는 방법을 자세히 다룰 것이다. 이 장에서는 $n=2$인 경우, 역행렬을 구하는 방법과 이를 이용하여 연립일차방정식의 해를 구하는 방법을 소개하도록 하겠다.

예제 1.20

행렬 $A=\begin{pmatrix} a & b \\ c & d \end{pmatrix}$가 정칙일 필요충분조건은 $ad-bc \neq 0$이며, 이때 A의 역행렬 A^{-1}는

$$A^{-1}=\frac{1}{ad-bc}\begin{pmatrix} d & -b \\ -c & a \end{pmatrix}$$

꼴로 나타낼 수 있다. 실제로

$$A^{-1}A=\frac{1}{ad-bc}\begin{pmatrix} d & -b \\ -c & a \end{pmatrix}\begin{pmatrix} a & b \\ c & d \end{pmatrix}=\begin{pmatrix} 1 & 0 \\ 0 & 1 \end{pmatrix}$$

이고, 같은 방법으로 $AA^{-1}=\begin{pmatrix} 1 & 0 \\ 0 & 1 \end{pmatrix}$ 이다.

참고로 A가 특이행렬일 필요충분조건은 $ad-bc=0$이며, 이는 성분 a, b, c, d를 임의로 선택했을 때 만족하기 매우 어려운 조건이므로 이러한 행렬 A를 '특이'하다고 한다.

예제 1.21

연립일차방정식 $\begin{cases} 2x + y = 1 \\ 5x + 3y = 10 \end{cases}$ 는 행렬의 곱으로 나타내면

$$\begin{pmatrix} 2 & 1 \\ 5 & 3 \end{pmatrix}\begin{pmatrix} x \\ y \end{pmatrix}=\begin{pmatrix} 1 \\ 10 \end{pmatrix}$$

이다. 예제 1.20에 의해서 행렬 $\begin{pmatrix} 2 & 1 \\ 5 & 3 \end{pmatrix}$의 역행렬은

$$\begin{pmatrix} 2 & 1 \\ 5 & 3 \end{pmatrix}^{-1}=\frac{1}{2\times 3-5\times 1}\begin{pmatrix} 3 & -1 \\ -5 & 2 \end{pmatrix}=\begin{pmatrix} 3 & -1 \\ -5 & 2 \end{pmatrix}$$

이고, 따라서 해는 $\begin{pmatrix} x \\ y \end{pmatrix}=\begin{pmatrix} 2 & 1 \\ 5 & 3 \end{pmatrix}^{-1}\begin{pmatrix} 1 \\ 10 \end{pmatrix}=\begin{pmatrix} 3 & -1 \\ -5 & 2 \end{pmatrix}\begin{pmatrix} 1 \\ 10 \end{pmatrix}=\begin{pmatrix} -7 \\ 15 \end{pmatrix}$ 이다.

연습문제

01 4×3행렬 $A=(a_{ij})$에 대하여 $a_{ij}=i+j$일 때, 행렬 A를 구하여라.

02 다음 주어진 행렬

$$A=\begin{pmatrix}1&-1\\2&-3\end{pmatrix},\ B=\begin{pmatrix}2&2\\1&-1\end{pmatrix},\ C=\begin{pmatrix}0&-1\\3&1\end{pmatrix},\ D=\begin{pmatrix}1&-2\\3&4\end{pmatrix},$$

$$E=\begin{pmatrix}-2&1&-5\\1&2&0\\-3&1&1\end{pmatrix},\ F=\begin{pmatrix}-1&-3\\2&0\\4&2\end{pmatrix},\ G=\begin{pmatrix}1&-1&3\\-4&0&2\end{pmatrix}$$

에 대하여 다음을 계산하여라.

(1) $2A-3B+2C+D$

(2) $A(B+C)D$

(3) $AB-BA$

(4) $(AB)+C$

(5) $A+(BC)$

(6) $(AB)^2$

(7) A^TB

(8) $(EF)^T-F^TE^T$

(9) G^TG

03 다음 경우에 대하여 각각 예를 들어라.

(1) $A^2=O$ 행렬을 만족하는 영이 아닌 2×2 행렬 A의 예를 들어라.

(2) $AB=O$(영행렬)이지만 영행렬이 아닌 A, B의 예를 들어라.

(3) $A=\begin{pmatrix}1&-3\\-3&9\end{pmatrix}$라 하자. $AB=AC$이지만 $B\neq C$인 2×2 행렬 B와 C의 예를 들어라.

04 행렬 $A=\begin{pmatrix}1&0&2\\2&-1&3\\4&1&8\end{pmatrix}$을 대칭행렬과 교대행렬의 합으로 나타내어라.

05 행렬 $A=\begin{pmatrix} 0 & 1 \\ -1 & 1 \end{pmatrix}$에 대하여 다음을 구하여라.

(1) A^2, A^3, A^4, A^5을 계산하여라.

(2) A^{2026}을 계산하여라.

06 행렬 $A=\begin{pmatrix} \cos\theta & -\sin\theta \\ \sin\theta & \cos\theta \end{pmatrix}$에 대하여 다음을 구하여라.

(1) $A^2=\begin{pmatrix} \cos 2\theta & -\sin 2\theta \\ \sin 2\theta & \cos 2\theta \end{pmatrix}$임을 보여라.

(2) $A^n=\begin{pmatrix} \cos n\theta & -\sin n\theta \\ \sin n\theta & \cos n\theta \end{pmatrix}$, $n \geq 2$임을 보여라.

07 다음 연립일차방정식을 행렬의 곱 $A\mathbf{x} = \mathbf{b}$로 나타내어라.

(1) $\begin{cases} x_1 + 2x_2 = 9 \\ 2x_1 - x_2 = 0 \end{cases}$

(2) $\begin{cases} x_1 + 2x_2 = -1 \\ 2x_1 + x_2 + x_3 = 1 \end{cases}$

(3) $\begin{cases} x_1 + x_2 = 2 \\ x_2 + x_3 = 1 \\ x_3 + x_4 = 2 \end{cases}$

(4) $\begin{cases} x_1 - x_2 - x_3 - 2x_4 = 2 \\ x_2 + x_3 - x_4 = 1 \\ x_3 - x_4 = 1 \end{cases}$

08 행렬 $\begin{pmatrix} 1 & 3 \\ -2 & 4 \end{pmatrix}$의 역행렬을 이용하여 연립일차방정식 $\begin{cases} x + 3y = 5 \\ -2x + 4y = 3 \end{cases}$의 해를 구하여라.

09 편의점에서 어제는 음료수 3병과 라면 2개를 사고 1만 원을 지불하였고, 오늘은 음료수 4병과 라면 1봉지를 사고 8천 원을 지불하였다. 음료수와 라면의 가격을 각각 구하여라.

10 유클리드 평면 $\mathbb{R}^2$의 임의의 점 $\mathbf{p}=\begin{pmatrix} a \\ b \end{pmatrix}$를 x축을 중심으로 반시계 방향으로 θ만큼 회전했을 때의 좌표는 행렬 $A=\begin{pmatrix} \cos\theta & -\sin\theta \\ \sin\theta & \cos\theta \end{pmatrix}$에 대하여 행렬의 곱 $A\mathbf{p}$로 표현된다. 점 $\mathbf{p}=\begin{pmatrix} 2 \\ 3 \end{pmatrix}$를 x축을 중심으로 반시계 방향으로 $\frac{\pi}{3}$만큼 회전했을 때 좌표를 구하여라.

2장

벡터 기하

벡터는 크기와 방향을 가지는 물리량으로 힘, 속도, 가속도와 같이 방향성을 지닌 물리적 현상을 설명하기 위해 도입되었다. 기하학적으로는 한 점에서 다른 점까지의 이동에 대응하는 유향선분으로 표현되며, 데카르트 좌표계를 이용한 유클리드 공간 위에 성분표시와 함께 대수적으로 다룰 수 있게 되었다. 이러한 수학적 개념은 자율주행, 로봇 수술 알고리즘, 드론 기술, AI를 비롯하여 전자 · 컴퓨터 · 기계공학, 건축, 바이오 의료 등 4차 산업혁명 시대의 핵심 분야에 널리 응용되고 있다. 이번 장에서는 벡터의 기본 개념과 연산을 다루고, 이를 2차원 좌표평면과 3차원 좌표공간에서 어떻게 활용할 수 있는지 살펴본다.

01 벡터란?

일상에 흔히 접할 수 있는 물리적 양 가운데 길이, 넓이, 질량, 부피처럼 크기만을 수로 표현되는 양을 스칼라(scalar)라 하며 속도, 가속도, 힘과 같이 크기와 방향이 함께 주어져야 하는 양은 벡터(vector)라는 수학적인 개념으로 표현한다.

<그림 2.1>과 같이 유클리드 공간에서 벡터는 한 점 A에서 다른 점 B까지의 이동에 대응하는 유향선분으로 나타내고 $\overrightarrow{AB}$로 표시한다. 이때, 점 A를 벡터 $\overrightarrow{AB}$의 시점, 점 B를 벡터 $\overrightarrow{AB}$의 종점이라고 하고, 선분 AB의 길이와 화살표의 방향을 각각 벡터 $\overrightarrow{AB}$의 크기와 방향이라고 한다. 특별히 <그림 2.2>와 같이 두 벡터의 크기와 방향이 같을 때, 벡터의 정의에 따라 $\overrightarrow{AB}$와 $\overrightarrow{PQ}$는 같은 벡터라고 이해한다.

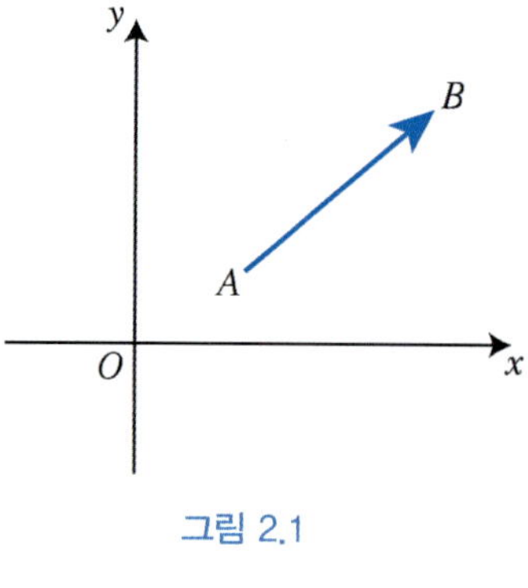

그림 2.1

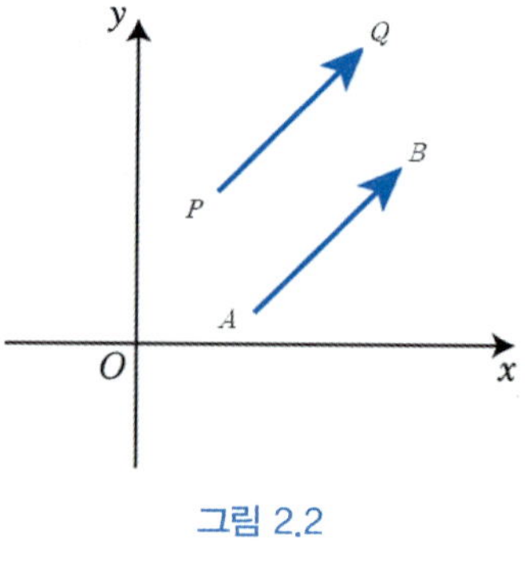

그림 2.2

일반적으로 유클리드 공간에서 벡터는 좌표를 사용하여 나타낸다. 실제로, <그림 2.2>와 같이 크기와 방향이 같은 벡터는 모두 같은 벡터이므로 <그림 2.3>과 같이 임의의 벡터는 시점을 원점으로 하는 벡터로 나타낼 수 있으며, 이를 위치벡터라 한다. 즉, n차원 유클리드 공간에서 임의의 벡터는 그에 대응하는 위치벡터의 종점으로 결정되므로, 모든 벡터들의 집합은 공간 위의 점들의 집합과 서로 일대일 대응한다.

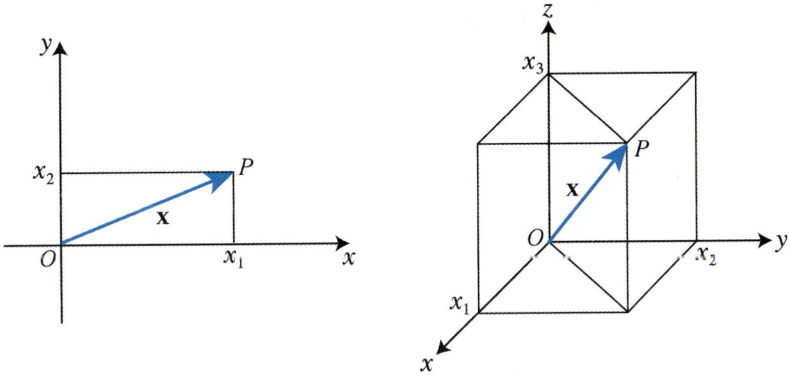

그림 2.3

<그림 2.3>과 같이 좌표평면 위에 존재하는 임의의 벡터는 원점을 시점으로 하고, 종점이 P인 벡터에 대응한다. 이 벡터는 점 P의 성분을 이용하여 $(x_1,\ x_2)$로 나타낸다. 마찬가지로 3차원 좌표공간의 임의의 벡터를 $(x_1, x_2,\ x_3)$로 나타낸다. 일반적으로 좌표가 4개 이상인 모든 벡터를 표현할 수 있고 이러한 벡터를 n차원 유클리드 벡터라고 한다. 또한 모든 n차원 유클리드 벡터들의 집합을 $\mathbb{R}^n$으로 나타내며 유클리드 (벡터) 공간(Euclidean vector space)이라고 한다. 벡터공간의 개념은 5장에서 다시 엄밀하게 정의하겠다. 이제 유클리드 공간 $\mathbb{R}^n$의 임의의 점 P는 $\mathbb{R}^n$의 위치벡터 $\overrightarrow{OP}$라고 생각해도 좋다. 일반적으로 $\mathbb{R}^n$의 임의의 벡터는 $\mathbb{R}^n$의 한 점 P, Q, R 또는 한 문자로 $\mathbf{x}$, $\mathbf{y}$, $\mathbf{z}$, $\mathbf{u}$, $\mathbf{v}$와 같이 나타낸다.

예제 2.1

(1) $P = (x_1, x_2, \cdots, x_n) \in \mathbb{R}^n$을 유클리드 공간 $\mathbb{R}^n$의 행벡터(row vector)라고 한다.

(2) $Q = \begin{pmatrix} x_1 \\ x_2 \\ \vdots \\ x_n \end{pmatrix} \in \mathbb{R}^n$을 유클리드 공간 $\mathbb{R}^n$의 열벡터(column vector)라고 한다.

(3) $\mathbf{e}_1 = \begin{pmatrix} 1 \\ 0 \\ \vdots \\ 0 \end{pmatrix}, \mathbf{e}_2 = \begin{pmatrix} 0 \\ 1 \\ \vdots \\ 0 \end{pmatrix}, \cdots, \mathbf{e}_n = \begin{pmatrix} 0 \\ 0 \\ \vdots \\ 1 \end{pmatrix} \in \mathbb{R}^n$을 유클리드 공간 $\mathbb{R}^n$의 n차원 기본 단위벡터(standard unit vector)라고 한다.

(4) $\mathbf{0} = (0, 0, \cdots, 0) \in \mathbb{R}^n$을 벡터공간 $\mathbb{R}^n$의 영벡터(zero vector)라고 한다.

예제 2.1 (1) 행벡터 P와 (2)의 열벡터 Q는 본질적으로 동일한 벡터로, 단지 형식적으로 행 또는 열로 표현한 것이다. 따라서 혼동의 여지가 없는 경우, 특별한 언급없이 상황에 따라 행벡터와 열벡터를 자유롭게 사용할 것이다.

벡터의 연산

지금부터 유클리드 벡터들의 기본연산인 벡터의 덧셈, 뺄셈, 스칼라 배를 정의하고 이러한 연산을 통하여 새로운 벡터가 만들어지는 과정을 알아보자.

벡터의 연산에서 가장 기본적인 개념으로 $\mathbb{R}^n$의 두 벡터 $\mathbf{x} = (x_1, x_2, \cdots, x_n)$와 $\mathbf{y} = (y_1, y_2, \cdots, y_n)$에 대하여 덧셈은

$$\mathbf{x} + \mathbf{y} = (x_1 + y_1, x_2 + y_2, \cdots, x_n + y_n)$$

와 같이 각 성분의 덧셈으로 정의된다. 예를 들어 좌표평면 $\mathbb{R}^2$ 상의 두 벡터 $\mathbf{x}$와 $\mathbf{y}$에 대한 덧셈 $\mathbf{x} + \mathbf{y}$는 기하학적으로 <그림 2.4>와 같이 표현한다. 이러한 연산 방법을 평행사변형의 법칙이라고 한다. 또한 <그림 2.5>와 같이 벡터 $\mathbf{x}$의 종점과 벡터 $\mathbf{y}$의 시점을 연결하여 벡터 $\mathbf{x} + \mathbf{y}$를 표현할 수 있고 이러한 방법을 종점-시점 법칙이라고 한다.

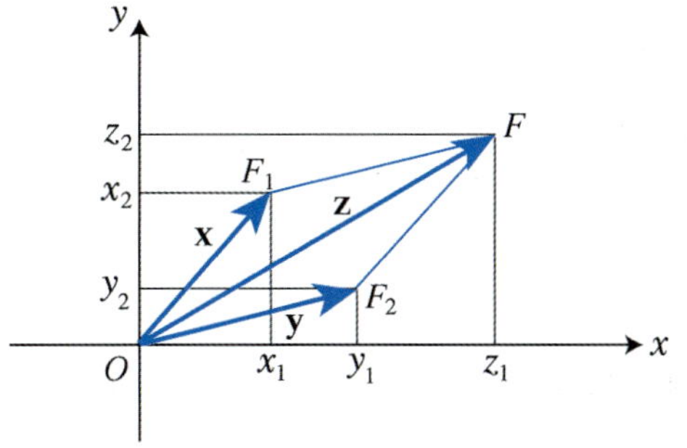

그림 2.4

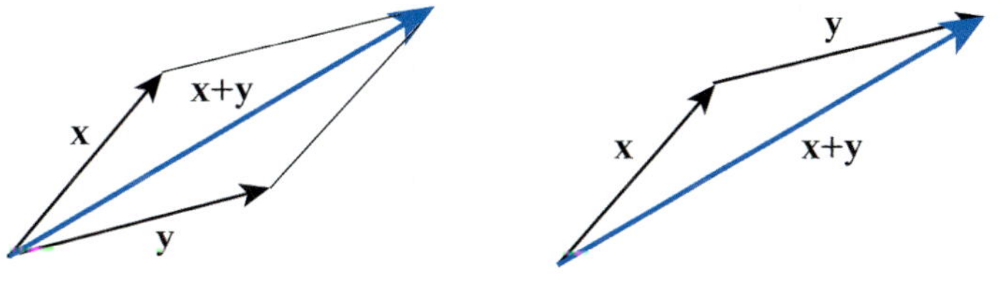

그림 2.5

다음으로 $\mathbb{R}^n$의 한 벡터 $\mathbf{x} = (x_1, x_2, \cdots, x_n)$와 실수(스칼라) $c \in \mathbb{R}$에 대하여 <그림 2.6>과 같이 벡터 $\mathbf{x}$와 방향이 같거나($c > 0$일 때), 방향이 반대이고($c < 0$일 때), 크기는 다른 새로운 벡터

$$c\mathbf{x} = (cx_1, cx_2, \cdots, cx_n)$$

를 정의할 수 있다. 이러한 연산을 벡터의 스칼라 배(scalar multiple)라고 한다. 특별히 0이 아닌 실수 $c \in \mathbb{R}$에 대하여 벡터 $c\mathbf{x}$는 벡터 $\mathbf{x}$와 평행이라 하고 음의 실수 -1에 대하여 $(-1)\mathbf{x} = -\mathbf{x}$를 $\mathbf{x}$의 음벡터라고 한다.

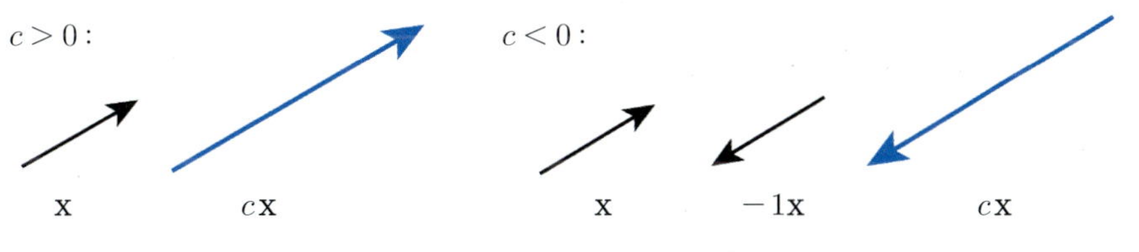

그림 2.6

예를 들어, 벡터 $2\mathbf{x} = (2x_1, 2x_2, \cdots, 2x_n)$과 $\frac{1}{2}\mathbf{x} = \left(\frac{1}{2}x_1, \frac{1}{2}x_2, \cdots, \frac{1}{2}x_n\right)$은 벡터 $\mathbf{x}$와 방향이 같고 크기는 각각 2배와 $\frac{1}{2}$배인 벡터이다. 또한, 음의 정수 -2에 대하여 $-2\mathbf{x} = (-2x_1, -2x_2, \cdots, -2x_n)$은 $\mathbf{x}$와 방향이 반대이고 크기는 2배인 벡터이다.

벡터의 덧셈과 스칼라 배를 이용하여 두 벡터의 뺄셈을 정의할 수 있다. $\mathbb{R}^n$의 두 벡터 $\mathbf{x} = (x_1, x_2, \cdots, x_n)$와 $\mathbf{y} = (y_1, y_2, \cdots, y_n)$에 대하여 $\mathbf{x} - \mathbf{y}$는 벡터 $\mathbf{x}$에 벡터 $\mathbf{y}$와 크기가 같고 방향이 반대인 벡터 $-\mathbf{y}$를 더한 것으로 이해할 수 있다. 즉, $\mathbf{x} - \mathbf{y} = \mathbf{x} + (-\mathbf{y})$이다. <그림 2.7>은 벡터의 뺄셈을 기하학적으로 표현한 것이다.

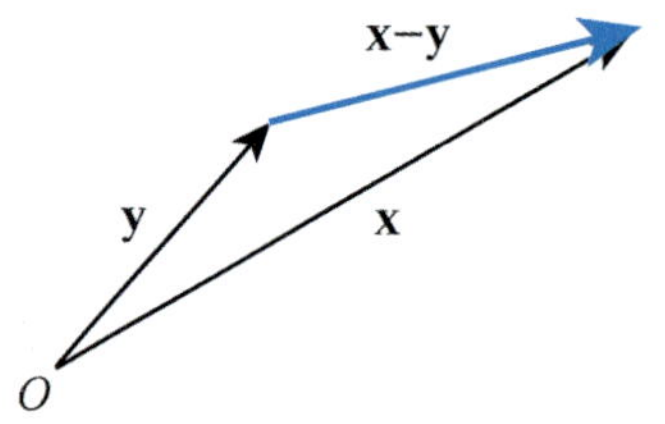

그림 2.7

예제 2.2

벡터 $\mathbf{x} = \begin{pmatrix} 1 \\ -3 \\ 2 \end{pmatrix}$, $\mathbf{y} = \begin{pmatrix} 2 \\ 0 \\ -1 \end{pmatrix}$에 대하여 다음 벡터를 구하여라.

(1) $\mathbf{x} + 2\mathbf{y}$　　　　(2) $3\mathbf{x} - 4\mathbf{y}$

풀이 (1)
$$\begin{aligned}\mathbf{x} + 2\mathbf{y} &= (1, -3, 2) + 2(2, 0, -1) \\ &= (1+4, -3+0, 2-2) \\ &= (5, -3, 0)\end{aligned}$$

(2)
$$\begin{aligned}3\mathbf{x} - 4\mathbf{y} &= 3(1, -3, 2) - 4(2, 0, -1) \\ &= (3-8, -9-0, 6+4) \\ &= (-5, -9, 10)\end{aligned}$$

예제 2.3

유클리드 공간 위의 두 점 A, B에 대하여 $\overrightarrow{AB} = \overrightarrow{OB} - \overrightarrow{OA}$임을 보여라.

풀이 먼저 좌표평면 위의 두 점 $A = (x_1, x_2), B = (y_1, y_2)$에 대하여 $\overrightarrow{AB} = \overrightarrow{OB} - \overrightarrow{OA}$임을 보이겠다. 좌표평면 위의 모든 벡터는 평행이동하여 원점을 시점으로 하는 위치벡터로 표현된다. 즉, 점 $A = (x_1, x_2)$를 원점 $\mathbf{0} = (0,0) = (x_1 - x_1, x_2 - x_2)$으로 평행이동하면 점 $B = (y_1, y_2)$는 $P = (y_1 - x_1, y_2 - x_2)$로 평행이동된다. 따라서, $\overrightarrow{OB} - \overrightarrow{OA} = (y_1 - x_1, y_2 - x_2)$이므로 $\overrightarrow{AB} = \overrightarrow{OP} = \overrightarrow{OB} - \overrightarrow{OA}$임을 알 수 있다. 일반적인 n차원 유클리드 공간에서도 같은 방법으로 확인할 수 있다.

문제 2.1

벡터 $\mathbf{x} = \begin{pmatrix} -1 \\ -2 \\ 3 \end{pmatrix}$, $\mathbf{y} = \begin{pmatrix} 3 \\ 2 \\ -1 \end{pmatrix}$에 대하여 다음 벡터를 구하여라.

(1) $3\mathbf{x} - 7\mathbf{y}$

(2) $2\mathbf{x} + 3\mathbf{y}$

예제 2.4

$\mathbf{x} = \begin{pmatrix} x_1 \\ x_2 \\ \vdots \\ x_n \end{pmatrix}$, $\mathbf{y} = \begin{pmatrix} y_1 \\ y_2 \\ \vdots \\ y_n \end{pmatrix}$, $\mathbf{z} = \begin{pmatrix} z_1 \\ z_2 \\ \vdots \\ z_n \end{pmatrix}$일 때, 다음이 성립함을 보여라.

(1) $\mathbf{x} + \mathbf{y} = \mathbf{y} + \mathbf{x}$

(2) $(\mathbf{x} + \mathbf{y}) + \mathbf{z} = \mathbf{x} + (\mathbf{y} + \mathbf{z})$

풀이 (1) $\mathbf{x} + \mathbf{y} = \begin{pmatrix} x_1 \\ x_2 \\ \vdots \\ x_n \end{pmatrix} + \begin{pmatrix} y_1 \\ y_2 \\ \vdots \\ y_n \end{pmatrix} = \begin{pmatrix} x_1 + y_1 \\ x_2 + y_2 \\ \vdots \\ x_n + y_n \end{pmatrix} = \begin{pmatrix} y_1 + x_1 \\ y_2 + x_2 \\ \vdots \\ y_n + x_n \end{pmatrix} = \begin{pmatrix} y_1 \\ y_2 \\ \vdots \\ y_n \end{pmatrix} + \begin{pmatrix} x_1 \\ x_2 \\ \vdots \\ x_n \end{pmatrix} = \mathbf{y} + \mathbf{x}$

지금까지 살펴본 벡터의 기본연산 법칙은 실수의 덧셈과 곱셈과 마찬가지로 교환법칙, 분배법칙 등 다음의 여러 대수적인 성질을 만족한다. 증명은 정의로부터 쉽게 보일 수 있으므로 독자에게 남긴다.

정리 1

유클리드 공간 $\mathbb{R}^n$의 벡터 $\mathbf{x}, \mathbf{y}, \mathbf{z}$와 실수 c, d에 대하여 다음이 성립한다.

(1) $\mathbf{x}+\mathbf{y}=\mathbf{y}+\mathbf{x}$

(2) $c(\mathbf{x}+\mathbf{y})=c\mathbf{x}+c\mathbf{y}$

(3) $(\mathbf{x}+\mathbf{y})+\mathbf{z}=\mathbf{x}+(\mathbf{y}+\mathbf{z})$

(4) $(c+d)\mathbf{x}=c\mathbf{x}+d\mathbf{x}$

(5) $\mathbf{x}+\mathbf{0}=\mathbf{x}=\mathbf{0}+\mathbf{x}$

(6) $(cd)\mathbf{x}=c(d\mathbf{x})$

(7) $\mathbf{x}+(-\mathbf{x})=\mathbf{0}=(-\mathbf{x})+\mathbf{x}$

(8) $1\mathbf{x}=\mathbf{x}$

벡터는 방향과 크기를 가지는 물리량이며, 수학적으로 유클리드 공간에서 시점과 종점을 가지는 유향선분으로 정의하였다. 이제 벡터의 크기를 정의하자. 유클리드 공간 $\mathbb{R}^n$의 임의의 벡터는 시점을 원점으로 하는 위치벡터 $P=(x_1, x_2, \cdots, x_n)$로 나타낼 수 있다. 따라서 주어진 벡터 P의 크기는 피타고라스 정리를 이용하여 다음과 같이 정의할 수 있다. 예를 들어, $n=3$일 때 <그림 2.8>과 같이 나타낼 수 있다.

정의 1

유클리드 공간 $\mathbb{R}^n$의 한 벡터 $X=(x_1, x_2, \cdots, x_n)$에 대하여 X의 **크기**(norm)를 $\|X\|$로 나타내고 다음과 같이 정의한다.

$$\|X\|=\sqrt{x_1^2+x_2^2+\cdots+x_n^2}$$

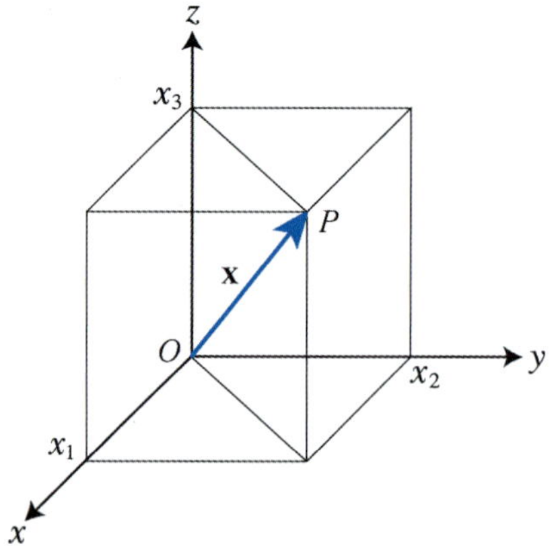

그림 2.8

예제 2.5

벡터 $X = \begin{pmatrix} 2 \\ 2 \\ -2 \end{pmatrix} \in \mathbb{R}^3$ 의 크기를 구하여라.

풀이 $\|X\| = \sqrt{2^2 + 2^2 + (-2)^2} = 2\sqrt{3}$

예제 2.6

기본 단위벡터 $\mathrm{e}_1 = \begin{pmatrix} 1 \\ 0 \\ \vdots \\ 0 \end{pmatrix}, \mathrm{e}_2 = \begin{pmatrix} 0 \\ 1 \\ \vdots \\ 0 \end{pmatrix}, \cdots, \mathrm{e}_n = \begin{pmatrix} 0 \\ 0 \\ \vdots \\ 1 \end{pmatrix} \in \mathbb{R}^n$ 의 크기를 구하여라.

풀이

$$\begin{aligned} \|\mathrm{e}_1\| &= \sqrt{1^2 + 0^2 + \cdots + 0^2} = 1 \\ \|\mathrm{e}_2\| &= \sqrt{0^2 + 1^2 + \cdots + 0^2} = 1 \\ \vdots \quad & \qquad\qquad \vdots \qquad\qquad \vdots \\ \|\mathrm{e}_n\| &= \sqrt{0^2 + 0^2 + \cdots + 1^2} = 1 \end{aligned}$$

예제 2.6과 같이 크기가 1인 벡터를 단위벡터(unit vector)라고 한다.

예제 2.7

유클리드 공간 $\mathbb{R}^3$의 기본 단위벡터 $\mathrm{e}_1 = \begin{pmatrix} 1 \\ 0 \\ 0 \end{pmatrix}, \mathrm{e}_2 = \begin{pmatrix} 0 \\ 1 \\ 0 \end{pmatrix}, \mathrm{e}_3 = \begin{pmatrix} 0 \\ 0 \\ 1 \end{pmatrix}$ 은 각각 x, y, z 축 방향의 단위벡터이고 간단하게 〈그림 2.9〉처럼 $\mathbf{i}, \mathbf{j}, \mathbf{k}$ 로 나타낸다.

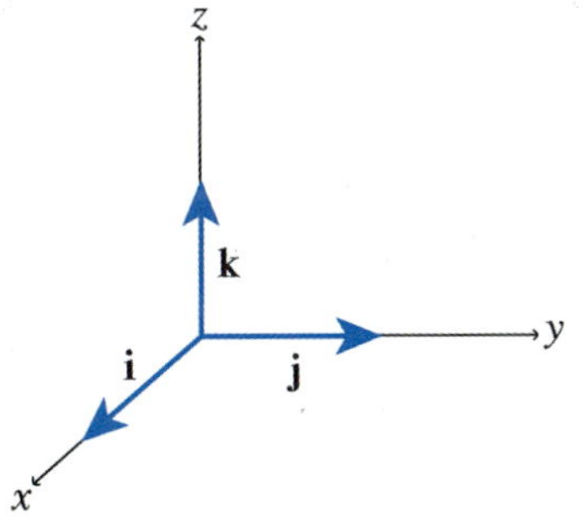

그림 2.9

예제 2.8

벡터 $\mathrm{a} = \begin{pmatrix} 1 \\ -1 \\ 3 \end{pmatrix}$과 같은 방향의 단위벡터를 구하여라.

풀이 $\left\| \dfrac{1}{\|\mathrm{a}\|}\mathrm{a} \right\| = \dfrac{1}{\|\mathrm{a}\|}\|\mathrm{a}\| = 1$ 이므로 벡터 $\dfrac{1}{\|\mathrm{a}\|}\mathrm{a}$는 크기가 1이고 벡터 a와 같은 방향의 벡터이다. 따라서 a와 같은 방향의 단위벡터는

$$\frac{1}{\|\mathrm{a}\|}\mathrm{a} = \frac{1}{\sqrt{1^2+(-1)^2+3^2}}\begin{pmatrix} 1 \\ -1 \\ 3 \end{pmatrix} = \frac{1}{\sqrt{11}}\begin{pmatrix} 1 \\ -1 \\ 3 \end{pmatrix}$$ 이다.

예제 2.8과 같이 주어진 벡터 a와 같은 방향의 단위벡터 $\dfrac{1}{\|\mathrm{a}\|}\mathrm{a}$를 구하는 과정을 벡터 a의 **정규화**(normalization)라고 한다.

문제 2.2

두 점 $A(1, -1, -2)$, $B(3, 2, 0)$에 대하여 벡터 $\overrightarrow{AB}$의 크기를 구하고 정규화하여라.

문제 2.3

벡터 $\mathrm{a} = \begin{pmatrix} 1 \\ -1 \\ 3 \end{pmatrix}$, $\mathrm{b} = \begin{pmatrix} 3 \\ 1 \\ 0 \end{pmatrix}$에 대하여 다음 값을 구하여라.

(1) $\|2\mathrm{a} - \mathrm{b}\|$

(2) $\|\mathrm{a} + 2\mathrm{b}\|$

정의 2

유클리드 공간 $\mathbb{R}^n$에서 k개의 벡터 $\mathrm{v}_1, \mathrm{v}_2, \cdots, \mathrm{v}_k$와 임의의 스칼라 $c_1, c_2, \cdots, c_k$에 대하여 $\mathrm{v} = c_1\mathrm{v}_1 + c_2\mathrm{v}_2 + \cdots + c_k\mathrm{v}_k$는 $\mathbb{R}^n$에서 하나의 벡터가 된다. 이때 v를 $\mathrm{v}_1, \mathrm{v}_2, \cdots, \mathrm{v}_k$의 일차결합(linear combination)이라고 한다.

예제 2.9

(1) 벡터 $\mathrm{a} = \begin{pmatrix} 2 \\ -3 \\ 4 \end{pmatrix}$는 $\mathrm{a} = 2\mathrm{i} + (-3)\mathrm{j} + 4\mathrm{k}$ 와 같이 벡터 $\mathrm{i} = \begin{pmatrix} 1 \\ 0 \\ 0 \end{pmatrix}$, $\mathrm{j} = \begin{pmatrix} 0 \\ 1 \\ 0 \end{pmatrix}$, $\mathrm{k} = \begin{pmatrix} 0 \\ 0 \\ 1 \end{pmatrix}$의 일차결합으로 나타낼 수 있다.

(2) 임의의 n 차원 벡터 $\mathrm{x} = \begin{pmatrix} x_1 \\ x_2 \\ \vdots \\ x_n \end{pmatrix}$는 n 차원 기본 단위벡터를 사용하여 $\mathrm{x} = x_1\mathrm{e}_1 + x_2\mathrm{e}_2 + \cdots + x_n\mathrm{e}_n$ 와 같이 나타낼 수 있다.

예제 2.10

두 벡터 $\mathrm{a} = \mathrm{i} - \mathrm{j} + \mathrm{k}$, $\mathrm{b} = -2\mathrm{i} + 3\mathrm{j} + 3\mathrm{k}$ 에 대하여 $\mathrm{a} - 2\mathrm{b}$ 를 i, j, k 의 일차결합으로 나타내고 정규화하여라.

풀이 벡터 $\mathrm{a} - 2\mathrm{b}$ 는 $\mathrm{a} - 2\mathrm{b} = (\mathrm{i} - \mathrm{j} + \mathrm{k}) - 2(-2\mathrm{i} + 3\mathrm{j} + 3\mathrm{k}) = 5\mathrm{i} - 7\mathrm{j} - 5\mathrm{k}$ 와 같이 i, j, k 의 일차결합으로 나타낼 수 있다. 또한 벡터 $\mathrm{a} - 2\mathrm{b}$ 의 크기는 $\| \mathrm{a} - 2\mathrm{b} \| = \sqrt{5^2 + (-7)^2 + (-5)^2} = 3\sqrt{11}$ 이므로 $\mathrm{a} - 2\mathrm{b}$ 와 같은 방향의 단위벡터는 $\dfrac{\mathrm{a} - 2\mathrm{b}}{\| \mathrm{a} - 2\mathrm{b} \|} = \dfrac{1}{3\sqrt{11}}(5\mathrm{i} - 7\mathrm{j} - 5\mathrm{k})$ 이다.

문제 2.4

벡터 $\mathrm{a} = \begin{pmatrix} 2 \\ -1 \\ 1 \end{pmatrix}$, $\mathrm{b} = \begin{pmatrix} 1 \\ 3 \\ 2 \end{pmatrix}$, $\mathrm{c} = \begin{pmatrix} -2 \\ 1 \\ 0 \end{pmatrix}$에 대하여 벡터 $\mathrm{a} + 2\mathrm{b} + 3\mathrm{c}$를 i, j, k 의 일차결합으로 나타내고 정규화하여라.

문제 2.5

벡터 $\begin{pmatrix} 1 \\ 2 \\ 3 \end{pmatrix}$과 방향이 같고 크기가 3 인 벡터를 구하여라.

정의 3

유클리드 공간 $\mathbb{R}^n$의 두 벡터 $\mathbf{x}$, $\mathbf{y}$ 에 대하여 벡터 $\mathbf{x}-\mathbf{y}$ 또는 $\mathbf{y}-\mathbf{x}$ 의 크기를 $\mathbf{x}$ 와 $\mathbf{y}$ 의 거리(distance)라 하고 $d(\mathbf{x}, \mathbf{y}) = \|\mathbf{x}-\mathbf{y}\| = \|\mathbf{y}-\mathbf{x}\|$로 나타낸다.

예제 2.11

두 벡터 $\mathbf{a} = \begin{pmatrix} 1 \\ 2 \\ 1 \end{pmatrix}$, $\mathbf{b} = \begin{pmatrix} 2 \\ 0 \\ -3 \end{pmatrix}$의 거리를 구하여라.

풀이 $\mathbf{a}-\mathbf{b} = \begin{pmatrix} -1 \\ 2 \\ 4 \end{pmatrix}$이고 $\mathbf{b}-\mathbf{a} = \begin{pmatrix} 1 \\ -2 \\ -4 \end{pmatrix}$이므로 구하는 거리는

$d(\mathbf{a}, \mathbf{b}) = \|\mathbf{a}-\mathbf{b}\| = \sqrt{(-1)^2+2^2+4^2} = \sqrt{21}$

또는 $d(\mathbf{a}, \mathbf{b}) = \|\mathbf{b}-\mathbf{a}\| = \sqrt{1^2+(-2)^2+(-4)^2} = \sqrt{21}$

문제 2.6

벡터 $\mathbf{a} = \begin{pmatrix} 1 \\ 2 \\ 3 \end{pmatrix}$, $\mathbf{b} = \begin{pmatrix} -2 \\ -1 \\ 2 \end{pmatrix}$의 거리를 구하여라.

02 벡터의 내적

유클리드 공간 $\mathbb{R}^n$ 의 주어진 두 벡터 $\mathbf{x}$, $\mathbf{y}$ 에 대하여 하나의 실숫값을 대응시키는 함수를 벡터의 내적(inner product)이라 정의하고 기호 $\mathbf{x}\cdot\mathbf{y}$ 로 나타낸다. 실제로 두 벡터 $\mathbf{x}$, $\mathbf{y}$ 를 원점을 시점으로 하는 위치벡터로 나타내면 <그림 2.10>과 같이 두 벡터가 이루는 사이의 각 θ가 주어지고 이 각을 이용하여 두 벡터의 내적 $\mathbf{x}\cdot\mathbf{y}$ 는

$$\mathbf{x}\cdot\mathbf{y} = \|\mathbf{x}\|\,\|\mathbf{y}\|\cos\theta$$

와 같이 정의한다.

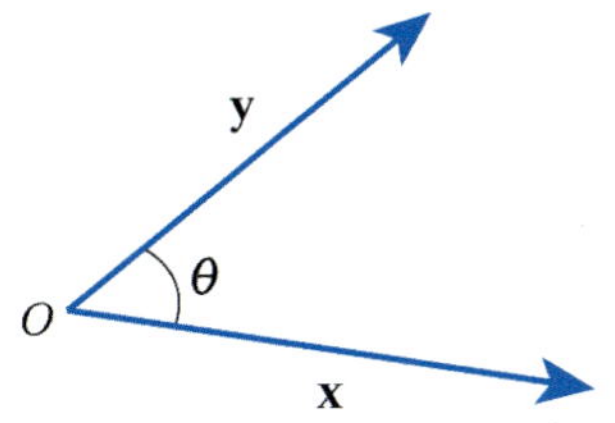

그림 2.10

정의 4

유클리드 공간 $\mathbb{R}^n$의 $\mathbf{0}$ 이 아닌 벡터 $\mathbf{x}$, $\mathbf{y}$ 에 대하여 두 벡터가 이루는 각을 θ 라 하면

$$\frac{\mathbf{x} \cdot \mathbf{y}}{\|\mathbf{x}\| \|\mathbf{y}\|} = \cos\theta, \quad 0 \le \theta \le \pi$$

를 만족하고 각 θ 를 $\mathbf{x}$ 와 $\mathbf{y}$ 의 사이의 각(angle)이라 한다.

또한, 벡터의 성분을 이용하여 다음과 같이 정의할 수 있다.

정의 5

유클리드 공간 $\mathbb{R}^n$의 두 벡터 $\mathbf{x} = \begin{pmatrix} x_1 \\ x_2 \\ \vdots \\ x_n \end{pmatrix}$, $\mathbf{y} = \begin{pmatrix} y_1 \\ y_2 \\ \vdots \\ y_n \end{pmatrix}$에 대하여 $\mathbf{x}$ 와 $\mathbf{y}$ 의 내적을

$$\mathbf{x} \cdot \mathbf{y} = x_1 y_1 + x_2 y_2 + \cdots + x_n y_n$$

로 정의하고 내적(inner product) 또는 스칼라적(scalar product)이라고 한다.

이처럼 두 벡터의 내적 $\mathbf{x} \cdot \mathbf{y}$ 에 대하여 두 벡터가 이루는 각을 이용하는 방법과 두 벡터의 성분을 이용하는 방법으로 정의했다. 다음으로 이 두 가지 정의가 서로 동치임을 확인해 보자. 벡터 $\mathbf{x} = \begin{pmatrix} x_1 \\ x_2 \\ x_3 \end{pmatrix}$, $\mathbf{y} = \begin{pmatrix} y_1 \\ y_2 \\ y_3 \end{pmatrix} \in \mathbb{R}^3$에 대하여 <그림 2.11>과 같이 $\mathbf{x}$ 와 $\mathbf{y}$ 로 이루어지는 삼각형 $\triangle OAB$에 대한 각 변의 길이는 벡터 $\mathbf{x}$, $\mathbf{y}$, $\mathbf{x}-\mathbf{y}$ 의 크기에 대응된다. 이때, 삼각형 $\triangle OAB$에 적용한 제2코사인 법칙

$$\|\mathbf{x}-\mathbf{y}\|^2 = \|\mathbf{x}\|^2 + \|\mathbf{y}\|^2 - 2\cos\theta\|\mathbf{x}\|\|\mathbf{y}\|$$

에서 좌변은

$$\|\mathbf{x}-\mathbf{y}\|^2 = (x_1-y_1)^2 + (x_2-y_2)^2 + (x_3-y_3)^2$$

이고 우변에 내적의 정의 $\mathbf{x}\cdot\mathbf{y} = \|\mathbf{x}\|\|\mathbf{y}\|\cos\theta$ 를 적용하면

$$\|\mathbf{x}\|^2 + \|\mathbf{y}\|^2 - 2\cos\theta\|\mathbf{x}\|\|\mathbf{y}\| = \left(x_1^2+x_2^2+x_3^2\right) + \left(y_1^2+y_2^2+y_3^2\right) - 2\left(\mathbf{x}\cdot\mathbf{y}\right)$$

이므로 $\mathbf{x}\cdot\mathbf{y} = x_1y_1 + x_2y_2 + x_3y_3$ 인 것을 알 수 있다.

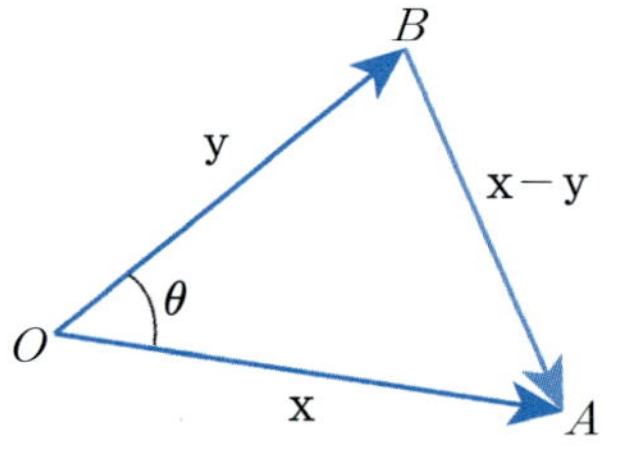

그림 2.11

예제 2.12

벡터 $\mathbf{x} = \begin{pmatrix}1\\-3\\1\end{pmatrix}$, $\mathbf{y} = \begin{pmatrix}2\\3\\2\end{pmatrix}$ 에 대하여 두 벡터의 내적 $\mathbf{x}\cdot\mathbf{y}$ 를 구하여라.

풀이 $\mathbf{x}\cdot\mathbf{y} = 1\times 2 + (-3)\times 3 + 1\times 2 = -5$

예제 2.13

$\mathbf{x} = \begin{pmatrix} 2 \\ 1 \\ 0 \\ -1 \end{pmatrix}$, $\mathbf{y} = \begin{pmatrix} 1 \\ 1 \\ 2 \\ 0 \end{pmatrix}$의 사이의 각 θ에 대하여 $\cos\theta$ 값을 구하여라.

풀이 $\mathbf{x} \cdot \mathbf{y} = 3$, $\|\mathbf{x}\| = \sqrt{6}$, $\|\mathbf{y}\| = \sqrt{6}$ 이므로

$$\cos\theta = \frac{\mathbf{x} \cdot \mathbf{y}}{\|\mathbf{x}\|\|\mathbf{y}\|} = \frac{3}{\sqrt{6}\sqrt{6}} = \frac{1}{2}$$

이다.

예제 2.14

$\mathbf{x} = \begin{pmatrix} -1 \\ 1 \\ 0 \end{pmatrix}$, $\mathbf{y} = \begin{pmatrix} -1 \\ 0 \\ 1 \end{pmatrix}$의 사이의 각을 구하여라.

풀이 $\mathbf{x} \cdot \mathbf{y} = 1$, $\|\mathbf{x}\| = \sqrt{2}$, $\|\mathbf{y}\| = \sqrt{2}$ 이므로 사이의 각을 θ라 하면

$$\cos\theta = \frac{\mathbf{x} \cdot \mathbf{y}}{\|\mathbf{x}\|\|\mathbf{y}\|} = \frac{1}{2}$$

따라서 $\theta = 60°$이다.

문제 2.7

$\mathbf{x} = \begin{pmatrix} 1 \\ -1 \\ 1 \\ 1 \end{pmatrix}$, $\mathbf{y} = \begin{pmatrix} 1 \\ 2 \\ 3 \\ 4 \end{pmatrix}$의 내적 $\mathbf{x} \cdot \mathbf{y}$를 구하여라.

문제 2.8

$\mathbf{x} = \begin{pmatrix} 1 \\ -1 \\ 1 \\ 1 \end{pmatrix}$, $\mathbf{y} = \begin{pmatrix} 1 \\ 2 \\ 3 \\ 4 \end{pmatrix}$가 이루는 사이의 각에 대한 코사인값을 구하여라.

정리 2

유클리드 공간 $\mathbb{R}^n$의 세 벡터 $\mathbf{x}$, $\mathbf{y}$, $\mathbf{z}$와 실수 c_1, c_2에 대하여, 다음이 성립한다.

(1) $\mathbf{x}\cdot\mathbf{x} \geq 0$ (단, 등호가 성립할 필요충분조건은 $\mathbf{x} = \mathbf{0}$이다.)

(2) $\|\mathbf{x}\| = \sqrt{\mathbf{x}\cdot\mathbf{x}}$

(3) $\mathbf{x}\cdot\mathbf{y} = \mathbf{y}\cdot\mathbf{x}$

(4) $(c_1\mathbf{x}+c_2\mathbf{y})\cdot\mathbf{z} = c_1(\mathbf{x}\cdot\mathbf{z})+c_2(\mathbf{y}\cdot\mathbf{z})$

(5) $|\mathbf{x}\cdot\mathbf{y}| \leq \|\mathbf{x}\|\|\mathbf{y}\|$ **(Cauchy-Schwarz 정리)** (단, 등호가 성립할 필요충분조건은 $\mathbf{x}$, $\mathbf{y}$가 서로 평행일 때이다.)

증명 $\mathbb{R}^n$의 세 벡터 $\mathbf{x}$, $\mathbf{y}$, $\mathbf{z}$를 $\mathbf{x} = \begin{pmatrix} x_1 \\ x_2 \\ \vdots \\ x_n \end{pmatrix}$, $\mathbf{y} = \begin{pmatrix} y_1 \\ y_2 \\ \vdots \\ y_n \end{pmatrix}$, $\mathbf{z} = \begin{pmatrix} z_1 \\ z_2 \\ \vdots \\ z_n \end{pmatrix}$라 하자. 그러면 내적의 정의로 쉽게 확인할 수 있다.

(1) $\mathbf{x}\cdot\mathbf{x} = x_1^2 + x_2^2 + \cdots + x_n^2 \geq 0$이다.

(2) $\sqrt{\mathbf{x}\cdot\mathbf{x}} = \sqrt{x_1^2 + x_2^2 + \cdots + x_n^2} = \|\mathbf{x}\|$

(3)
$$\begin{aligned}\mathbf{x}\cdot\mathbf{y} &= x_1y_1 + x_2y_2 + \cdots + x_ny_n \\ &= y_1x_1 + y_2x_2 + \cdots + y_nx_n \\ &= \mathbf{y}\cdot\mathbf{x}\end{aligned}$$

(4)
$$\begin{aligned}(c_1\mathbf{x}+c_2\mathbf{y})\cdot\mathbf{z} &= \begin{pmatrix} c_1x_1 + c_2y_1 \\ c_1x_2 + c_2y_2 \\ \vdots \\ c_1x_n + c_2y_n \end{pmatrix} \cdot \begin{pmatrix} z_1 \\ z_2 \\ \vdots \\ z_n \end{pmatrix} \\ &= (c_1x_1+c_2y_1)z_1 + (c_1x_2+c_2y_2)z_2 + \cdots + (c_1x_n+c_2y_n)z_n \\ &= (c_1x_1z_1 + c_1x_2z_2 + \cdots + c_1x_nz_n) + (c_2y_1z_1 + c_2y_2z_2 + \cdots + c_1y_nz_n) \\ &= c_1(x_1z_1 + x_2z_2 + \cdots + x_nz_n) + c_2(y_1z_1 + y_2z_2 + \cdots + y_nz_n) \\ &= c_1(\mathbf{x}\cdot\mathbf{z}) + c_2(\mathbf{y}\cdot\mathbf{z})\end{aligned}$$

(5) $|\cos\theta| \leq 1$이므로 $|\mathbf{x}\cdot\mathbf{y}| = \|\mathbf{x}\|\|\mathbf{y}\||\cos\theta| \leq \|\mathbf{x}\|\|\mathbf{y}\|$이다. 이때, 등호가 성립할 필요충분조건은 $|\cos\theta| = 1$이므로 $\theta = 0°$ 또는 $\theta = 180°$이다.

이제 Cauchy-Schwarz 정리의 다른 증명 방법을 설명할 것이다. $\mathbf{y} = \mathbf{0}$ 이면 증명이 자명하므로 $\mathbf{y} \neq \mathbf{0}$ 임을 가정하자. 정리 2의 (1)에 의해서 임의의 실수 t에 대하여 $(\mathbf{x} + t\mathbf{y}) \cdot (\mathbf{x} + t\mathbf{y}) \geq 0$ 이 성립한다. 이때, 부등식의 좌변을 전개하여 t에 관한 내림차순으로 전개하면

$$\|\mathbf{y}\|^2 t^2 + 2(\mathbf{x} \cdot \mathbf{y})t + \|\mathbf{x}\|^2 \geq 0$$

이다. 이때, 위 부등식은 임의의 실수 t에 대하여 성립하므로 이차방정식의 판별식 조건에 의해 $(\mathbf{x} \cdot \mathbf{y})^2 - \|\mathbf{x}\|^2 \|\mathbf{y}\|^2 \leq 0$ 임을 알 수 있다. 따라서, $|\mathbf{x} \cdot \mathbf{y}| \leq \|\mathbf{x}\| \|\mathbf{y}\|$가 성립한다. 이때, 등호가 성립할 필요충분조건은 정리 2의 (1)에 의해서 $\mathbf{x} + t\mathbf{y} = \mathbf{0}$이다.

예제 2.15

임의의 벡터 $\mathbf{x} = \begin{pmatrix} x_1 \\ x_2 \\ x_3 \end{pmatrix}$에 대하여 $\mathbf{x} \cdot \mathbf{i}$, $\mathbf{x} \cdot \mathbf{j}$, $\mathbf{x} \cdot \mathbf{k}$ 를 각각 구하여라.

풀이 내적의 정의에 따라 $\mathbf{x} \cdot \mathbf{i} = (x_1, x_2, x_3) \cdot (1, 0, 0) = x_1$,
$\mathbf{x} \cdot \mathbf{j} = (x_1, x_2, x_3) \cdot (0, 1, 0) = x_2$ 이고 $\mathbf{x} \cdot \mathbf{k} = (x_1, x_2, x_3) \cdot (0, 0, 1) = x_3$ 이다.

문제 2.9

벡터 $\mathbf{a} = \begin{pmatrix} 1 \\ -3 \\ 1 \end{pmatrix}$, $\mathbf{b} = \begin{pmatrix} 2 \\ 3 \\ 2 \end{pmatrix}$, $\mathbf{c} = \begin{pmatrix} 1 \\ 2 \\ -3 \end{pmatrix}$에 대하여

$\mathbf{a} \cdot (\mathbf{a} + 2\mathbf{c}) + (2\mathbf{b} - \mathbf{a}) \cdot (\mathbf{a} + 2\mathbf{c}) + (-2\mathbf{b}) \cdot (\mathbf{a} + 2\mathbf{c})$를 구하여라.

문제 2.10

임의의 두 벡터 $\mathbf{x}$, $\mathbf{y}$ 에 대하여 삼각부등식

$$\|\mathbf{x} + \mathbf{y}\| \leq \|\mathbf{x}\| + \|\mathbf{y}\|$$

이 성립함을 보여라. 단, 등호는 두 벡터 $\mathbf{x}$, $\mathbf{y}$ 가 서로 평행일 때 성립한다.

벡터의 내적의 정의를 이용하면 다음의 동치관계를 얻을 수 있다.

정리 3

유클리드 공간 $\mathbb{R}^n$의 임의의 벡터 $\mathbf{x}$, $\mathbf{y}$에 대하여 두 벡터가 이루는 각을 θ라 하면, 다음 조건들은 서로 동치이다.

(1) $\mathbf{x}$와 $\mathbf{y}$는 서로 평행이다.

(2) $\theta = 0^\circ$ 이거나 $\theta = 180^\circ$

(3) $\cos\theta = \pm 1$

(4) $\mathbf{x} \cdot \mathbf{y} = \pm \|\mathbf{x}\| \|\mathbf{y}\|$

(5) $\mathbf{x} = t\mathbf{y}$, $t \in \mathbb{R}$

정리 4

유클리드 공간 $\mathbb{R}^n$의 임의의 벡터 $\mathbf{x}$, $\mathbf{y}$에 대하여 두 벡터가 이루는 각을 θ라 하면, 다음 조건들은 서로 동치이다.

(1) $\mathbf{x}$와 $\mathbf{y}$는 서로 수직이다.

(2) $\theta = 90^\circ$

(3) $\cos\theta = 0$

(4) $\mathbf{x} \cdot \mathbf{y} = 0$

예제 2.16

벡터 $\mathbf{x} = \begin{pmatrix} 1 \\ -2 \end{pmatrix}$와 $\mathbf{y} = \begin{pmatrix} a \\ 3 \end{pmatrix}$은 서로 평행일 때 a를 구하여라.

풀이 정리 3에 의해서 $\begin{pmatrix} 1 \\ -2 \end{pmatrix} = t\begin{pmatrix} a \\ 3 \end{pmatrix}$이므로 $t = -\frac{2}{3}$이고 따라서 $a = -\frac{3}{2}$이다.

예제 2.17

벡터 $\mathbf{x} = \begin{pmatrix} 1 \\ -2 \end{pmatrix}$와 평행이고 크기가 3인 벡터를 구하여라.

풀이 $\mathbf{y} = t\mathbf{x} = (t, -2t)$라 하자. 그러면 $\|\mathbf{y}\| = \sqrt{t^2 + (-2t)^2} = \sqrt{5}\,|t| = 3$이므로

$t = \pm\frac{3}{\sqrt{5}}$이고, 따라서 $\mathbf{y} = \begin{pmatrix} \pm\frac{3}{\sqrt{5}} \\ \mp\frac{6}{\sqrt{5}} \end{pmatrix}$이다.

예제 2.18

다음 벡터 $\mathbf{x} = \begin{pmatrix} a \\ b \end{pmatrix}$와 $\mathbf{y} = \begin{pmatrix} -b \\ a \end{pmatrix}$는 서로 수직이고 크기가 같음을 보여라.

풀이 $\mathbf{x} \cdot \mathbf{y} = \begin{pmatrix} a \\ b \end{pmatrix} \cdot \begin{pmatrix} -b \\ a \end{pmatrix} = 0$ 이므로 정리 4에 의해서 두 벡터는 수직이다. 또한

$$\|\mathbf{x}\| = \sqrt{a^2 + b^2} = \sqrt{(-b)^2 + a^2} = \|\mathbf{y}\|$$

이다.

문제 2.11

두 벡터 $\mathbf{x}$, $\mathbf{y}$ 가 수직일 때 다음 등식이 성립함을 보여라.

$$\|\mathbf{x} + \mathbf{y}\|^2 = \|\mathbf{x}\|^2 + \|\mathbf{y}\|^2$$

문제 2.12

두 벡터 $\mathbf{a} = 3\mathbf{i} + 2\mathbf{j} - \mathbf{k}$, $\mathbf{b} = \mathbf{i} - 3\mathbf{j} - 3\mathbf{k}$ 가 수직임을 보여라.

벡터사영

유클리드 공간에서 평행하지 않은 임의의 두 벡터 $\mathbf{x}$와 $\mathbf{y}$에 대하여 <그림 2.12>와 같이 벡터 $\mathbf{x}$는 $\mathbf{y}$ 위로의 $\mathbf{x}$의 사영인 벡터 $\mathbf{p}$와 그에 직교하는 벡터 $\mathbf{x} - \mathbf{p}$의 합으로 나타낼 수 있다. 이때, 벡터 $\mathbf{p}$를 $\mathbf{y}$ 위로의 $\mathbf{x}$의 **벡터사영**(vector projection)이라고 한다.

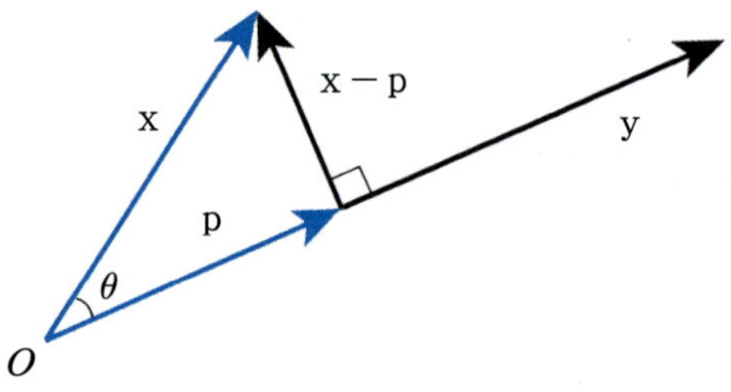

그림 2.12

정리 5

$\mathbb{R}^n$의 0 이 아닌 임의의 벡터 $\mathbf{x}, \mathbf{y}$ 에 대하여 $\mathbf{p}$ 를 $\mathbf{y}$ 위로의 $\mathbf{x}$ 의 벡터사영이라 하면 다음이 성립한다.

(1) $\frac{1}{\|\mathbf{y}\|}\mathbf{y}$ 는 벡터 $\mathbf{y}$ 와 같은 방향의 단위벡터이다.

(2) $\frac{\mathbf{x}\cdot\mathbf{y}}{\|\mathbf{y}\|}$ 는 벡터 $\mathbf{p}$ 의 크기이다.

(3) $\mathbf{y}$ 위로의 $\mathbf{x}$ 의 벡터사영은 $\mathbf{p} = \left(\frac{\mathbf{x}\cdot\mathbf{y}}{\mathbf{y}\cdot\mathbf{y}}\right)\mathbf{y}$ 이다.

(4) $\mathbf{x}-\mathbf{p}$ 와 $\mathbf{y}$ 는 서로 수직이다.

증명 (1) 벡터의 정규화 과정으로 자명하다.

(2) <그림 2.12>에서 벡터 $\mathbf{p}$ 의 크기는 $\|\mathbf{x}\|\cos\theta$ 이다. 따라서 벡터의 내적의 정의 $\mathbf{x}\cdot\mathbf{y} = \|\mathbf{x}\|\|\mathbf{y}\|\cos\theta$ 를 이용하면 이므로 $\frac{\mathbf{x}\cdot\mathbf{y}}{\|\mathbf{y}\|}$ 는 벡터 $\mathbf{p}$ 의 크기이다.

(3) $\mathbf{u} = \frac{1}{\|\mathbf{y}\|}\mathbf{y}$ 라 하자. (1)과 (2)에 의해서 벡터 $\mathbf{p}$ 는 벡터 $\mathbf{u}$ 와 같은 방향을 가지며 크기는 $\frac{\mathbf{x}\cdot\mathbf{y}}{\|\mathbf{y}\|}$ 이므로

$$\mathbf{p} = \frac{\mathbf{x}\cdot\mathbf{y}}{\|\mathbf{y}\|}\mathbf{u} = \frac{\mathbf{x}\cdot\mathbf{y}}{\|\mathbf{y}\|^2}\mathbf{y} = \left(\frac{\mathbf{x}\cdot\mathbf{y}}{\mathbf{y}\cdot\mathbf{y}}\right)\mathbf{y} \text{ 이다.}$$

(4) 정리 4에 의해서 $(\mathbf{x}-\mathbf{p})\cdot\mathbf{y} = 0$ 임을 보이면 된다. 실제로

$$(\mathbf{x}-\mathbf{p})\cdot\mathbf{y} = (\mathbf{x}\cdot\mathbf{y}) - (\mathbf{p}\cdot\mathbf{y}) = (\mathbf{x}\cdot\mathbf{y}) - \frac{\mathbf{x}\cdot\mathbf{y}}{\mathbf{y}\cdot\mathbf{y}}(\mathbf{y}\cdot\mathbf{y}) = 0 \text{ 이다.}$$

정리 5를 이용하여 한 점에서 직선이나 평면에 이르는 최단거리 또는 수선의 발을 구할 수 있다. 이와 관련된 문제는 다음 절에서 다루도록 하겠다.

예제 2.19

다음 각 경우에 y 위로의 x 의 벡터사영 p 를 구하여라.

(1) $x = \begin{pmatrix} 1 \\ 3 \end{pmatrix},\ y = \begin{pmatrix} -1 \\ 2 \end{pmatrix}$ (2) $x = \begin{pmatrix} 1 \\ 1 \\ 1 \end{pmatrix},\ y = \begin{pmatrix} 1 \\ -1 \\ 1 \end{pmatrix}$

풀이 (1) 벡터사영의 정의를 이용하여 p 를 구해보자.

$u = \frac{1}{\|y\|} y = \frac{1}{\sqrt{5}} \begin{pmatrix} -1 \\ 2 \end{pmatrix}$ 는 p 와 같은 방향을 가지는 단위벡터이고 p 의 크기는

$\frac{x \cdot y}{\|y\|} = \frac{5}{\sqrt{5}} = \sqrt{5}$ 이므로 $p = \frac{x \cdot y}{\|y\|} u = \sqrt{5} \times \frac{1}{\sqrt{5}} \begin{pmatrix} -1 \\ 2 \end{pmatrix} = y$ 이다.

(2) 정리 5의 (3)을 바로 적용하면 $p = \left(\frac{x \cdot y}{y \cdot y} \right) y = \frac{1}{3} \begin{pmatrix} 1 \\ -1 \\ 1 \end{pmatrix} = \frac{1}{3} y$ 이다.

03 공간의 벡터와 활용

위치벡터와 법선벡터

2장 도입에서 유클리드 벡터를 유클리드 공간의 시점과 종점을 가지는 유향선분으로 정의하였다. 또한, 벡터의 정의와 유향선분의 평행이동 성질을 이용하면 주어진 임의의 벡터는 원점 O를 시점으로 하고, 점 P를 종점으로 하는 벡터 $\overrightarrow{OP}$ 와 대응된다. 이때, 벡터 $\overrightarrow{OP}$ 를 위치벡터(position vector)라고 한다. 따라서 평면이나 공간위의 임의의 점 P는 그 점을 종점으로 하는 위치벡터와 일대일 대응관계를 이룬다. 점 P와 위치벡터 $\overrightarrow{OP}$ 를 서로 동일하게 사용하고 $\overrightarrow{OP}$ 를 간단히 P로 나타낼 것이다. 한편, 평면 위의 한 직선이나 3차원 유클리드 공간의 한 평면은 그에 수직인 벡터에 의해서 결정된다. 이러한 벡터를 법선벡터(normal vector)라고 하며, 이제 이 벡터의 주요 성질과 그 활용 방법을 알아보도록 하자.

이 절에서는 평면과 공간에서 직선의 방정식과 평면의 방정식을 벡터를 이용해 정의하고, 한 점에서 직선이나 평면까지의 최단거리를 구하는 방법을 비롯해 벡터의 여러 가지 응용을 공부하겠다.

직선의 방정식

중등 교육과정에서는 평면 위에 직선을 $y = ax + b$로 나타내며, 이를 기울기가 a이고 y절편이 b인 직선이라고 한다. 앞에서 살펴본 직선의 방정식을, 이제 벡터를 사용하여 보다 일반적인 형태로 나타내도록 하겠다. <그림 2.13>과 같이 평면 위의 한 점 $P_0 = (x_0, y_0)$를 지나고 벡터 $\mathbf{d} = (d_1, d_2)$와 평행인 직선을 l이라고 하자. l 위의 임의의 점 $P = (x, y)$에 대하여 벡터 $\overrightarrow{P_0P}$는 벡터 $\mathbf{d}$와 평행이므로 실수 t에 대하여 $\overrightarrow{P_0P} = P - P_0 = t\mathbf{d}$을 만족한다. 따라서 직선 l 위의 임의의 점 P를

$$P = P_0 + t\mathbf{d}, \ t \in \mathbb{R}$$

로 표현하고 l의 **벡터방정식**이라고 한다. 이때, 벡터 $\mathbf{d}$는 직선의 진행 방향을 나타내므로, 이를 직선 l의 **방향벡터**(direction vector)라고 하겠다.

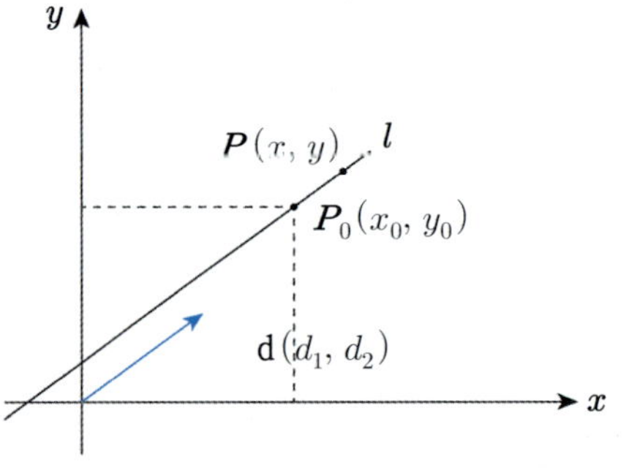

그림 2.13

이제 직선 l의 벡터방정식 $P = P_0 + t\mathbf{d}$를 이용하여 l의 매개변수 방정식을 표현하도록 하자. 직선 l의 임의의 점 $P = (x, y)$는

$$P = (x, y) = P_0 + t\mathbf{d} = (x_0, y_0) + t(d_1, d_2), \ t \in \mathbb{R}$$

를 만족하므로 P의 각 성분은

$$x = x_0 + d_1 t, \ y = y_0 + d_2 t, \ t \in \mathbb{R}$$

이고 이것을 직선 l의 **매개변수 방정식**이라고 한다. 또한, 각 d_1, d_2가 0이 아닌 경우 매개변수 t에 대하여 $\dfrac{x-x_0}{d_1} = t = \dfrac{y-y_0}{d_2}$을 만족하고, 이 등식을 통해서 직선 l의 **대칭방정식**

$$\frac{x-x_0}{d_1} = \frac{y-y_0}{d_2}$$

를 얻는다. 실제로 위의 대칭방정식은 우리가 앞에서 살펴본 기울기와 y절편을 이용한 직선의 방정식

$$y = \frac{d_2}{d_1}(x-x_0) + y_0$$

를 나타내며 점 $P_0 = (x_0, y_0)$를 지나고 직선의 기울기와 y절편이 각각 $\dfrac{d_2}{d_1}$와 $-\dfrac{d_2}{d_1}x_0 + y_0$인 직선으로 이해할 수 있다.

예제 2.20

점 $P_0(x_0, y_0, z_0)$를 지나고 벡터 $\mathbf{d} = (d_1, d_2, d_3)$와 평행인 직선 l의 매개변수 방정식과 대칭방정식을 구하여라. (단, $d_1 \neq 0, d_2 \neq 0, d_3 \neq 0$이다)

풀이 직선 l의 벡터방정식 $P = P_0 + t\mathbf{d}$을 이용하면 각 성분은

$$x = x_0 + d_1 t,\ y = y_0 + d_2 t,\ z = z_0 + d_3 t,\ t \in \mathbb{R}$$

와 같이 표현된다. 따라서, 매개변수 방정식을 t에 대해 풀면 다음의 대칭방정식

$$\frac{x-x_0}{d_1} = \frac{y-y_0}{d_2} = \frac{z-z_0}{d_3}$$

을 얻는다.

만약 직선 l의 대칭방정식에서 방향벡터 $\mathbf{d} = (d_1, d_2, d_3)$의 성분 중 하나가 0이면, 그에 대응하는 분자도 0으로 둔다. 예를 들어 $d_1 = 0$인 경우 l의 대칭방정식은

$$x = x_0,\ \frac{y-y_0}{d_2} = \frac{z-z_0}{d_3}$$

로 표현한다.

예제 2.21

두 점 $P_0(x_0, y_0, z_0)$, $P_1(x_1, y_1, z_1)$을 지나는 직선 l의 매개변수 방정식과 대칭방정식을 구하여라.

풀이 직선 l의 방향벡터는 점 $P_0(x_0, y_0, z_0)$를 시점으로 하고 점 $P_1(x_1, y_1, z_1)$을 종점으로 하는 벡터 $\overrightarrow{P_0P_1}$와 같은 방향이므로 직선 l의 벡터방정식은 $P = P_0 + t\overrightarrow{P_0P_1}$ $= P_0 + t(P_1 - P_0)$로 표현된다. 따라서 l의 매개변수 방정식은

$$x = x_0 + (x_1 - x_0)t,\ y = y_0 + (y_1 - y_0)t,\ z = z_0 + (z_1 - z_0)t,\ t \in \mathbb{R}$$

이고 대칭방정식은

$$\frac{x - x_0}{x_1 - x_0} = \frac{y - y_0}{y_1 - y_0} = \frac{z - z_0}{z_1 - z_0}$$

이다. (단, $x_0 \neq x_1$, $y_0 \neq y_1$, $z_0 \neq z_1$이다)

예제 2.22

점 $P_0(1, 2, 3)$을 지나고 x축, y축, z축의 양의 방향과 이루는 각이 각각 $\frac{\pi}{6}$, $\frac{\pi}{3}$, $\frac{\pi}{4}$인 직선 l의 매개변수 방정식과 대칭방정식을 구하여라.

풀이 직선 l의 방향벡터 $\mathrm{d} = (d_1, d_2, d_3)$는 $d_1 = \cos\frac{\pi}{6}$, $d_2 = \cos\frac{\pi}{3}$, $d_3 = \cos\frac{\pi}{4}$이므로 매개변수 방정식은

$$x = 1 + \frac{\sqrt{3}}{2}t,\ y = 2 + \frac{1}{2}t,\ z = 3 + \frac{\sqrt{2}}{2}t,\ t \in \mathbb{R}$$

이고 대칭방정식은

$$\frac{x-1}{\frac{\sqrt{3}}{2}} = \frac{y-2}{\frac{1}{2}} = \frac{z-3}{\frac{\sqrt{2}}{2}} \quad \text{또는} \quad \frac{x-1}{\sqrt{3}} = y - 2 = \frac{z-3}{\sqrt{2}}$$

이다.

예제 2.23

점 $P_0(1, 2, -1)$을 지나고 직선 $\frac{x-2}{3} = \frac{y-2}{2} = \frac{z+1}{2}$와 평행인 직선의 대칭방정식과 매개변수 방정식을 구하여라.

풀이 직선의 대칭방정식은

$$\frac{x-1}{3} = \frac{y-2}{2} = \frac{z+1}{2}$$

이므로 매개변수 t를 이용하여

$$\frac{x-1}{3} = \frac{y-2}{2} = \frac{z+1}{2} = t$$

라고 하면 다음의 매개변수 방정식을 구할 수 있다.

$$x = 1 + 3t, \quad y = 2 + 2t, \quad z = -1 + 2t, \quad t \in \mathbb{R}$$

문제 2.13

점 $P_0(-2, 1, -3)$을 지나고 직선 $\frac{x-2}{3} = \frac{y}{2} = \frac{z-4}{1}$와 평행인 직선의 대칭방정식과 매개변수 방정식을 구하여라.

문제 2.14

점 $P_0(1, 2, 3)$을 지나고 직선 $\mathbf{x} = 2\mathbf{i} + \mathbf{j} - 3\mathbf{k} + t(\mathbf{i} + \mathbf{k})$와 평행인 직선의 대칭방정식을 구하여라.

예제 2.24

두 직선

$$l_1 : \frac{x - x_1}{a_1} = \frac{y - y_1}{a_2} = \frac{z - z_1}{a_3}, \quad l_2 : \frac{x - x_2}{b_1} = \frac{y - y_2}{b_2} = \frac{z - z_2}{b_3}$$

가 서로 수직일 필요충분조건을 구하여라.

풀이 직선 l_1, l_2가 수직일 필요충분조건은 l_1, l_2의 방향벡터 $\mathbf{d}_1 = (a_1, a_2, a_3)$과 $\mathbf{d}_2 = (b_1, b_2, b_3)$가 서로 수직이므로 정리 4에 의해서 $\mathbf{d}_1 \cdot \mathbf{d}_2 = 0$임을 보이면 된다. 따라서,

$$l_1 \perp l_2 \quad \Leftrightarrow \quad \mathbf{d}_1 \cdot \mathbf{d}_2 = 0 \quad \Leftrightarrow \quad a_1 b_1 + a_2 b_2 + a_3 b_3 = 0$$

이다.

예제 2.25

원점에서 만나는 두 직선

$$l_1 : \frac{x}{a_1} = \frac{y}{a_2} = \frac{z}{a_3}, \quad l_2 : \frac{x}{b_1} = \frac{y}{b_2} = \frac{z}{b_3}$$

의 사이의 각을 θ라 할 때, θ의 코사인 값을 구하여라.

풀이 직선 l_1, l_2이 이루는 각은 l_1, l_2의 방향벡터 $\mathbf{d}_1 = (a_1, a_2, a_3)$와 $\mathbf{d}_2 = (b_1, b_2, b_3)$가 이루는 각과 일치하므로 내적의 정의에 의해서

$$\cos\theta = \frac{\mathbf{d}_1 \cdot \mathbf{d}_2}{\|\mathbf{d}_1\| \|\mathbf{d}_2\|} = \frac{a_1 b_1 + a_2 b_2 + a_3 b_3}{\sqrt{a_1^2 + a_2^2 + a_3^2}\sqrt{b_1^2 + b_2^2 + b_3^2}}$$

이다.

예제 2.26

두 직선

$l_1 : \mathbf{x} = (\mathbf{i} + 2\mathbf{j} + 3\mathbf{k}) + t(\mathbf{i} + 2\mathbf{j} + \mathbf{k}),\ t \in \mathbb{R}$

$l_2 : \mathbf{x} = (2\mathbf{i} - 2\mathbf{j} + \mathbf{k}) + t(3\mathbf{i} - \mathbf{j} - \mathbf{k}),\ t \in \mathbb{R}$

사이의 각 θ 의 코사인 값을 구하여라.

풀이 직선 l_1, l_2 의 방향벡터가 각각

$$\mathbf{d}_1 = \mathbf{i} + 2\mathbf{j} + \mathbf{k},\ \mathbf{d}_2 = 3\mathbf{i} - \mathbf{j} - \mathbf{k}$$

이므로 예제 2.25를 이용하면

$$\cos\theta = \frac{\mathbf{d}_1 \cdot \mathbf{d}_2}{\|\mathbf{d}_1\|\|\mathbf{d}_2\|} = \frac{0}{\sqrt{6}\sqrt{11}} = 0\ .$$

(참고) 실제로 $\mathbf{d}_1 \cdot \mathbf{d}_2 = 0$이므로 두 직선은 서로 수직이다.

예제 2.27

직선 $l : ax + by + c = 0$에 대하여 $\mathbf{n} = \begin{pmatrix} a \\ b \end{pmatrix}$은 l의 법선벡터임을 보여라.

풀이 직선 l과 $\mathbf{n}$이 서로 수직임을 보이면 된다. 직선 l의 방정식은 $y = -\frac{a}{b}x - \frac{c}{b}$ 이므로 l은 기울기가 $-\frac{a}{b}$이고 y절편이 $-\frac{c}{b}$ 인 직선이다. 다시 말하면 방향벡터가 $\mathbf{d} = (b, -a)$ 또는 $\mathbf{d} = (-b, a)$이고 y절편이 $-\frac{c}{b}$ 인 직선이다. 한편,

$$\mathbf{d} \cdot \mathbf{n} = (b, -a) \cdot (a, b) = ab - ba = 0$$

또는

$$\mathbf{d} \cdot \mathbf{n} = (-b, a) \cdot (a, b) = -ba + ab = 0$$

이므로 벡터 $\mathbf{n} = \begin{pmatrix} a \\ b \end{pmatrix}$는 직선 l과 수직인 벡터이다.

평면의 방정식

평면 위의 원점을 지나는 직선 l의 방정식은 $l : ax + by = 0$로 주어진다. 이때, 내적의 성질을 이용하면 $ax + by = (a, b) \cdot (x, y) = 0$을 만족한다. 즉, $\mathbf{n} = \begin{pmatrix} a \\ b \end{pmatrix}$는 직선

l의 법선벡터가 되고 l 위의 임의의 점 $X=(x,y)$를 하나의 벡터로 대응시키면 직선 l 위에 놓여진 점들의 집합은 다음과 같이 벡터 $\mathrm{n}=\begin{pmatrix} a \\ b \end{pmatrix}$와 수직인 벡터들의 집합으로 이해할 수 있다.

$$l\ :\ \{(x,y)\in\mathbb{R}^2 \mid ax+by=0\}=\left\{(x,y)\in\mathbb{R}^2 \mid \begin{pmatrix} a \\ b \end{pmatrix}\cdot\begin{pmatrix} x \\ y \end{pmatrix}=0\right\}$$

일반적으로 한 점 $P=(x_0,y_0)$를 지나고 법선벡터가 $\mathrm{n}=\begin{pmatrix} a \\ b \end{pmatrix}$인 직선 l은

$$l\ :\ \{(x,y)\in\mathbb{R}^2 \mid (a,b)\cdot(x-x_0,y-y_0)=0\}$$

과 같이 정의될 수 있다. 같은 방법으로 3차원 유클리드 공간의 한 점 $P=(x_0,y_0,z_0)$와 법선벡터 $\mathrm{n}=\begin{pmatrix} a \\ b \\ c \end{pmatrix}$에 대하여, 평면 $\pi:\ ax+by+cz+d=0\,(d=-ax_0-by_0-cz_0)$을 정의할 수 있다. 즉, 점 P를 지나고 법선벡터 n과 수직인 벡터들의 집합

$$\pi\ :\ \{(x,y,z)\in\mathbb{R}^3 \mid (a,b,c)\cdot(x-x_0,y-y_0,z-z_0)=0\}$$

은 평면을 이룬다는 것을 알 수 있다. 예를 들어 z축 방향의 기본단위벡터 $\mathrm{e}_3=\begin{pmatrix} 0 \\ 0 \\ 1 \end{pmatrix}$을 법선벡터 n이라고 하면 원점을 지나고 벡터 $\mathrm{e}_3=\begin{pmatrix} 0 \\ 0 \\ 1 \end{pmatrix}$과 수직인 벡터들의 집합

$$\pi\ :\ \{(x,y,z)\in\mathbb{R}^3 \mid (0,0,1)\cdot(x-0,y-0,z-0)=0\}$$

은 방정식 $z=0$으로 정의되는 xy평면을 이룬다.

예제 2.28

점 $P=(1,-1,2)$를 지나고 벡터 $\mathrm{n}=\begin{pmatrix} 3 \\ -2 \\ 4 \end{pmatrix}$에 수직인 평면의 방정식을 구하여라.

풀이 구하는 평면을 π라 하면 평면 위의 점들의 집합은

$$\pi\ :\ \{(x,y,z)\in\mathbb{R}^3 \mid (3,-2,4)\cdot(x-1,y+1,z-2)=0\}$$

와 같이 정의된다. 따라서 구하는 평면의 방정식은 $3x-2y+4z-13=0$이 된다.

예제 2.29

점 $P=(1,-1,2)$를 지나고 $\mathbf{n}=\mathbf{i}+\mathbf{j}+\mathbf{k}$에 수직인 평면 π의 방정식을 구하여라.

풀이 구하는 평면을 π라 하면 법선벡터 $\mathbf{n}=\mathbf{i}+\mathbf{j}+\mathbf{k}=\begin{pmatrix}1\\1\\1\end{pmatrix}$이므로 π 위의 임의의 점 $X=(x,y,z)$는 $(1,1,1)\cdot(x-1,y+1,z-2)=0$을 만족한다. 따라서 구하는 평면의 방정식은 $x+y+z-2=0$이다.

예제 2.30

두 평면 $\pi_1: \ x-y+2z+5=0$과 $\pi_2: \ 2x+y+z-10=0$의 사이의 각을 구하여라.

풀이 두 평면 사이의 각은 각 평면의 법선벡터 $\mathbf{n}_1=\begin{pmatrix}1\\-1\\2\end{pmatrix}$와 $\mathbf{n}_2=\begin{pmatrix}2\\1\\1\end{pmatrix}$이 이루는 각으로 정의된다. 따라서 내적의 정의를 이용하면

$$\cos\theta=\frac{\mathbf{n}_1\cdot\mathbf{n}_2}{\|\mathbf{n}_1\|\|\mathbf{n}_2\|}=\frac{3}{\sqrt{6}\sqrt{6}}=\frac{1}{2}$$

이다. 따라서 $\theta=60°$이다.

문제 2.15

두 평면

$$\pi_1: \ x-2y+4z-13=0, \quad \pi_2: \ x+y+z-2=0$$

의 사이의 각에 대한 코사인 값을 구하여라.

예제 2.31

점 $Q(1,2,-1)$에서 직선 $l: \ \dfrac{x+1}{1}=\dfrac{y-3}{2}=\dfrac{z}{2}$에 내린 수선의 발 H의 좌표를 구하여라.

풀이 직선 l의 방향벡터를 $\mathrm{d} = \begin{pmatrix}1\\2\\2\end{pmatrix}$라 하자. 그러면 매개변수 t를 이용하여 다음 식

$$\frac{x+1}{1} = \frac{y-3}{2} = \frac{z}{2} = t$$

을 정리하면 직선 l의 매개변수 방정식

$$x = t-1,\ y = 2t+3,\ z = 2t,\ t \in \mathbb{R}$$

을 얻을 수 있다. 수선의 발 H는 직선 l 위의 한 점이므로 $H=(t-1, 2t+3, 2t)$와 같이 나타낼 수 있고 $\overrightarrow{QH} \perp \mathrm{d}$를 만족한다. 정리 4에 의해서

$$\begin{aligned}\overrightarrow{QH}\cdot \mathrm{d} = (H-Q)\cdot \mathrm{d} &= (t-2, 2t+1, 2t+1)\cdot(1,2,2)\\ &= t-2+4t+2+4t+2\\ &= 9t+2\\ &= 0\end{aligned}$$

이다. 따라서 $t=-\frac{2}{9}$이고 수선의 발 $H=(-\frac{11}{9}, \frac{23}{9}, -\frac{4}{9})$이다.

예제 2.32

점 $Q(1,1,1)$에서 $x+2y+3z=1$에 내린 수선의 발 H의 좌표를 구하여라.

풀이 $x+2y+3z=1$로 정의되는 평면을 π라 하자. 점 Q와 평면에 내린 수선의 발 H를 지나는 직선 l은 평면과 수직으로 만난다. 따라서 평면의 법선벡터 $\mathrm{n} = \begin{pmatrix}1\\2\\3\end{pmatrix}$은 직선 l과 평행이므로 직선 l의 대칭방정식

$$\frac{x-1}{1} = \frac{y-1}{2} = \frac{z-1}{3}$$

을 구할 수 있다. 이제 직선 l과 평면 π의 교점을 구하면 바로 그 점이 수선의 발 H가 된다. 다음 직선 l의 매개변수 방정식인

$$x = t+1,\ y = 2t+1,\ z = 3t+1$$

의 각 성분을 평면 π의 방정식 $x+2y+3z=1$에 대입하면

$$(t+1)+2(2t+1)+3(3t+1) = 1$$

이다. 따라서 $t = -\frac{5}{14}$이고, 수선의 발 $H=\left(\frac{9}{14}, \frac{2}{7}, -\frac{1}{14}\right)$이다.

예제 2.33

세 점 $P_1(1,0,1)$, $P_2(3,1,0)$, $P_3(0,3,2)$을 지나는 평면의 벡터방정식을 구하여라.

풀이 평면 위의 임의의 점을 $P(x, y, z)$라 하자. 이때, $\mathbf{u} = \overrightarrow{P_1P_2} = \begin{pmatrix} 2 \\ 1 \\ -1 \end{pmatrix}$, $\mathbf{v} = \overrightarrow{P_1P_3} = \begin{pmatrix} -1 \\ 3 \\ 1 \end{pmatrix}$와 상수 $s, t \in \mathbb{R}$에 대하여 $P - P_1 = s\mathbf{u} + t\mathbf{v}$이므로 평면의 벡터방정식은

$$\begin{pmatrix} x \\ y \\ z \end{pmatrix} = \begin{pmatrix} 1 \\ 0 \\ 1 \end{pmatrix} + s\begin{pmatrix} 2 \\ 1 \\ -1 \end{pmatrix} + t\begin{pmatrix} -1 \\ 3 \\ 1 \end{pmatrix}$$

이다.

직선의 벡터방정식에 대한 일반화로 평면 위에 존재하는 두 개의 방향벡터 $\mathbf{u}$, $\mathbf{v}$와 한 정점 P_0가 주어진 평면의 벡터방정식은 다음과 같은 형태로 결정된다.

$$\mathrm{x} = P_0 + s\mathbf{u} + t\mathbf{v}, \quad s, t \in \mathbb{R}.$$

최단거리

예제 2.31과 예제 2.32에서 각각 직선과 직선 밖의 한 점, 평면과 평면 밖의 한 점이 주어졌을 때 그 점에서 해당 직선이나 평면에 내린 수선의 발을 구하는 방법을 학습하였다. 이제 앞에서 정의한 벡터 사영의 개념을 활용하여, 임의의 한 점에서 직선이나 평면에 내린 수선의 발의 좌표를 구하거나, 그 수선의 발까지의 거리로 정의되는 최단거리를 구하는 문제를 살펴보자.

예제 2.34

점 $Q = (-1, 2)$에서 직선 $y = 2x + 1$에 내린 수선의 발과 직선까지의 거리를 구하여라.

풀이 점 Q에서 직선까지의 거리는 직선에 내린 수선의 발 H와 점 Q 사이의 거리로 정의되므로 벡터사영을 이용하여 H를 구하자. 먼저 직선 $y = 2x + 1$ 위의 한 점 $P = (0, 1)$을 선택하자. 이때, 벡터 $\overrightarrow{PQ}$의 직선의 법선벡터 $\mathrm{n} = \begin{pmatrix} 2 \\ -1 \end{pmatrix}$ 위로의 벡터사영이 벡터 $\overrightarrow{HQ}$이므로 정리 5를 이용하면

$$\overrightarrow{HQ} = \frac{\overrightarrow{PQ} \cdot \mathrm{n}}{\mathrm{n} \cdot \mathrm{n}} \mathrm{n} = \frac{(-1,1)\cdot(2,-1)}{(2,-1)\cdot(2,-1)}\begin{pmatrix}2\\-1\end{pmatrix} = -\frac{3}{5}\begin{pmatrix}2\\-1\end{pmatrix}$$

을 얻는다. 따라서 직선까지의 거리는 $\| \overrightarrow{HQ} \| = \sqrt{(-\frac{6}{5})^2 + \frac{3}{5}^2} = \frac{3\sqrt{5}}{5}$ 이고 벡터 $\overrightarrow{HQ}$를 이용하면 $\overrightarrow{HQ} = Q - H = (-\frac{6}{5}, \frac{3}{5})$ 이고, 따라서 수선의 발은 $H = (\frac{1}{5}, \frac{7}{5})$ 이다.

예제 2.35

예제 2.31을 벡터사영을 이용하여 구하여라.

풀이 직선 l 위의 한 점 $P = (-1,3,0)$과 방향벡터 $\mathrm{d} = \begin{pmatrix}1\\2\\2\end{pmatrix}$에 대하여, 벡터 $\overrightarrow{PQ}$의 d 위로의 벡터사영 p 는 정리 5를 적용하면

$$\mathrm{p} = \left(\frac{\overrightarrow{PQ} \cdot \mathrm{d}}{\mathrm{d} \cdot \mathrm{d}}\right)\mathrm{d} = \frac{2\times1 + (-1)\times2 + (-1)\times2}{1^2 + 2^2 + 2^2}\begin{pmatrix}1\\2\\2\end{pmatrix} = -\frac{2}{9}\begin{pmatrix}1\\2\\2\end{pmatrix}$$

이므로 $\overrightarrow{PH} = H - P = \mathrm{p} = -\frac{2}{9}(1,2,2)$ 이다. 따라서 수선의 발 $H = (-\frac{11}{9}, \frac{23}{9}, -\frac{4}{9})$ 이다.

예제 2.36

점 $Q(1,0,2)$에서 직선 $l: \frac{x-3}{-1} = \frac{y-1}{1}$, $z = 1$에 이르는 최단거리를 구하여라.

풀이 직선 l 위의 한 점 $P = (3,1,1)$과 방향벡터 $\mathrm{d} = \begin{pmatrix}-1\\1\\0\end{pmatrix}$에 대하여, 벡터 $\overrightarrow{PQ}$의 d 위로의 벡터사영 p 는 정리 5를 적용하면

$$\mathrm{p} = \left(\frac{\overrightarrow{PQ} \cdot \mathrm{d}}{\mathrm{d} \cdot \mathrm{d}}\right)\mathrm{d} = \frac{(-2)\times(-1) + (-1)\times1 + 1\times0}{(-1)^2 + 1^2 + 0^2}\begin{pmatrix}-1\\1\\0\end{pmatrix}$$

$$= \frac{1}{2}\begin{pmatrix}-1\\1\\0\end{pmatrix}$$

이다. 따라서, 최단거리는 벡터 $\overrightarrow{PQ} - \mathrm{p}$ 의 크기인

$$\| \overrightarrow{PQ} - \mathrm{p} \| = \| (-\frac{3}{2}, -\frac{3}{2}, 1) \| = \frac{\sqrt{22}}{2}$$

이다.

문제 2.16

점 $Q(2,0,3)$에서 직선 $l : \frac{x-1}{1} = \frac{y-1}{2} = \frac{z-2}{1}$에 이르는 최단거리를 구하여라.

예제 2.37

점 $Q=(1,-1,1)$과 평면 $\pi: 2x+y+z=1$ 사이의 최단거리를 구하여라.

풀이 평면 π의 법선벡터를 $\mathrm{n} = \begin{pmatrix}2\\1\\1\end{pmatrix}$이라 하고 평면 위의 적당한 점 $P=(0,1,0)$을 택하자. 그러면 벡터 $\overrightarrow{PQ}$의 법선벡터 n 위로의 벡터사영의 크기가 $Q=(1,-1,1)$에서 평면까지의 거리이므로 정리 5에 따라

$$\mathrm{p} = \frac{\overrightarrow{PQ}\cdot \mathrm{n}}{\mathrm{n}\cdot\mathrm{n}}\mathrm{n} = \frac{1\times 2+(-2)\times 1+1\times 1}{2^2+1^2+1^2}\begin{pmatrix}2\\1\\1\end{pmatrix} = \frac{1}{6}\begin{pmatrix}2\\1\\1\end{pmatrix}$$

이다. 따라서 점 Q에서 평면 π 까지의 거리는 $\|\mathrm{p}\| = \frac{\sqrt{6}}{6}$ 이다. 또는 다음과 같이 간단한 식을 이용해도 된다.

$$\|\mathrm{p}\| = \left|\frac{\overrightarrow{PQ}\cdot\mathrm{n}}{\mathrm{n}\cdot\mathrm{n}}\right|\|\mathrm{n}\| = \frac{|\overrightarrow{PQ}\cdot\mathrm{n}|}{\|\mathrm{n}\|^2}\|\mathrm{n}\| = \frac{|\overrightarrow{PQ}\cdot\mathrm{n}|}{\|\mathrm{n}\|}$$

예제 2.38

예제 2.37에서 점 Q의 평면 π에 내린 수선의 발 H의 좌표를 구하여라.

풀이 예제 2.37의 풀이에서 벡터 $\overrightarrow{PQ}$의 법선벡터 n 위로의 벡터사영 $\mathrm{p} = \frac{1}{6}\begin{pmatrix}2\\1\\1\end{pmatrix}$를 구하였다. $\overrightarrow{HQ} = Q-H = \mathrm{p}$ 이므로 수선의 발 H의 좌표는 다음과 같이 결정된다.

$$H = Q-\mathrm{p} = (1,-1,1) - \frac{1}{6}(2,1,1) = (\frac{2}{3}, -\frac{7}{6}, \frac{5}{6})$$

문제 2.17

점 $(-1,1,-2)$에서 평면 $x+y+3z=5$에 내린 수선의 발 H와 점에서 평면까지의 최단거리를 구하여라.

연습문제

01 다음 각 벡터와 같은 방향의 단위벡터를 구하여라.

(1) $\mathbf{x} = (1, 1, 0, 1, 0)$ (2) $\mathbf{y} = (0, 1, 1, 1, 0)$

(3) $\mathbf{z} = \mathbf{i} + 2\mathbf{j} + 3\mathbf{k}$ (4) $\mathbf{w} = 3\mathbf{i} - \mathbf{j} + 3\mathbf{k}$

02 크기가 3이고 $3\mathbf{i} + 2\mathbf{k}$ 와 같은 방향의 벡터를 구하여라.

03 크기가 3이고 $\mathbf{i}, \mathbf{j}, \mathbf{k}$ 와 이루는 각이 각각 $\frac{\pi}{4}$, $\frac{\pi}{2}$, $\frac{\pi}{4}$ 인 벡터 $\mathbf{x}$ 를 구하여라.

04 다음 직선의 대칭방정식을 구하여라.

(1) 점 $(1,2,3)$을 지나고 방향벡터가 $\mathbf{d} = 3\mathbf{i} - \mathbf{j} + 3\mathbf{k}$ 인 직선

(2) 점 $(1,-1,2)$를 지나고 방향벡터가 $\mathbf{d} = \mathbf{j} + 5\mathbf{k}$ 인 직선

(3) 점 $(1,0,-2)$를 지나고 $l: \dfrac{x-3}{-1} = \dfrac{y-1}{1} = \dfrac{z-1}{3}$과 평행인 직선

(4) 점 $(-1,0,3)$을 지나고 평면 $x+2y-4z=5$와 수직인 직선

(5) 두 점 $(5,-2,3)$과 $(2,-1,-2)$를 지나는 직선

05 다음 식을 간단히 하여라.

(1) $(\mathbf{a} \cdot \mathbf{b}) - (3\mathbf{a} \cdot 2\mathbf{b})$

(2) $3\mathbf{a} \cdot (\mathbf{a} - \mathbf{c}) + (4\mathbf{b} - 3\mathbf{a}) \cdot (\mathbf{a} + 2\mathbf{c}) - 5\mathbf{b} \cdot (\mathbf{a} - 3\mathbf{c})$

06 벡터 $\mathbf{a} = (1, 1, 2)$와 $\mathbf{b} = (-1, 1, 0)$가 주어져 있다.

$$3\mathbf{x} + 2\mathbf{a} + \mathbf{b} = 2(\mathbf{x} + 3\mathbf{a}) - (2\mathbf{a} - 3\mathbf{b})$$

를 만족하는 $\mathbf{x}$를 구하여라.

07 두 벡터 $\alpha\mathbf{i}-3\mathbf{j}+\mathbf{k}$, $\mathbf{i}+2\mathbf{j}+2\mathbf{k}$ 가 수직이 되도록 α 의 값을 정하여라.

08 두 벡터 $\mathbf{x}=\alpha\mathbf{i}+11\mathbf{j}-3\mathbf{k}$, $\mathbf{y}=2\mathbf{i}-\beta\mathbf{j}-5\mathbf{k}$가 평행이 되도록 실수 α, β를 결정하여라.

09 단위벡터 $\mathbf{a}$, $\mathbf{b}$ 의 사이의 각이 $\frac{\pi}{4}$ 일 때, 두 벡터 $2\mathbf{a}+\mathbf{b}$, $\mathbf{a}+2\mathbf{b}$ 의 사이의 각에 대한 코사인 값을 구하여라.

10 다음 평면의 방정식을 구하여라.

(1) 점 $(1,0,3)$을 지나고 법선벡터가 $\mathbf{n}=\mathbf{i}-2\mathbf{j}+3\mathbf{k}$ 인 평면

(2) 점 $(1,-1,2)$를 지나고 벡터 $\mathbf{d}=\mathbf{i}-3\mathbf{k}$ 에 수직인 평면

(3) 점 $(1,0,-2)$를 지나고 $l: \dfrac{x-3}{-1}=\dfrac{y-1}{1}=\dfrac{z-1}{3}$과 수직인 평면

(4) 점 $(-1,0,3)$을 지나고 평면 $x+2y-4z=5$와 평행인 평면

(5) 세 점 $(3,0,1)$, $(2,1,0)$, $(0,-1,1)$을 지나는 평면

11 다음 주어진 두 평면들이 서로 수직인 관계에 있는지 판정하고, 수직이 아니라면 두 평면 사이의 각에 대한 코사인값을 구하여라.

(1) $\pi_1 : x-y+3z=2$, $\pi_2 : 2x+z=1$

(2) $\pi_1 : 3x-2y+z=1$, $\pi_2 : 4x+5y-2z=4$

12 두 평면 $\pi_1 : x-3y+2z=-1$, $\pi_2 : (2a+3)x+(a-1)y-z=3$ 이 서로 수직일 때 상수 a 의 값을 정하여라.

13 평면 π에 두 직선

$$l_1 : \frac{x+2}{-1}=\frac{y+3}{2}=\frac{z-5}{3}, \quad l_2 : \frac{x+2}{2}=\frac{y+3}{3}=\frac{z-5}{2}$$

가 포함될 때 평면 π 의 방정식을 구하여라.

14 두 직선

$$l_1 : \frac{x+2}{-1} = \frac{y+3}{2} = \frac{z-5}{3}, \quad l_2 : \frac{x-1}{2} = \frac{y+3}{3} = \frac{z-5}{2}$$

가 한 평면 위에 놓일 수 없는 이유를 서술하여라.

15 두 벡터 $\mathrm{x} = \mathrm{i} + 2\mathrm{j} + 3\mathrm{k}$, $\mathrm{y} = 2\mathrm{i} + \mathrm{j} - 3\mathrm{k}$ 에 대하여, y 위로의 벡터사영 p 를 구하여라.

16 점 $P(1, -1, 2)$의 평면 $\pi : x - 2y - 2z + 9 = 0$에 관한 대칭점의 좌표를 구하여라.

3장

연립일차방정식

4차 산업혁명시대에는 공학, 경제학, 사회학, 의료분야 등 자연현상의 여러 가지 문제들에 대하여 수학적 모델링을 통해 가장 효율적이고 최적화된 답을 얻고자 한다. 이러한 과정에서 다양한 고등 수학적 이론이 중요하게 이용되고 있다. 이번 장에서는 이러한 문제들을 해결하는 가장 기본적이며 중요한 수학적 도구인 연립일차방정식의 해법에 대해 공부할 것이다. 연립일차방정식의 해법은 선형대수학의 가장 중요한 핵심 주제이며, 한 학기 동안 선형대수학을 수강하며 나타나는 대부분의 문제는 실제로 연립일차방정식을 푸는 문제로 귀착된다. 연립일차방정식의 체계적이고 효과적인 해법을 배우고 벡터들의 기본적인 관계를 연립일차방정식의 해의 구조와 함께 이해하도록 한다.

01 연립일차방정식

중등교육과정을 통해서 다음과 같은 간단한 연립일차방정식의 해법에 대해서 배워왔다.

$$\begin{cases} x_1 + 2x_2 = 1 \\ x_1 - x_2 = 4 \end{cases}$$

이 연립일차방정식은 간단한 변수 소거법을 통하여 유일한 해 $x_1 = 3$, $x_2 = -1$을 가진다는 것을 알 수 있다. 이 장의 후반부에서 Gauss 소거법을 통하여 기존에 알고 있던 변수 소거법을 일반화할 것이다. 일반적인 연립일차방정식을 정의하기 전에 위의 간단한 연립일차방정식을 통하여 해의 기하학적인 의미를 살펴보도록 하자. 방정식 $x_1 + 2x_2 = 1$과 $x_1 - x_2 = 4$는 각각 평면 위의 한 직선을 정의한다. 따라서 두 방정식의 공통인 해, 즉 연립일차방정식의 해는 두 직선의 교점과 일치한다. 따라서, 두 직선은 한 점 $(x_1, x_2) = (3, -1)$에서 만나게 된다. 이처럼 연립일차방정식의 해의 기하적인 의미를 이용하여 연립일차방정식

$$\begin{cases} ax_1 + bx_2 = p \\ cx_1 + dx_2 = q \end{cases}$$

의 간단한 해법을 생각해볼 수 있다. 편의상 a, b, c, d, p, q는 0이 아닌 실수로 가정하자.

위의 예와 같이 방정식 $ax_1 + bx_2 = p$와 $cx_1 + dx_2 = q$는 각각 평면 위의 한 직선을 정의한다.

$$\begin{cases} x_2 = -\dfrac{a}{b}x_1 + \dfrac{p}{b} \\ x_2 = -\dfrac{c}{d}x_1 + \dfrac{q}{d} \end{cases}$$

평면 위의 두 직선은 <그림 3.1>과 같이 직선의 기울기와 x_2 절편에 따라서 세 가지 위치 관계를 가질 수 있다.

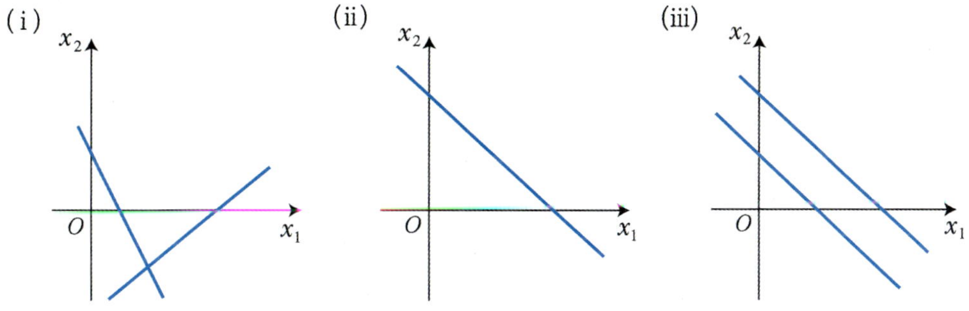

그림 3.1

(i) $\dfrac{a}{c} \neq \dfrac{b}{d}$: 두 직선의 기울기 $-\dfrac{a}{b}$와 $-\dfrac{c}{d}$가 서로 다른 경우로 두 직선은 한 점에서 만난다. 따라서 연립일차방정식은 유일한 해를 가진다.

(ii) $\dfrac{a}{c} = \dfrac{b}{d} = \dfrac{p}{q}$: 두 직선의 기울기 $-\dfrac{a}{b}$와 $-\dfrac{c}{d}$가 같고 x_2 절편 $\dfrac{p}{b}$와 $\dfrac{q}{d}$가 같은 경우로 두 직선은 일치한다. 따라서 연립일차방정식은 무수히 많은 해를 가진다.

(iii) $\dfrac{a}{c} = \dfrac{b}{d} \neq \dfrac{p}{q}$: 두 직선의 기울기 $-\dfrac{a}{b}$와 $-\dfrac{c}{d}$가 같지만 x_2 절편 $\dfrac{p}{b}$와 $\dfrac{q}{d}$가 서로 다른 경우로 두 직선은 평행이다. 따라서 연립일차방정식은 해를 갖지 않는다.

예제 3.1

다음 연립일차방정식은 무수히 많은 해를 갖는다.

$$\begin{cases} x_1 + x_2 = 1 \\ 3x_1 + 3x_2 = 3 \end{cases}$$

풀이 두 일차방정식 $x_1 + x_2 = 1$과 $3x_1 + 3x_2 = 3$은 (ii) $\dfrac{a}{c} = \dfrac{b}{d} = \dfrac{p}{q}$를 만족하는 경우로 <그림 3.1>의 (ii)에서와 같이 일치하는 두 직선을 나타내고 연립일차방정식은 무수히 많은 해를 가진다.

예제 3.2

다음 연립일차방정식은 해를 갖지 않는다.

$$\begin{cases} x_1 + x_2 = 1 \\ 3x_1 + 3x_2 = 2 \end{cases}$$

풀이 두 일차방정식 $x_1 + x_2 = 1$과 $3x_1 + 3x_2 = 2$는 (iii) $\frac{a}{c} = \frac{b}{d} \neq \frac{p}{q}$를 만족하는 경우로 <그림 3.1>의 (iii)과 같이 서로 평행한 직선을 나타내고 연립일차방정식은 해를 갖지 않는다.

예제 3.3

김포공항을 출발하여 400 km 떨어진 김해공항으로 가는 비행기가 있다. 서울에서 부산까지는 비행기의 정면에서 부는 역풍으로 인해 50분이 소요되고 부산에서 서울까지는 뒤에서 부는 순풍으로 40분이 소요된다고 할 때, 비행기의 속력과 바람의 속력을 구하여라(단, 두 속력은 일정하다고 가정한다).

풀이 거리 = 속력 × 시간 이므로 시간당 비행기의 속력을 x, 바람의 속력을 y로 나타내면, 다음과 같은 연립일차방정식

$$\begin{cases} \frac{5}{6}(x - y) = 400 \\ \frac{4}{6}(x + y) = 400 \end{cases}$$

을 얻을 수 있다. 두 일차방정식은 (i) $\frac{a}{c} \neq \frac{b}{d}$를 만족하는 경우로 <그림 3.1>의 (i)에서와 같이 서로 한 점에서 만나는 두 직선을 나타낸다. 따라서, 이 연립일차방정식은 유일한 해 $x = 540$, $y = 60$이므로 비행기의 속력은 $540\,(\mathrm{km/h})$이고 바람의 속력은 $60\,(\mathrm{km/h})$이다.

일반적으로 n개의 미지수 $x_1, x_2, \cdots, x_n$을 가지는 일차방정식은 다음과 같이 나타낸다.

$$a_1x_1 + a_2x_2 + \cdots + a_nx_n = b$$

m 개의 일차방정식과 n 개의 미지수로 이루어진 연립일차방정식을 $m \times n-$연립일차방정식이라고 하며 다음과 같이 나타낸다.

$$\begin{cases} a_{11}x_1 & + & a_{12}x_2 & + & \cdots & + & a_{1n}x_n & = & b_1 \\ a_{21}x_1 & + & a_{22}x_2 & + & \cdots & + & a_{2n}x_n & = & b_2 \\ & & & & \vdots & & & & \vdots \\ a_{m1}x_1 & + & a_{m2}x_2 & + & \cdots & + & a_{mn}x_n & = & b_m \end{cases}$$

이때, 실숫값 a_{ij}와 b_i를 각각 **계수**(coefficient)와 **상수항**(constant term)이라고 한다. 또한 m 개의 일차방정식의 공통인 해가 존재하는 경우에 위 연립일차방정식의 **해**(solution)가 존재한다고 하고 이 해는 행벡터 $(x_1, x_2, \cdots, x_n) = (\alpha_1, \alpha_2, \cdots, \alpha_n)$로 나타내거나 열벡터를 이용하여 다음과 같이 나타낸다.

$$\begin{pmatrix} x_1 \\ x_2 \\ \vdots \\ x_n \end{pmatrix} = \begin{pmatrix} \alpha_1 \\ \alpha_2 \\ \vdots \\ \alpha_n \end{pmatrix}$$

주어진 연립일차방정식의 모든 해의 집합을 **해집합**(solution set)이라 한다. 만약 해가 존재하지 않는 경우 그 연립일차방정식은 **불능**(inconsistent)이라고 한다.

앞으로 연립일차방정식을 나타낼 때, 식에 포함된 미지수의 순서를 항상 x_1, x_2, $\cdots$, x_n의 순으로 고정하기로 한다.

정의 1

(1) 연립일차방정식의 각 식에서 처음으로 0 이 아닌 계수를 갖는 미지수를 그 식의 선행변수라고 한다.

(2) $n \times n-$연립일차방정식의 임의의 k번째 식의 선행변수가 x_k일 때, 이러한 연립일차방정식을 **삼각꼴**(triangular form) 연립일차방정식이라고 한다.

(3) 삼각꼴 연립일차방정식에서 몇 개의 식을 제거하고 얻은 연립일차방정식을 **사다리꼴**(echelon form) 연립일차방정식이라고 한다.

예제 3.4

연립일차방정식 $\begin{cases} x_1 + x_2 + 2x_3 = 1 \\ \qquad\; x_2 + 2x_3 = 1 \\ \qquad\qquad\; 3x_3 = 9 \end{cases}$ 의 각 식의 선행변수는 x_1, x_2, x_3 이며 이 식은 삼각꼴 연립일차방정식이다.

예제 3.5

연립일차방정식 $\begin{cases} x_1 + 2x_2 + 2x_3 + x_4 = 1 \\ \qquad\qquad\quad x_3 + 2x_4 = 2 \\ \qquad\qquad\qquad\quad 2x_4 = 8 \end{cases}$ 의 각 식의 선행변수는 x_1, x_3, x_4 이고 이 식은 사다리꼴 연립일차방정식이다.

이제 삼각꼴 연립일차방정식과 사다리꼴 연립일차방정식의 해법에 대하여 살펴보도록 하자.

예제 3.6

연립일차방정식 $\begin{cases} x_1 + x_2 + 2x_3 = 1 \\ \qquad\; x_2 + 2x_3 = 1 \\ \qquad\qquad\; 3x_3 = 9 \end{cases}$ 의 해를 구하여라.

풀이 이 식은 삼각꼴 연립일차방정식으로 세 번째 식에서부터 위로 올라가며 해를 구할 수 있다. 세 번째 식에서 $x_3 = 3$ 을 바로 얻을 수 있고, 이 값을 두 번째 식에 대입하여 $x_2 = -5$ 를 얻는다. 따라서 $x_2 = -5$, $x_3 = 3$ 을 첫 번째 식에 대입하면 $x_1 = 0$ 이고 주어진 연립일차방정식은 유일한 해 $(0, -5, 3)$ 을 갖는다.

예제 3.6과 같은 방법으로 일반적인 $n \times n$ −삼각꼴 연립일차방정식의 해를 구할 수 있다. 먼저, 마지막 n 번째 식에서 x_n 을 구한다. 이 값을 다시 $(n-1)$ 번째 식에 대입하여 x_{n-1} 을 얻는다. 같은 방법으로 위로 올라가며 차례대로 x_n, x_{n-1}, $\cdots$, x_1 을 구할 수 있다. 이러한 방법을 **후진대입법**(back substitution)이라고 한다.

문제 3.1

연립일차방정식 $\begin{cases} 2x_1 - 3x_2 + x_3 = 8 \\ 5x_2 - 5x_3 = 5 \\ 2x_3 = 6 \end{cases}$ 의 해를 구하여라.

문제 3.2

다음 연립일차방정식의 해를 구하여라.

(1) $\begin{cases} x_1 + x_2 + x_3 = 4 \\ x_2 + 2x_3 = 5 \\ 3x_3 = 9 \end{cases}$

(2) $\begin{cases} x_1 - x_2 + 3x_3 - 2x_4 = 3 \\ x_2 + 2x_3 + 3x_4 = 2 \\ 4x_3 + 3x_4 = 3 \\ 3x_4 = 6 \end{cases}$

다음으로 사다리꼴 연립일차방정식의 해를 구하는 방법을 알아보자.

예제 3.7

연립일차방정식 $\begin{cases} x_1 + x_2 + x_3 + x_4 = 3 \\ x_3 + 2x_4 = -1 \\ 5x_4 = 5 \end{cases}$ 의 해를 구하여라.

풀이 다음의 연립일차방정식은 사다리꼴이며 각 식의 선행변수는 x_1, x_3, x_4이다. 이때 선행변수를 제외한 나머지 미지수 x_2에 임의의 상수 α를 대입하자. 그러면 다음과 같이 x_1, x_3, x_4를 선행변수로 하는 삼각꼴 연립일차방정식을 얻을 수 있다.

$$\begin{cases} x_1 + x_3 + x_4 = -\alpha + 3 \\ x_3 + 2x_4 = -1 \\ 5x_4 = 5 \end{cases}$$

후진대입법을 이용하여 해를 구하면

$$x_1 = -\alpha + 5,\ x_2 = \alpha,\ x_3 = -3,\ x_4 = 1 \qquad (\alpha \text{는 임의의 실수})$$

이고 α 값에 따라 무수히 많은 해를 갖는다. 벡터를 사용하여

$$\begin{pmatrix} x_1 \\ x_2 \\ x_3 \\ x_4 \end{pmatrix} = \begin{pmatrix} -\alpha+5 \\ \alpha \\ -3 \\ 1 \end{pmatrix} = \alpha \begin{pmatrix} -1 \\ 1 \\ 0 \\ 0 \end{pmatrix} + \begin{pmatrix} 5 \\ 0 \\ -3 \\ 1 \end{pmatrix} \quad (\alpha \text{는 임의의 실수})$$

와 같이 해를 나타낼 수 있다.

예제 3.7과 같은 방법으로 일반적인 사다리꼴 연립일차방정식의 해를 구할 수 있다. 즉, 선행변수를 제외한 나머지 모든 미지수를 **자유변수**(free variables)라 하고 상수 취급하면 예제 3.7의 풀이처럼 삼각꼴 연립일차방정식을 얻을 수 있다. 그러면 후진대입법을 이용하여 주어진 연립일차방정식의 해를 구할 수 있다. 이때, 자유변수가 1개 이상 존재하면 연립일차방정식은 무수히 많은 해를 갖는다.

예제 3.8

연립일차방정식 $\begin{cases} x_1 + x_2 + x_3 = 2 \\ x_4 + 2x_5 = 3 \\ 3x_5 = 6 \end{cases}$ 은 선행변수가 x_1, x_4, x_5이고 나머지 변수 x_2, x_3이 자유변수이다. 따라서 주어진 연립일차방정식은 무수히 많은 해를 갖는다.

예제 3.9

다음 사다리꼴 연립일차방정식을 풀어라.

$$\begin{cases} x_1 + x_2 + x_3 = 3 \\ x_4 + x_5 = 2 \\ 3x_5 = 9 \end{cases}$$

풀이 주어진 연립일차방정식의 선행변수는 x_1, x_4, x_5 이므로 자유변수 x_2, x_3을 각각 α, β라 하자. 그러면 다음과 같은 삼각꼴 연립일차방정식을 얻는다.

$$\begin{cases} x_1 = 3-\alpha-\beta \\ x_4 + x_5 = 2 \\ 3x_5 = 9 \end{cases}$$

이제 후진대입법을 이용하면 연립일차방정식의 해는 다음과 같다.

$$x_1 = 3 - \alpha - \beta,\ \ x_2 = \alpha,\ \ x_3 = \beta,\ \ x_4 = -1,\ \ x_5 = 3 \quad (\alpha,\ \beta\text{는 임의의 실수})$$

벡터를 사용하여 다음과 같이 해를 나타낼 수 있다.

$$\begin{pmatrix} x_1 \\ x_2 \\ x_3 \\ x_4 \\ x_5 \end{pmatrix} = \alpha\begin{pmatrix} -1 \\ 1 \\ 0 \\ 0 \\ 0 \end{pmatrix} + \beta\begin{pmatrix} -1 \\ 0 \\ 1 \\ 0 \\ 0 \end{pmatrix} + \begin{pmatrix} 3 \\ 0 \\ 0 \\ -1 \\ 3 \end{pmatrix} \qquad (\alpha,\ \beta\text{는 임의의 실수})$$

예제 3.10

사다리꼴 연립일차방정식 $\begin{cases} x_1 + x_2 + x_3 + x_4 + x_5 = 1 \\ \qquad\quad x_3 + x_4 + 2x_5 = 2 \\ \qquad\qquad\quad x_4 + x_5 = 3 \end{cases}$ 의 해를 구하여라.

풀이 주어진 연립일차방정식의 선행변수는 $x_1,\ x_3,\ x_4$ 이므로 자유변수 $x_2,\ x_5$를 각각 α, β라 하자. 그러면 다음과 같은 삼각꼴 연립일차방정식을 얻는다.

$$\begin{cases} x_1 + x_3 + x_4 = 1 - \alpha - \beta \\ \qquad x_3 + x_4 = 2 - 2\beta \\ \qquad\qquad x_4 = 3 - \beta \end{cases}$$

후진대입법을 이용하면 연립일차방정식의 해는 다음과 같다.

$$x_1 = -1 - \alpha + \beta,\ \ x_2 = \alpha,\ \ x_3 = -1 - \beta,\ \ x_4 = 3 - \beta,\ \ x_5 = \beta$$

$$(\alpha,\ \beta\text{는 임의의 실수})$$

또한 벡터로 표현하면 다음과 같다.

$$\begin{pmatrix} x_1 \\ x_2 \\ x_3 \\ x_4 \\ x_5 \end{pmatrix} = \alpha\begin{pmatrix} -1 \\ 1 \\ 0 \\ 0 \\ 0 \end{pmatrix} + \beta\begin{pmatrix} 1 \\ 0 \\ -1 \\ -1 \\ 1 \end{pmatrix} + \begin{pmatrix} -1 \\ 0 \\ -1 \\ 3 \\ 0 \end{pmatrix} \qquad (\alpha,\ \beta\text{는 임의의 실수})$$

문제 3.3

사다리꼴 연립일차방정식 $\begin{cases} x_1 - 2x_2 + 2x_3 + x_4 - x_5 = 2 \\ \qquad\qquad x_3 - 3x_4 + 5x_5 = 3 \\ \qquad\qquad\qquad x_4 + x_5 = 1 \end{cases}$ 의 해를 구하여라.

이제 삼각꼴이나 사다리꼴이 아닌 일반적인 연립일차방정식의 해를 구하는 방법에 대하여 살펴보도록 하자. 먼저 같은 해집합을 가지는 두 연립일차방정식을 **동치**(equivalent)라고 하겠다. 일반적인 연립일차방정식에 대하여 주어진 연립일차방정식과 동치인 삼각꼴 또는 사다리꼴 연립일차방정식을 찾을 수 있다면, 앞에서 배웠던 방법을 이용하여 원하는 해집합을 구할 수 있다. 다음의 세 가지 형태의 기본변환을 통하여 주어진 연립일차방정식과 동치인 새로운 연립일차방정식을 찾을 수 있다.

■ 기본변환(elementary operation)

① 두 일차방정식의 순서를 바꾼다.

② 한 일차방정식에 0 이 아닌 상수를 곱한다.

③ 한 일차방정식에 다른 일차방정식을 상수 배 하여 더한다.

실제로 주어진 연립일차방정식의 해가 존재한다면 위의 세 가지 기본변환을 여러 번 적용하여 삼각꼴 또는 사다리꼴 연립일차방정식으로 변환시킬 수 있다. 만약 기본변환을 통하여 삼각꼴 또는 사다리꼴 연립일차방정식으로 변환이 불가능하다면 주어진 연립일차방정식은 해가 존재하지 않는다. 즉, 주어진 연립일차방정식은 불능이다.

예제 3.11

연립일차방정식 $\begin{cases} x_1 + 2x_2 + x_3 = 3 \\ 2x_1 + 3x_2 + x_3 = 4 \\ 3x_1 - x_2 - 3x_3 = -1 \end{cases}$ 의 해를 구하여라.

풀이 먼저 기본변환 ③을 이용하여 두 번째, 세 번째 식의 변수 x_1 을 소거하자. 우선 첫 번째 식을 -2배 하여 두 번째 식에 더하고, 첫 번째 식을 -3배 하여 세 번째 식에 더하면 주어진 연립일차방정식은 다음과 같은 동치인 연립일차방정식으로 변환된다.

$$\begin{cases} x_1 + 2x_2 + x_3 = 3 \\ \quad\ - x_2 - x_3 = -2 \\ \quad\ - 7x_2 - 6x_3 = -10 \end{cases}$$

다시 기본변환 ③을 이용하여 세 번째 식의 변수 x_2를 소거하자. 두 번째 식을 -7 배 하여 세 번째 식에 더하면 원하는 동치인 삼각꼴 연립일차방정식

$$\begin{cases} x_1 + 2x_2 + x_3 = 3 \\ \quad - x_2 - x_3 = -2 \\ \qquad\qquad x_3 = 4 \end{cases}$$

이 된다. 이제 후진대입법을 이용하면 주어진 연립일차방정식은 다음의 유일한 해를 가진다.

$$x_1 = 3, \; x_2 = -2, \; x_3 = 4$$

예제 3.12

연립일차방정식 $\begin{cases} x_1 + x_2 + x_3 - x_4 = 1 \\ \quad x_2 - x_3 + x_4 = 2 \\ \qquad x_3 - 2x_4 = 3 \\ 3x_2 - 2x_3 + 2x_4 = 4 \end{cases}$ 의 해를 구하여라.

풀이 먼저 기본변환 ③을 이용하여 네 번째 식의 변수 x_2를 소거하자. 우선 두 번째 식을 -3배 하여 네 번째 식에 더하면 다음의 동치인 연립일차방정식

$$\begin{cases} x_1 + x_2 + x_3 - x_4 = 1 \\ \quad x_2 - x_3 + x_4 = 2 \\ \qquad x_3 - 2x_4 = 3 \\ \qquad x_3 - x_4 = -2 \end{cases}$$

를 얻는다. 다시 기본변환 ③을 이용하여 네 번째 식의 변수 x_3을 소거하자. 세 번째 식을 -1배 하여 네 번째 식에 더하면, 다음과 같은 동치인 삼각꼴 연립일차방정식을 얻는다.

$$\begin{cases} x_1 + x_2 + x_3 - x_4 = 1 \\ \quad x_2 - x_3 + x_4 = 2 \\ \qquad x_3 - 2x_4 = 3 \\ \qquad\quad x_4 = -5 \end{cases}$$

후진대입법을 이용하면 주어진 연립일차방정식은 다음의 유일한 해를 갖는다.

$$x_1 = 3, \; x_2 = 0, \; x_3 = -7, \; x_4 = -5$$

02 행사다리꼴과 Gauss 소거법

앞에서 우리는 연립일차방정식의 해를 구하는 기본 절차를 살펴보았다. 그 핵심아이디어는 기본변환을 단계적으로 적용하여 주어진 연립방정식을 삼각꼴이나 사다리꼴 형태의 동치 연립방정식으로 바꾼 후, 후진대입법을 통해 해를 찾아내는 것이다. 이번 절에서는 주어진 연립일차방정식에 대응하는 첨가계수행렬을 정의하고, 연립일차방정식의 기본변환에 대응하는 행렬 변환을 이용하여 동치 연립방정식을 보다 효과적이고 체계적으로 구하는 방법을 학습한다. 주어진 연립일차방정식을 첨가계수행렬로 표현하면, 1장에서 살펴본 행렬의 대수적 성질을 적용하여 해를 구할 수 있을 뿐 아니라, 해의 다양한 구조적 특징까지 이해할 수 있다. 다음 예를 통해서 주어진 연립일차방정식의 **계수행렬**(coefficient matrix)과 **첨가 계수행렬**(augmented coefficient matrix)을 정의하도록 하겠다.

예제 3.13

연립일차방정식 $\begin{cases} a_{11}x_1 + a_{12}x_2 + \cdots + a_{1n}x_n = b_1 \\ a_{21}x_1 + a_{22}x_2 + \cdots + a_{2n}x_n = b_2 \\ \qquad\vdots \\ a_{m1}x_1 + a_{m2}x_2 + \cdots + a_{mn}x_n = b_m \end{cases}$ 의 계수행렬과 첨가 계수행렬을 각각 구하여라.

풀이 먼저 계수행렬은 m개의 각 식의 n개의 미지수들의 계수로 이루어진 $m \times n$ 행렬

$$\begin{pmatrix} a_{11} & a_{12} & \cdots & a_{1n} \\ a_{21} & a_{22} & \cdots & a_{2n} \\ \vdots & \vdots & & \vdots \\ a_{m1} & a_{m2} & \cdots & a_{mn} \end{pmatrix}$$

로 나타낸다. 다음으로 첨가 계수행렬은 위의 계수행렬에 각 식의 상수항을 첨가하여 얻은 행렬

$$\left(\begin{array}{cccc|c} a_{11} & a_{12} & \cdots & a_{1n} & b_1 \\ a_{21} & a_{22} & \cdots & a_{2n} & b_2 \\ \vdots & \vdots & & \vdots & \vdots \\ a_{m1} & a_{m2} & \cdots & a_{mn} & b_m \end{array}\right)$$

로 나타낸다.

예제 3.14

연립일차방정식 $\begin{cases} x_1 + 2x_2 + x_3 = 3 \\ 3x_1 - x_2 - 3x_3 = -1 \\ 2x_1 + 3x_2 + x_3 = 4 \end{cases}$ 의 첨가 계수행렬은

$$\left(\begin{array}{ccc|c} 1 & 2 & 1 & 3 \\ 3 & -1 & -3 & -1 \\ 2 & 3 & 1 & 4 \end{array}\right)$$

이다.

예제 3.15

다음 연립일차방정식의 계수행렬과 첨가 계수행렬을 구하여라.

$$\begin{cases} x_1 + x_3 - x_4 = 1 \\ -x_1 - x_2 - x_3 - x_4 = 2 \\ 2x_1 + 4x_2 + x_3 - 2x_4 = 3 \\ 3x_1 + x_2 - 2x_3 + 2x_4 = 4 \end{cases}$$

풀이 이 연립일차방정식의 계수행렬은

$$\begin{pmatrix} 1 & 0 & 1 & -1 \\ -1 & -1 & -1 & -1 \\ 2 & 4 & 1 & -2 \\ 3 & 1 & -2 & 2 \end{pmatrix}$$

이고, 첨가 계수행렬은

$$\left(\begin{array}{cccc|c} 1 & 0 & 1 & -1 & 1 \\ -1 & -1 & -1 & -1 & 2 \\ 2 & 4 & 1 & -2 & 3 \\ 3 & 1 & -2 & 2 & 4 \end{array}\right)$$

이다.

문제 3.4

다음 연립일차방정식의 계수행렬과 첨가 계수행렬을 구하여라.

(1) $\begin{cases} x_1 + x_2 = 1 \\ x_2 + x_3 = 2 \\ x_1 + x_3 = 3 \end{cases}$

(2) $\begin{cases} x_1 + x_2 + x_3 - x_4 = 1 \\ x_2 - x_3 + x_4 = 2 \\ x_3 - 2x_4 = 3 \\ 3x_2 - 2x_3 + 2x_4 = 4 \end{cases}$

예제 3.16

다음의 행렬을 첨가 계수행렬로 가지는 연립일차방정식을 구하여라.

(1) $\left(\begin{array}{ccc|c} 2 & 1 & 1 & -1 \\ 0 & -2 & 1 & 1 \\ 1 & 1 & 2 & -2 \end{array}\right)$

(2) $\left(\begin{array}{ccc|c} 2 & 1 & 4 & 2 \\ 4 & -2 & 3 & -1 \\ 5 & 2 & 6 & 3 \end{array}\right)$

풀이 (1) $\begin{cases} 2x_1 + x_2 + x_3 = -1 \\ -2x_2 + x_3 = 1 \\ x_1 + x_2 + 2x_3 = -2 \end{cases}$

(2) $\begin{cases} 2x_1 + x_2 + 4x_3 = 2 \\ 4x_1 - 2x_2 + 3x_3 = -1 \\ 5x_1 + 2x_2 + 6x_3 = 3 \end{cases}$

문제 3.5

다음의 행렬을 첨가 계수행렬로 가지는 연립일차방정식을 구하여라.

(1) $\left(\begin{array}{ccc|c} 5 & -2 & 1 & 3 \\ 2 & 3 & -4 & 0 \end{array}\right)$

(2) $\left(\begin{array}{cccc|c} 1 & 1 & 3 & 1 & 4 \\ 4 & -2 & 1 & 0 & -1 \\ 0 & 0 & 0 & 1 & 2 \end{array}\right)$

앞서 우리는 연립일차방정식을 기본변환을 통하여 삼각꼴이나 사다리꼴 형태로 바꾸는 과정을 살펴보았다. 이번에는 이러한 변환을 행렬 관점에서 설명하기 위하여, 행렬의 기본 행변환을 정의하고, 이를 통해 주어진 연립방정식에 대응하는 계수행렬과 첨가 계수행렬을 삼각꼴 또는 사다리꼴 형태의 행렬로 바꾸는 방법을 배워보겠다.

정의 2

(1) 행렬의 각 행에서 처음으로 0이 아닌 성분을 그 행의 **선행성분**(pivot entry)이라 한다.

(2) 다음 두 조건을 만족하는 행렬을 **행사다리꼴**(row echelon form)이라 한다.

(i) 각 행의 선행성분은 그 위 행의 선행성분보다 항상 오른쪽에 있다.

(ii) 성분이 모두 0인 행은 0이 아닌 성분을 갖는 행보다 아래에 있다.

예제 3.17

다음 행렬들은 행사다리꼴이다.

(1) $\begin{pmatrix} 1 & 4 & 1 \\ 0 & 2 & 2 \\ 0 & 0 & 3 \end{pmatrix}$ (2) $\begin{pmatrix} 1 & 2 & 3 \\ 0 & 0 & 1 \\ 0 & 0 & 0 \end{pmatrix}$ (3) $\begin{pmatrix} 1 & 2 & 1 & 0 \\ 0 & 1 & 1 & 0 \\ 0 & 0 & 0 & 0 \end{pmatrix}$

예제 3.18

다음 행렬들은 행사다리꼴이 아니다.

(1) $\begin{pmatrix} 0 & 1 \\ 1 & 0 \end{pmatrix}$ (2) $\begin{pmatrix} 0 & 0 & 0 \\ 1 & 0 & 0 \end{pmatrix}$ (3) $\begin{pmatrix} 1 & 0 & 0 & 0 \\ 1 & 0 & 1 & 0 \\ 0 & 0 & 0 & 0 \end{pmatrix}$

풀이 (1)과 (3)은 행사다리꼴 조건 (i)을 만족하지 않는다. (2)는 행사다리꼴 조건 (ii)를 만족하지 않는다.

연립일차방정식에 대응하는 계수행렬이나 첨가 계수행렬에 대하여 다음 세 가지 **기본 행변환**(elementary row operations)을 정의하겠다.

■ 기본 행변환

① 두 행을 서로 바꾼다.

② 한 행에 0이 아닌 상수를 곱한다.

③ 한 행에 다른 행의 상수 배를 더한다.

마찬가지로 세 가지 기본 열변환(elementary column operations)을 정의할 수 있다.

■ 기본 열변환

① 두 열을 서로 바꾼다.

② 한 열에 0이 아닌 상수를 곱한다.

③ 한 열에 다른 열의 상수 배를 더한다.

모든 연립일차방정식의 계수행렬과 첨가 계수행렬은 세 가지 기본 행변환의 반복적인 시행을 통하여 행사다리꼴로 바꿀 수 있다. 이때 얻어진 행렬은 주어진 연립방정식과 동치인 연립방정식의 계수행렬과 첨가계수행렬이다. 이와 같이, 주어진 연립일차방정식의 첨가 계수행렬을 여러 번 기본 행변환하여 행사다리꼴로 바꾸어 해를 구하는 과정을 **Gauss 소거법**(Gaussian elimination)이라 한다. 만약 첨가 계수행렬이 여러 번의 기본 행변환을 통하여 $(0\ 0\ \cdots\ 0 \mid 1)$와 같은 행을 포함하는 행사다리꼴로 변환될 경우, 이에 대응되는 연립일차방정식은 모순된 일차방정식 $0x_1 + 0x_2 + \cdots + 0x_n = 1$을 포함하게 되므로 주어진 연립일차방정식은 해가 존재하지 않는다. 이러한 경우를 제외하면 연립일차방정식은 항상 해를 갖는다.

예제 3.19

연립일차방정식 $\begin{cases} x_1 + x_2 + 2x_3 = 1 \\ 3x_1 + 3x_2 + 6x_3 = 2 \end{cases}$ 의 해를 구하여라.

풀이 주어진 연립일차방정식의 첨가 계수행렬은 $\left(\begin{array}{ccc|c} 1 & 1 & 2 & 1 \\ 3 & 3 & 6 & 2 \end{array}\right)$ 이다. 이 첨가 계수행렬에 Gauss 소거법을 적용하자. 먼저 기본 행변환 ③을 이용하여 첫 번째 행에 -3배 하여 두 번째 행에 더하면 다음과 같은 변환을 얻는다.

$$\left(\begin{array}{ccc|c} 1 & 1 & 2 & 1 \\ 3 & 3 & 6 & 2 \end{array}\right) \to \left(\begin{array}{ccc|c} 1 & 1 & 2 & 1 \\ 0 & 0 & 0 & -1 \end{array}\right)$$

이제 변환된 행렬에 기본 행변환 ②를 이용하여 두 번째 행에 -1배 하면 다음과 같은 변환을 얻는다.

$$\left(\begin{array}{ccc|c} 1 & 1 & 2 & 1 \\ 3 & 3 & 6 & 2 \end{array}\right) \to \left(\begin{array}{ccc|c} 1 & 1 & 2 & 1 \\ 0 & 0 & 0 & -1 \end{array}\right) \to \left(\begin{array}{ccc|c} 1 & 1 & 2 & 1 \\ 0 & 0 & 0 & 1 \end{array}\right)$$

이때, 두 번째 행이 $(0\ 0\ 0 \mid 1)$ 이므로 주어진 연립일차방정식은 불능이다.

예제 3.20

연립일차방정식 $\begin{cases} x_1 + 2x_2 + x_3 = 1 \\ 2x_1 - x_2 + x_3 = 2 \\ 4x_1 + 3x_2 + 4x_3 = 4 \end{cases}$ 의 해를 구하여라.

풀이 먼저 주어진 연립일차방정식의 첨가 계수행렬을 구하면 $\left(\begin{array}{ccc|c} 1 & 2 & 1 & 1 \\ 2 & -1 & 1 & 2 \\ 4 & 3 & 4 & 4 \end{array}\right)$ 이다. 이 첨가 계수행렬에 Gauss 소거법을 적용하면 다음의 4단계 기본 행변환

1단계는 첫 번째 행에 -2배와 -4배 하여 각각 두 번째 행과 세 번째 행에 더한다.

2단계는 두 번째 행에 -1배 하여 세 번째 행에 더한다.

3단계는 세 번째 행을 두 번째 행에 더한다.

4단계는 두 번째 행에 $-\frac{1}{5}$배를 한다.

을 통해서 아래와 같은 변환

$$\left(\begin{array}{ccc|c} 1 & 2 & 1 & 1 \\ 2 & -1 & 1 & 2 \\ 4 & 3 & 4 & 4 \end{array}\right) \to \left(\begin{array}{ccc|c} 1 & 2 & 1 & 1 \\ 0 & -5 & -1 & 0 \\ 0 & -5 & 0 & 0 \end{array}\right) \to \left(\begin{array}{ccc|c} 1 & 2 & 1 & 1 \\ 0 & -5 & -1 & 0 \\ 0 & 0 & 1 & 0 \end{array}\right) \to \left(\begin{array}{ccc|c} 1 & 2 & 1 & 1 \\ 0 & -5 & 0 & 0 \\ 0 & 0 & 1 & 0 \end{array}\right)$$

$$\to \left(\begin{array}{ccc|c} 1 & 2 & 1 & 1 \\ 0 & 1 & 0 & 0 \\ 0 & 0 & 1 & 0 \end{array}\right)$$

을 구할 수 있다. 최종적으로 연립일차방정식 $\begin{cases} x_1 + 2x_2 + x_3 = 1 \\ x_2 = 0 \\ x_3 = 0 \end{cases}$ 을 얻을 수 있다.

후진대입법을 이용하여 구한 해는 $x_1 = 1,\ x_2 = 0,\ x_3 = 0$ 이다.

예제 3.21

연립일차방정식 $\begin{cases} x_1 + 3x_2 + 4x_3 + x_4 = 1 \\ x_1 + 3x_2 + 4x_3 + 2x_4 = 2 \\ x_1 + 3x_2 + 4x_3 + 3x_4 = 3 \end{cases}$ 의 해를 구하여라.

풀이 주어진 연립일차방정식의 첨가 계수행렬은 $\left(\begin{array}{cccc|c} 1 & 3 & 4 & 1 & 1 \\ 1 & 3 & 4 & 2 & 2 \\ 1 & 3 & 4 & 3 & 3 \end{array}\right)$ 이다. 이 첨가 계수행렬에 Gauss 소거법을 적용하면 기본 행변환을 통해서 다음의 행사다리꼴 행렬을 얻는다.

$$\left(\begin{array}{cccc|c} 1 & 3 & 4 & 1 & 1 \\ 1 & 3 & 4 & 2 & 2 \\ 1 & 3 & 4 & 3 & 3 \end{array}\right) \rightarrow \left(\begin{array}{cccc|c} 1 & 3 & 4 & 1 & 1 \\ 0 & 0 & 0 & 1 & 1 \\ 0 & 0 & 0 & 2 & 2 \end{array}\right) \rightarrow \left(\begin{array}{cccc|c} 1 & 3 & 4 & 0 & 0 \\ 0 & 0 & 0 & 1 & 1 \\ 0 & 0 & 0 & 0 & 0 \end{array}\right)$$

따라서 변환된 행사다리꼴에 대응되는 연립일차방정식의 미지수 중 x_1, x_4가 선행변수이고 x_2, x_3가 자유변수이므로 $x_2 = \alpha$, $x_3 = \beta$를 대입하여 정리하면 원하는 해는

$$x_1 = -3\alpha - 4\beta,\ \ x_2 = \alpha,\ \ x_3 = \beta,\ \ x_4 = 1 \quad (\alpha, \beta\text{는 임의의 실수})$$

이다. 벡터를 이용하면 다음 해집합을 얻는다.

$$\begin{pmatrix} x_1 \\ x_2 \\ x_3 \\ x_4 \end{pmatrix} = \alpha\begin{pmatrix} -3 \\ 1 \\ 0 \\ 0 \end{pmatrix} + \beta\begin{pmatrix} -4 \\ 0 \\ 1 \\ 0 \end{pmatrix} + \begin{pmatrix} 0 \\ 0 \\ 0 \\ 1 \end{pmatrix} \quad (\alpha, \beta\text{는 임의의 실수})$$

문제 3.6

다음 연립일차방정식의 해를 구하여라.

(1) $\begin{cases} x_1 + x_2 = 2 \\ x_2 + x_3 = 3 \\ x_3 + x_4 - 4 \end{cases}$

(2) $\begin{cases} x_1 + 2x_2 + x_3 = 1 \\ x_1 + 5x_2 + 8x_3 = 4 \\ 3x_1 + 6x_2 + 4x_3 - 6 \end{cases}$

앞의 예제에서는 주어진 연립일차방정식에 대응하는 첨가 계수행렬로부터 기본 행변환을 이용하여 행사다리꼴을 얻는 방법을 살펴보았다. 사실 Gauss 소거법을 통하여 행사다리꼴을 구하는 방법은 여러 가지가 가능하며, 얻어진 행사다리꼴도 유일하지 않다. 그러나 이어서 정의할 **기약 행사다리꼴**(reduced row echelon form)은 가장 간단하면서도 활용도가 높고, 무엇보다 유일하게 결정된다.

정의 3

(1) 다음 세가지 조건을 만족하는 행렬을 **기약 행사다리꼴**이라 한다.

(i) 행사다리꼴 행렬이다.

(ii) 각 행의 선행성분이 모두 1이다.

(iii) 각 행의 선행성분을 포함하는 열의 나머지 성분은 모두 0이다.

(2) 주어진 연립일차방정식의 첨가 계수행렬에서 기본 행변환을 여러 번 적용하여 기약 행사다리꼴로 바꾸어 해를 구하는 과정을 **Gauss–Jordan 소거법**(Gauss–Jordan elimination)이라 한다.

예제 3.22

다음 행렬들은 기약 행사다리꼴이다.

(1) $\begin{pmatrix} 1 & 0 \\ 0 & 0 \end{pmatrix}$ (2) $\begin{pmatrix} 1 & 0 & 0 & 0 \\ 0 & 1 & 0 & 2 \\ 0 & 0 & 1 & 0 \end{pmatrix}$

(3) $\begin{pmatrix} 1 & 1 & 0 & 0 \\ 0 & 0 & 1 & 1 \\ 0 & 0 & 0 & 0 \end{pmatrix}$ (4) $\begin{pmatrix} 1 & 1 & 0 & 0 \\ 0 & 0 & 1 & 0 \\ 0 & 0 & 0 & 1 \end{pmatrix}$

예제 3.23

다음 연립일차방정식의 해를 Gauss–Jordan 소거법을 이용하여 구하여라.

$$\begin{cases} x_1 + 2x_2 + x_3 = 1 \\ 2x_1 - x_2 + x_3 = 2 \\ 4x_1 + 3x_2 + 4x_3 = 4 \end{cases}$$

풀이 예제 3.20 풀이에서 Gauss 소거법을 이용하여 다음의 행사다리꼴 행렬을 구하였다.

$$\left(\begin{array}{ccc|c} 1 & 2 & 1 & 1 \\ 2 & -1 & 1 & 2 \\ 4 & 3 & 4 & 4 \end{array}\right) \rightarrow \left(\begin{array}{ccc|c} 1 & 2 & 1 & 1 \\ 0 & 1 & 0 & 0 \\ 0 & 0 & 1 & 0 \end{array}\right) \text{ (행사다리꼴)}$$

기약 행사다리꼴 행렬을 구하기 위해 기본 행변환을 추가로 더 적용해보자. 두 번째 행에 -2배 하고, 세 번째 행에 -1배 하여 각각 첫 번째 행에 더하면 다음과 같은 기약 행사다리꼴 행렬을 얻는다.

$$\left(\begin{array}{ccc|c} 1 & 2 & 1 & 1 \\ 0 & 1 & 0 & 0 \\ 0 & 0 & 1 & 0 \end{array}\right) \rightarrow \left(\begin{array}{ccc|c} 1 & 0 & 0 & 1 \\ 0 & 1 & 0 & 0 \\ 0 & 0 & 1 & 0 \end{array}\right) \quad \text{(기약 행사다리꼴)}$$

따라서, 기약 행사다리꼴에 대응하는 연립일차방정식 $\begin{cases} x_1 & & & = 1 \\ & x_2 & & = 0 \\ & & x_3 & = 0 \end{cases}$ 을 얻을 수 있다. 후진대입법을 이용하여 구한 해는 $x_1 = 1$, $x_2 = 0$, $x_3 = 0$ 이다.

예제 3.24

다음 연립일차방정식을 Gauss-Jordan 소거법을 이용하여 풀어라.

$$\begin{cases} x_1 - x_2 + x_3 - x_4 = 0 \\ 2x_1 + x_2 - x_3 - x_4 = 0 \\ 3x_1 - 2x_2 + 2x_3 - 3x_4 = 0 \end{cases}$$

풀이 연립일차방정식에 대응하는 첨가 계수행렬에 기본 행변환을 적용해 보자.

$$\left(\begin{array}{cccc|c} 1 & -1 & 1 & -1 & 0 \\ 2 & 1 & -1 & -1 & 0 \\ 3 & -2 & 2 & -3 & 0 \end{array}\right) \rightarrow \left(\begin{array}{cccc|c} 1 & -1 & 1 & -1 & 0 \\ 0 & 3 & -3 & 1 & 0 \\ 0 & 1 & -1 & 0 & 0 \end{array}\right)$$

$$\rightarrow \left(\begin{array}{cccc|c} 1 & -1 & 1 & -1 & 0 \\ 0 & 0 & 0 & 1 & 0 \\ 0 & 1 & -1 & 0 & 0 \end{array}\right) \rightarrow \left(\begin{array}{cccc|c} 1 & -1 & 1 & -1 & 0 \\ 0 & 1 & -1 & 0 & 0 \\ 0 & 0 & 0 & 1 & 0 \end{array}\right) \quad \text{(행사다리꼴)}$$

$$\rightarrow \left(\begin{array}{cccc|c} 1 & 0 & 0 & -1 & 0 \\ 0 & 1 & -1 & 0 & 0 \\ 0 & 0 & 0 & 1 & 0 \end{array}\right) \rightarrow \left(\begin{array}{cccc|c} 1 & 0 & 0 & 0 & 0 \\ 0 & 1 & -1 & 0 & 0 \\ 0 & 0 & 0 & 1 & 0 \end{array}\right) \quad \text{(기약 행사다리꼴)}$$

자유변수가 x_3 이므로 $x_3 = \alpha$ 라 놓고 후진대입법을 통해서 해를 구하면 다음과 같다.

$$x_1 = 0, \quad x_2 = \alpha, \quad x_3 = \alpha, \quad x_4 = 0, \quad \text{즉} \begin{pmatrix} x_1 \\ x_2 \\ x_3 \\ x_4 \end{pmatrix} = \alpha \begin{pmatrix} 0 \\ 1 \\ 1 \\ 0 \end{pmatrix} \quad (\alpha \text{는 임의의 실수})$$

문제 3.7

다음 연립일차방정식을 Gauss-Jordan 소거법을 이용하여 풀어라.

(1) $\begin{cases} x_1 + x_2 + x_3 + x_4 = 1 \\ x_1 + x_2 - x_3 + 3x_4 = -2 \\ x_1 - 2x_2 + x_3 + x_4 = 0 \end{cases}$ (2) $\begin{cases} x_1 + x_2 + x_3 + x_4 = 0 \\ 2x_1 + 3x_2 - x_3 - x_4 = 0 \\ 3x_1 + 2x_2 + x_3 + x_4 = 0 \\ 3x_1 + 6x_2 - x_3 - x_4 = 0 \end{cases}$

예제 3.24처럼 상수항이 모두 0 인 연립일차방정식을 **동차**(homogeneous) 연립일차방정식이라 한다. 이 경우 $(0, 0, \ldots, 0)$은 항상 주어진 방정식의 해가 되고 이 해를 **자명한 해**(trivial solution)라 한다. 또한 이 경우에는 단순히 계수행렬의 크기를 통해 해의 개수에 대한 판정이 가능하다.

정리 1

동차 $m \times n$ 연립일차방정식은 항상 자명한 해 $(0, 0, \ldots, 0)$을 갖는다. 특별히 $n > m$이면, 이 연립일차방정식은 무수히 많은 해를 갖는다.

증명 n개의 미지수와 m개의 일차방정식으로 구성된 동차 연립일차방정식에 대응되는 계수행렬은 기본 행변환을 통하여 행사다리꼴 행렬로 변환할 수 있다. 이때, 이 행렬은 0이 아닌 성분을 가지는 행이 많아야 m개이므로 적어도 $n - m\,(>0)$ 개의 자유변수가 존재한다. 따라서 주어진 동차 연립일차방정식은 무수히 많은 해를 갖는다.

예제 3.25

연립일차방정식 $\begin{cases} x_1 - x_2 + x_3 - x_4 = 0 \\ 2x_1 + x_2 - x_3 - x_4 = 0 \\ 3x_1 - 2x_2 + 2x_3 - 3x_4 = 0 \end{cases}$ 이 무수히 많은 해를 가짐을 보여라.

풀이 예제 3.24에서 주어진 연립일차방정식은 다음과 같이 무수히 많은 해를 가짐을 확인하였다.

$$\begin{pmatrix} x_1 \\ x_2 \\ x_3 \\ x_4 \end{pmatrix} = \alpha \begin{pmatrix} 0 \\ 1 \\ 1 \\ 0 \end{pmatrix} \quad (\alpha \text{는 임의의 실수})$$

또한, 정리 1을 적용하면 주어진 동차 3×4 연립일차방정식은 자유변수가 최소한 1개 이상 존재하므로 무수히 많은 해가 존재하는 것을 알 수 있다.

03 벡터와 연립일차방정식

연립일차방정식 $\begin{cases} x_1 + 4x_2 + 7x_3 = 2 \\ 2x_1 + 5x_2 + 8x_3 = 4 \\ 3x_1 + 6x_2 + 9x_3 = 6 \end{cases}$ 은 다음과 같이 열벡터들의 일차결합으로 나타낼 수 있다.

$$x_1\begin{pmatrix}1\\2\\3\end{pmatrix} + x_2\begin{pmatrix}4\\5\\6\end{pmatrix} + x_3\begin{pmatrix}7\\8\\9\end{pmatrix} = \begin{pmatrix}2\\4\\6\end{pmatrix}$$

같은 방법으로 일반적인 연립일차방정식

$$\begin{cases} a_{11}x_1 + a_{12}x_2 + \cdots + a_{1n}x_n = b_1 \\ a_{21}x_1 + a_{22}x_2 + \cdots + a_{2n}x_n = b_2 \\ \qquad\qquad\qquad \vdots \\ a_{m1}x_1 + a_{m2}x_2 + \cdots + a_{mn}x_n = b_m \end{cases}$$

을 계수들로 이루어진 열벡터들의 일차결합을 통하여 나타내면 다음과 같은 벡터방정식

$$x_1\begin{pmatrix}a_{11}\\a_{21}\\\vdots\\a_{m1}\end{pmatrix} + x_2\begin{pmatrix}a_{12}\\a_{22}\\\vdots\\a_{m2}\end{pmatrix} + \cdots + x_n\begin{pmatrix}a_{1n}\\a_{2n}\\\vdots\\a_{mn}\end{pmatrix} = \begin{pmatrix}b_1\\b_2\\\vdots\\b_m\end{pmatrix}$$

이 된다.

문제 3.8

연립일차방정식

$$\begin{cases} x_1 - 3x_2 + 2x_3 = 1 \\ x_1 + x_2 - 2x_3 = 0 \\ 3x_1 - 2x_2 - 5x_3 = -1 \end{cases}$$

을 벡터의 방정식으로 나타내어라.

예제 3.26

다음 벡터 $\begin{pmatrix} 4 \\ 1 \end{pmatrix}$을 세 벡터 $\begin{pmatrix} 1 \\ 0 \end{pmatrix}$, $\begin{pmatrix} 3 \\ -1 \end{pmatrix}$, $\begin{pmatrix} -1 \\ 2 \end{pmatrix}$의 일차결합으로 나타내어라.

풀이 벡터 $\begin{pmatrix} 4 \\ 1 \end{pmatrix}$을 세 벡터 $\begin{pmatrix} 1 \\ 0 \end{pmatrix}$, $\begin{pmatrix} 3 \\ -1 \end{pmatrix}$, $\begin{pmatrix} -1 \\ 2 \end{pmatrix}$의 적당한 상수 배의 합으로 나타내면 되므로 미지수 x_1, x_2, x_3을 사용하여 다음과 같은 벡터방정식을 만들 수 있다.

$$x_1\begin{pmatrix} 1 \\ 0 \end{pmatrix} + x_2\begin{pmatrix} 3 \\ -1 \end{pmatrix} + x_3\begin{pmatrix} -1 \\ 2 \end{pmatrix} = \begin{pmatrix} 4 \\ 1 \end{pmatrix}$$

이 벡터방정식의 해는 연립일차방정식 $\begin{cases} x_1 + 3x_2 - \ \ x_3 = 4 \\ \quad\ - \ \ x_2 + 2x_3 = 1 \end{cases}$의 해와 일치한다. 따라서 이 연립일차방정식의 해의 존재성은 $\begin{pmatrix} 4 \\ 1 \end{pmatrix}$을 세 벡터 $\begin{pmatrix} 1 \\ 0 \end{pmatrix}$, $\begin{pmatrix} 3 \\ -1 \end{pmatrix}$, $\begin{pmatrix} -1 \\ 2 \end{pmatrix}$의 일차결합으로 나타내는 것과 필요충분조건이 된다. 이 연립일차방정식에 대하여 Gauss 소거법을 이용하여 해를 구하면

$$\begin{pmatrix} x_1 \\ x_2 \\ x_3 \end{pmatrix} = \alpha\begin{pmatrix} -5 \\ 2 \\ 1 \end{pmatrix} + \begin{pmatrix} 7 \\ -1 \\ 0 \end{pmatrix} \quad (\alpha\text{는 임의의 실수})$$

이다. 따라서, 실수 α의 값에 따라서 벡터 $\begin{pmatrix} 4 \\ 1 \end{pmatrix}$을 무수히 많은 방법으로 주어진 세 벡터의 일차결합으로 나타낼 수 있다. 예를 들어 $\alpha = 1$일 때, 한 해는

$$x_1 = 2,\ x_2 = 1,\ x_3 = 1$$

이고 $\begin{pmatrix} 4 \\ 1 \end{pmatrix}$은 다음과 같이 일차결합으로 나타낼 수 있다.

$$\begin{pmatrix} 4 \\ 1 \end{pmatrix} = 2\begin{pmatrix} 1 \\ 0 \end{pmatrix} + \begin{pmatrix} 3 \\ -1 \end{pmatrix} + \begin{pmatrix} -1 \\ 2 \end{pmatrix}$$

우리는 예제 3.26의 풀이 과정 중에 다음 세 가지 조건이 서로 동치임을 확인할 수 있었다.

① 연립일차방정식 $\begin{cases} x_1 + 3x_2 - \ \ x_3 = 4 \\ \quad\ - \ \ x_2 + 2x_3 = 1 \end{cases}$의 해가 존재한다.

② 벡터방정식 $x_1\begin{pmatrix} 1 \\ 0 \end{pmatrix} + x_2\begin{pmatrix} 3 \\ -1 \end{pmatrix} + x_3\begin{pmatrix} -1 \\ 2 \end{pmatrix} = \begin{pmatrix} 4 \\ 1 \end{pmatrix}$의 해가 존재한다.

③ 벡터 $\begin{pmatrix} 4 \\ 1 \end{pmatrix}$은 세 벡터 $\begin{pmatrix} 1 \\ 0 \end{pmatrix}$, $\begin{pmatrix} 3 \\ -1 \end{pmatrix}$, $\begin{pmatrix} -1 \\ 2 \end{pmatrix}$의 일차결합으로 나타낼 수 있다.

이제 일반적인 증명을 생략하고 다음의 정리를 받아들일 수 있다.

정리 2

연립일차방정식의 해의 존재성

다음 세 가지 조건은 서로 동치이다.

(i) 연립일차방정식 $\begin{cases} a_{11}x_1 + a_{12}x_2 + \cdots + a_{1n}x_n = b_1 \\ a_{21}x_1 + a_{22}x_2 + \cdots + a_{2n}x_n = b_2 \\ \qquad\vdots \\ a_{m1}x_1 + a_{m2}x_2 + \cdots + a_{mn}x_n = b_m \end{cases}$ 은 해를 가진다.

(ii) 벡터방정식 $x_1\begin{pmatrix} a_{11} \\ a_{21} \\ \vdots \\ a_{m1} \end{pmatrix} + x_2\begin{pmatrix} a_{12} \\ a_{22} \\ \vdots \\ a_{m2} \end{pmatrix} + \cdots + x_n\begin{pmatrix} a_{1n} \\ a_{2n} \\ \vdots \\ a_{mn} \end{pmatrix} = \begin{pmatrix} b_1 \\ b_2 \\ \vdots \\ b_m \end{pmatrix}$ 은 해를 가진다.

(iii) 상수항들의 열벡터 $\begin{pmatrix} b_1 \\ b_2 \\ \vdots \\ b_m \end{pmatrix}$ 는 계수들의 열벡터 $\begin{pmatrix} a_{11} \\ a_{21} \\ \vdots \\ a_{m1} \end{pmatrix}, \begin{pmatrix} a_{12} \\ a_{22} \\ \vdots \\ a_{m2} \end{pmatrix}, \cdots, \begin{pmatrix} a_{1n} \\ a_{2n} \\ \vdots \\ a_{mn} \end{pmatrix}$ 의 일차 결합으로 나타낼 수 있다.

예제 3.27

연립일차방정식 $\begin{cases} 3x_1 + x_2 = 1 \\ 9x_1 + 3x_2 = 2 \end{cases}$ 의 해가 존재하지 않음을 이용하여 벡터 $\begin{pmatrix} 1 \\ 2 \end{pmatrix}$ 는 벡터 $\begin{pmatrix} 3 \\ 9 \end{pmatrix}$ 와 $\begin{pmatrix} 1 \\ 3 \end{pmatrix}$ 의 일차결합으로 나타낼 수 없음을 증명하여라.

풀이 주어진 연립일차방정식의 첨가 계수행렬은 $\left(\begin{array}{cc|c} 3 & 1 & 1 \\ 9 & 3 & 2 \end{array}\right)$ 이다. 이 첨가 계수행렬에 Gauss 소거법을 적용하자. 먼저 첫 번째 행에 -3배 하여 두 번째 행에 더하면 다음 변환을 얻는다.

$$\left(\begin{array}{cc|c} 3 & 1 & 1 \\ 9 & 3 & 2 \end{array}\right) \to \left(\begin{array}{cc|c} 3 & 1 & 1 \\ 0 & 0 & -1 \end{array}\right)$$

다시 두 번째 행에 -1배 하면 행사다리꼴 행렬 $\left(\begin{array}{cc|c} 3 & 1 & 1 \\ 0 & 0 & 1 \end{array}\right)$ 을 얻는다. 위의 행사다리꼴 행렬은 행 $(0\,0|1)$ 을 포함하므로 주어진 연립일차방정식은 해가 존재하지 않는다. 따라서 벡터 $\begin{pmatrix} 1 \\ 2 \end{pmatrix}$ 는 벡터 $\begin{pmatrix} 3 \\ 9 \end{pmatrix}$ 와 $\begin{pmatrix} 1 \\ 3 \end{pmatrix}$ 의 일차결합으로 나타낼 수 있음을 의미하는 벡터방정식

$$x_1\begin{pmatrix}3\\9\end{pmatrix}+x_2\begin{pmatrix}1\\3\end{pmatrix}=\begin{pmatrix}1\\2\end{pmatrix}$$

의 해는 존재하지 않는다.

문제 3.9

벡터 $\mathbf{v}_1=\begin{pmatrix}-1\\3\\2\end{pmatrix}$, $\mathbf{v}_2=\begin{pmatrix}-3\\0\\1\end{pmatrix}$, $\mathbf{v}_3=\begin{pmatrix}4\\-1\\1\end{pmatrix}$, $\mathbf{v}=\begin{pmatrix}1\\1\\1\end{pmatrix}$에 대하여

$$\mathbf{v}=\alpha_1\mathbf{v}_1+\alpha_2\mathbf{v}_2+\alpha_3\mathbf{v}_3$$

를 만족하는 실수 $\alpha_1, \alpha_2, \alpha_3$를 구하여라.

앞에서 정의한 벡터들의 일차결합의 개념을 일반화하여, 유클리드 벡터공간 $\mathbb{R}^n$에서 벡터들의 일차결합으로 새로운 벡터를 만들어 보고 나아가 이러한 벡터들의 전체 집합이 어떤 구조를 이루고 있는지 살펴보겠다.

정의 4

$\mathbb{R}^n$의 k개 벡터 $\mathbf{v}_1, \mathbf{v}_2, \cdots, \mathbf{v}_k$에 대하여 이 벡터들의 일차결합을 전부 모은 집합

$$\{\alpha_1\mathbf{v}_1+\alpha_2\mathbf{v}_2+\cdots+\alpha_k\mathbf{v}_k \mid \alpha_1, \alpha_2, \cdots, \alpha_k\in\mathbb{R}\}$$

을 $\mathrm{Span}(\mathbf{v}_1, \mathbf{v}_2, \cdots, \mathbf{v}_k)$으로 나타낸다. 이때, $\mathrm{Span}(\mathbf{v}_1, \mathbf{v}_2, \cdots, \mathbf{v}_k)$를 벡터 $\mathbf{v}_1, \mathbf{v}_2, \cdots, \mathbf{v}_k$에 의해서 **생성된 공간**이라 하고, 벡터 $\mathbf{v}_1, \mathbf{v}_2, \cdots, \mathbf{v}_k$는 $\mathrm{Span}(\mathbf{v}_1, \mathbf{v}_2, \cdots, \mathbf{v}_k)$를 **생성**(span)한다고 한다.

예제 3.28

(1) $X=\{\mathbf{v}_1, \mathbf{v}_2, \cdots, \mathbf{v}_k\}$일 때, $\mathrm{Span}(\mathbf{v}_1, \mathbf{v}_2, \cdots, \mathbf{v}_k)$을 간단히 $\mathrm{Span}(X)$로 나타낸다. 특히 $\alpha_1=\alpha_2=\cdots=\alpha_k=0$일 때 $\alpha_1\mathbf{v}_1+\alpha_2\mathbf{v}_2+\cdots+\alpha_k\mathbf{v}_k=\mathbf{0}$이므로 $\mathrm{Span}(X)$는 항상 영벡터 $\mathbf{0}$을 포함한다.

(2) X가 공집합이면 $\mathrm{Span}(X)=\{\mathbf{0}\}$이라 정의한다.

예제 3.29

$\mathbb{R}^3$의 다음 세 벡터에 대하여 Span(X)는 $\mathbb{R}^3$임을 보여라.

(1) $X = \{\mathbf{e}_1,\ \mathbf{e}_2,\ \mathbf{e}_3\}$ (2) $X = \left\{\begin{pmatrix}1\\0\\0\end{pmatrix}, \begin{pmatrix}1\\1\\0\end{pmatrix}, \begin{pmatrix}1\\1\\1\end{pmatrix}\right\}$

풀이 (1) 정의 4에 의해서

$$\begin{aligned}\text{Span}(X) &= \{\alpha_1\mathbf{e}_1 + \alpha_2\mathbf{e}_2 + \alpha_3\mathbf{e}_3 \mid \alpha_1,\ \alpha_2,\ \alpha_3 \in \mathbb{R}\} \\ &= \left\{\alpha_1\begin{pmatrix}1\\0\\0\end{pmatrix} + \alpha_2\begin{pmatrix}0\\1\\0\end{pmatrix} + \alpha_3\begin{pmatrix}0\\0\\1\end{pmatrix} \middle| \alpha_1,\ \alpha_2,\ \alpha_3 \in \mathbb{R}\right\} \\ &= \{(\alpha_1, \alpha_2, \alpha_3) \in \mathbb{R}^3 \mid \alpha_1,\ \alpha_2,\ \alpha_3 \in \mathbb{R}\} \\ &= \mathbb{R}^3\end{aligned}$$

따라서, $\mathbf{e}_1,\ \mathbf{e}_2,\ \mathbf{e}_3$는 $\mathbb{R}^3$을 생성한다.

(2) Span$(X) \subset \mathbb{R}^3$은 자명하므로, $\mathbb{R}^3$의 임의의 벡터 $\mathbf{x} = \begin{pmatrix}a\\b\\c\end{pmatrix}$를 세 벡터 $\begin{pmatrix}1\\0\\0\end{pmatrix}$, $\begin{pmatrix}1\\1\\0\end{pmatrix}, \begin{pmatrix}1\\1\\1\end{pmatrix}$의 일차결합으로 나타낼 수 있음을 보이자.

정리 2에 의해서 벡터방정식

$$\begin{pmatrix}a\\b\\c\end{pmatrix} = x_1\begin{pmatrix}1\\0\\0\end{pmatrix} + x_2\begin{pmatrix}1\\1\\0\end{pmatrix} + x_3\begin{pmatrix}1\\1\\1\end{pmatrix}$$

의 해가 존재함을 보이면 된다. 이 벡터방정식을 연립일차방정식으로 나타내면

$$\begin{cases} x_1 + x_2 + x_3 = a \\ \quad\ \ x_2 + x_3 = b \\ \qquad\quad\ \ x_3 = c \end{cases}$$

이고 Gauss 소거법에 의해서 연립일차방정식은 임의의 실수 $a,\ b, c$에 대하여 항상 해를 갖는다는 것을 보일 수 있다. 따라서 벡터 $\mathbf{x} = \begin{pmatrix}a\\b\\c\end{pmatrix}$는 주어진 세 벡터의 일차결합으로 나타낼 수 있고 Span$(X) = \mathbb{R}^3$이다.

문제 3.10

벡터 $\mathrm{v}_1 = \begin{pmatrix} 1 \\ 2 \\ 3 \end{pmatrix}$, $\mathrm{v}_2 = \begin{pmatrix} -1 \\ 2 \\ 1 \end{pmatrix}$, $\mathrm{y}_1 = \begin{pmatrix} 1 \\ -1 \\ 2 \end{pmatrix}$, $\mathrm{y}_2 = \begin{pmatrix} -1 \\ 10 \\ 9 \end{pmatrix}$에 대하여 다음을 확인하여라.

(1) $\mathrm{y}_1 \in \mathrm{Span}(\mathrm{v}_1, \mathrm{v}_2)$인가? (2) $\mathrm{y}_2 \in \mathrm{Span}(\mathrm{v}_1, \mathrm{v}_2)$인가?

예제 3.30

다음 세 벡터 $\mathrm{v}_1 = \begin{pmatrix} 1 \\ 3 \\ 4 \end{pmatrix}$, $\mathrm{v}_2 = \begin{pmatrix} -1 \\ 1 \\ 1 \end{pmatrix}$, $\mathrm{v}_3 = \begin{pmatrix} 3 \\ 1 \\ 2 \end{pmatrix}$는 $\mathbb{R}^3$를 생성하지 않음을 보여라.

풀이 정리 2에 의해서 $\mathbb{R}^3$의 임의의 벡터 $\begin{pmatrix} a \\ b \\ c \end{pmatrix}$에 대하여 벡터방정식

$$\begin{pmatrix} a \\ b \\ c \end{pmatrix} = x_1 \begin{pmatrix} 1 \\ 3 \\ 4 \end{pmatrix} + x_2 \begin{pmatrix} -1 \\ 1 \\ 1 \end{pmatrix} + x_3 \begin{pmatrix} 3 \\ 1 \\ 2 \end{pmatrix}$$

의 해가 존재하지 않음을 보이면 된다. 따라서, 위의 벡터방정식에 대응하는 연립일차방정식

$$\begin{cases} x_1 - x_2 + 3x_3 = a \\ 3x_1 + x_2 + x_3 = b \\ 4x_1 + x_2 + 2x_3 = c \end{cases}$$

의 첨가 계수행렬 $\left(\begin{array}{ccc|c} 1 & -1 & 3 & a \\ 3 & 1 & 1 & b \\ 4 & 1 & 2 & c \end{array}\right)$에 대하여 Gauss 소거법을 쓰면

$$\left(\begin{array}{ccc|c} 1 & -1 & 3 & a \\ 3 & 1 & 1 & b \\ 4 & 1 & 2 & c \end{array}\right) \rightarrow \left(\begin{array}{ccc|c} 1 & -1 & 3 & a \\ 0 & 4 & -8 & b-3a \\ 0 & 5 & -10 & c-4a \end{array}\right) \rightarrow \left(\begin{array}{ccc|c} 1 & -1 & 3 & a \\ 0 & 4 & -8 & b-3a \\ 0 & 0 & 0 & 4c-5b-a \end{array}\right)$$

이다. 만약 $a = 1$, $b = 1$, $c = 1$이면 $4c-5b-a \neq 0$이므로 이 연립일차방정식은 해를 갖지 않는다. 즉, 벡터 $\begin{pmatrix} a \\ b \\ c \end{pmatrix} = \begin{pmatrix} 1 \\ 1 \\ 1 \end{pmatrix} \in \mathbb{R}^3$는 v_1, v_2, v_3의 일차결합으로 나타낼 수 없다. 따라서, v_1, v_2, v_3는 $\mathbb{R}^3$을 생성하지 않는다. 실제로 주어진 연립일차방정식은 $4c-5b-a = 0$일 때만 해를 가질 수 있으므로 세 벡터 v_1, v_2, v_3가 생성하는 공간 $\mathrm{Span}(\mathrm{v}_1, \mathrm{v}_2, \mathrm{v}_3)$은 방정식 $x+5y-4z = 0$으로 정의되는 평면이 되는 것을 알 수 있다.

예제 3.31

벡터 $\mathrm{v}_1 = \begin{pmatrix} 1 \\ 1 \\ 3 \end{pmatrix}$, $\mathrm{v}_2 = \begin{pmatrix} 1 \\ -1 \\ -1 \end{pmatrix}$이 생성하는 공간 $\mathrm{Span}(\mathrm{v}_1, \mathrm{v}_2)$를 구하여라.

풀이 정의 4에 의해서 $\mathrm{Span}(\mathrm{v}_1, \mathrm{v}_2) = \{\alpha_1 \mathrm{v}_1 + \alpha_2 \mathrm{v}_2 \mid \alpha_1, \ \alpha_2 \in \mathbb{R}\}$이다.

따라서 $\mathrm{Span}(\mathrm{v}_1, \mathrm{v}_2)$의 임의의 벡터 (a, b, c)에 대하여 다음의 벡터방정식

$$\begin{pmatrix} a \\ b \\ c \end{pmatrix} = x_1 \begin{pmatrix} 1 \\ 1 \\ 3 \end{pmatrix} + x_2 \begin{pmatrix} 1 \\ -1 \\ -1 \end{pmatrix}$$

을 만족한다. 이것에 대응하는 연립일차방정식은 $\begin{cases} x_1 + x_2 = a \\ x_1 - x_2 = b \\ 3x_1 - x_2 = c \end{cases}$ 이므로 Gauss 소거법을 써서 풀면

$$\left(\begin{array}{cc|c} 1 & 1 & a \\ 1 & -1 & b \\ 3 & -1 & c \end{array}\right) \to \left(\begin{array}{cc|c} 1 & 1 & a \\ 0 & -2 & b-a \\ 0 & -4 & c-3a \end{array}\right) \to \left(\begin{array}{cc|c} 1 & 1 & a \\ 0 & -2 & b-a \\ 0 & 0 & c-2b-a \end{array}\right)$$

이다. 따라서 위의 연립일차방정식은 임의의 벡터 (a, b, c)가 $a+2b-c=0$을 만족할 때만 해를 갖는다. 다시 말해서

$$\mathrm{Span}(\mathrm{v}_1, \mathrm{v}_2) = \left\{ \begin{pmatrix} a \\ b \\ c \end{pmatrix} \middle| \ a+2b-c-0 \right\}$$

이고 벡터 v_1, v_2이 생성하는 공간은 방정식 $x+2y-z=0$으로 정의되는 평면이다.

문제 3.11

벡터 $\mathrm{v}_1 = \begin{pmatrix} -1 \\ 1 \\ 1 \end{pmatrix}$, $\mathrm{v}_2 = \begin{pmatrix} 3 \\ 1 \\ 2 \end{pmatrix}$이 생성하는 공간 $\mathrm{Span}(\mathrm{v}_1, \mathrm{v}_2)$를 구하여라.

연습문제

01 다음 삼각꼴 연립연립일차방정식을 풀어라.

(1) $\begin{cases} 2x_1 - x_2 + 3x_3 = 5 \\ \quad\quad x_2 - 4x_3 = -2 \\ \quad\quad\quad 3x_3 = 6 \end{cases}$ (2) $\begin{cases} x_1 + x_2 + x_3 + x_4 = 2 \\ \quad\quad x_3 + 2x_4 = -1 \\ \quad\quad\quad 5x_4 = 10 \end{cases}$

02 다음 삼각꼴 연립연립일차방정에 대하여 t 값에 따라 해의 존재성과 유일성을 분류하여라.

(1) $\begin{cases} x_1 + 2x_2 + x_3 = 1 \\ \quad x_2 + t\,x_3 = 0 \\ \quad (3-t)\,x_3 = 6 \end{cases}$ (2) $\begin{cases} x_1 + x_2 + x_3 = 1 \\ \quad 2\,x_2 + (t-1)\,x_3 = 2 \\ \quad (t^2-1)\,x_3 = 0 \end{cases}$

03 다음 연립일차방정식의 해를 구하여라.

(1) $\begin{cases} x_1 + 2x_2 - 3x_3 = 9 \\ 2x_1 - x_2 + x_3 = 0 \\ 4x_1 - x_2 + x_3 = 4 \end{cases}$ (2) $\begin{cases} x + 2y = -1 \\ 2x + y + z = 1 \\ -x + y - z = -1 \end{cases}$

(3) $\begin{cases} x_1 + x_2 = 2 \\ x_2 + x_3 = 1 \\ x_3 + x_4 = 2 \end{cases}$ (4) $\begin{cases} x_1 - x_2 - x_3 - 2x_4 = 2 \\ \quad x_2 + x_3 - x_4 = 1 \\ \quad\quad x_3 - x_4 = 1 \end{cases}$

(5) $\begin{cases} x_1 + x_2 + x_3 + x_4 = 2 \\ x_1 + x_2 + 3x_3 + 3x_4 = 1 \\ x_1 + x_2 + 2x_3 + 3x_4 = 3 \\ x_1 + 3x_2 + 3x_3 + 3x_4 = 4 \end{cases}$ (6) $\begin{cases} x_1 + x_2 + x_3 + x_4 = 1 \\ x_1 + 2x_2 + 2x_3 + 2x_4 = 1 \\ x_1 + 2x_2 + 3x_3 + 3x_4 = 0 \\ x_1 + 2x_2 + 3x_3 + 4x_4 = 1 \end{cases}$

04 다음 연립일차방정식이 해를 가지기 위한 실수 a, b, c 의 조건을 구하여라.

$$\begin{cases} x_1 + x_2 - 3x_3 = a \\ 2x_1 + 3x_2 - 11x_3 = b \\ x_1 - x_2 + 7x_3 = c \end{cases}$$

05 다음의 연립일차방정식

(1) $\begin{cases} x+ky=1 \\ kx+y=1 \end{cases}$ (2) $\begin{cases} kx+y=-2 \\ 2x-2y=4 \end{cases}$

(3) $\begin{cases} x+y+kz=1 \\ x+ky+z=1 \\ kx+y+z=-2 \end{cases}$ (4) $\begin{cases} x-2y+3z=2 \\ x+y+z=k \\ 2x-y+4z=k^2 \end{cases}$

이 주어져 있을 때, 각각 다음 세 가지 경우에 대하여 k의 값을 결정하여라.

(a) 연립일차방정식이 해를 가지지 않는다.

(b) 연립일차방정식이 유일한 해를 가진다.

(c) 연립일차방정식이 무수히 많은 해를 가진다.

06 연립일차방정식의 첨가 계수행렬 $\left(\begin{array}{ccc|c} 1 & 1 & 3 & 2 \\ 1 & 2 & 4 & 3 \\ 1 & 3 & a & b \end{array}\right)$가 주어져 있을 때, 다음 세 가지 경우에 대하여 a, b의 값을 결정하여라.

(1) 연립일차방정식이 해를 가지지 않는다.

(2) 연립일차방정식이 유일한 해를 가진다.

(3) 연립일차방정식이 무수히 많은 해를 가진다.

07 동차 연립일차방정식 $\begin{cases} x-2y+3z=0 \\ x+y+az=0 \\ 2x-y+4z=0 \end{cases}$ 이 주어져 있을 때, 다음 두 가지 경우에 대하여 a의 값을 결정하여라.

(1) 동차 연립일차방정식이 자명한 해를 유일하게 가진다.

(2) 동차 연립일차방정식이 무수히 많은 해를 가진다.

08 벡터 $\mathrm{x}=\begin{pmatrix} 1 \\ 2 \\ -4 \end{pmatrix}$를 $\mathrm{a}=\begin{pmatrix} -1 \\ -2 \\ 1 \end{pmatrix}$, $\mathrm{b}=\begin{pmatrix} 1 \\ -1 \\ -1 \end{pmatrix}$, $\mathrm{c}=\begin{pmatrix} 2 \\ -3 \\ -1 \end{pmatrix}$의 일차결합으로 나타내어라.

09 다음을 각각 보여라.

(1) $\mathbb{R}^3 = \text{Span}\left(\begin{pmatrix}1\\1\\1\end{pmatrix}, \begin{pmatrix}1\\0\\-1\end{pmatrix}, \begin{pmatrix}-1\\1\\1\end{pmatrix}\right)$ (2) $\mathbb{R}^3 = \text{Span}\left(\begin{pmatrix}1\\0\\0\end{pmatrix}, \begin{pmatrix}1\\1\\0\end{pmatrix}, \begin{pmatrix}0\\1\\1\end{pmatrix}\right)$

10 다음 주어진 벡터들이 $\mathbb{R}^2$ 또는 $\mathbb{R}^3$를 생성하는지 결정하여라.

(1) $\begin{pmatrix}-1\\1\end{pmatrix}, \begin{pmatrix}1\\3\end{pmatrix}$ (2) $\begin{pmatrix}-2\\1\end{pmatrix}, \begin{pmatrix}3\\2\end{pmatrix}$

(3) $\begin{pmatrix}0\\1\\1\end{pmatrix}, \begin{pmatrix}1\\0\\1\end{pmatrix}, \begin{pmatrix}1\\1\\0\end{pmatrix}$ (4) $\begin{pmatrix}-2\\1\\1\end{pmatrix}, \begin{pmatrix}3\\1\\0\end{pmatrix}, \begin{pmatrix}1\\1\\2\end{pmatrix}$

11 다음을 증명하여라.

(1) $\mathbb{R}^n$의 벡터 $\mathbf{u}, \mathbf{v}, \mathbf{w}$에 대하여, $\mathbf{u}$, $\mathbf{v}$와 $\mathbf{w}$는 모두 $\text{Span}(\mathbf{u}, \mathbf{u}+\mathbf{v}, \mathbf{u}+\mathbf{v}+\mathbf{w})$에 있다.

(2) $\mathbb{R}^n$의 벡터 $\mathbf{u}_1, \cdots, \mathbf{u}_m$에 대하여, $k \le m$이고 $S = \{\mathbf{u}_1, \cdots, \mathbf{u}_k\}$, $T = \{\mathbf{u}_1, \cdots, \mathbf{u}_k, \mathbf{u}_{k+1}, \cdots, \mathbf{u}_m\}$일 때 $\text{Span}(S) \subseteq \text{Span}(T)$이다.

(3) 벡터 $\mathbf{w}$가 $\mathbf{u}_1, \cdots, \mathbf{u}_k$의 일차결합이고, 각 벡터 $\mathbf{u}_i$가 벡터 $\mathbf{v}_1, \cdots, \mathbf{v}_m$의 일차결합이라 하자. 그러면 $\mathbf{w}$는 $\mathbf{v}_1, \cdots, \mathbf{v}_m$의 일차결합이고 $\text{Span}(\{\mathbf{u}_1, \cdots, \mathbf{u}_k\}) \subseteq \text{Span}(\{\mathbf{v}_1, \cdots, \mathbf{v}_m\})$이다.

12 농도가 10%인 소금물 x리터와 25% 소금물 y리터를 섞어서 18% 소금물 20리터를 만들고자 한다. x와 y를 구하여라.

13 행렬 $A = \begin{pmatrix}a & b\\c & d\end{pmatrix}$에 대하여 함수 $T: \mathbb{R}^2 \to \mathbb{R}^2$가 $T(\mathbf{x}) = A\mathbf{x}$로 정의된다. $T((1,0)) = (2,1)$, $T((0,1)) = (-1,3)$일 때, 행렬 A를 구하여라.

4장

행렬식

01 행렬과 벡터

1장에서 우리는 행렬의 개념을 정의하고, 덧셈, 스칼라배, 곱셈과 같은 기본 연산을 다루었다. 이어서 2장에서는 벡터의 정의와 연산을 학습하고, 실제 문제에서 벡터가 어떻게 응용되는지를 살펴보았다. 3장에서는 이러한 기초를 바탕으로, 연립일차방정식을 해석하는 방법을 탐구하였다. 특히 연립일차방정식에 대응하는 첨가계수행렬의 기본 행변환을 이용한 Gauss 소거법을 통하여 연립일차방정식을 체계적으로 풀 수 있음을 확인하였다.

이제 4장에서는 앞서 배운 내용을 종합하여 연립일차방정식의 해를 구하는 또 다른 강력한 방법을 소개한다. 이를 위해 먼저 행렬과 벡터 사이의 관계를 구조적으로 이해하고 행렬식(determinant)의 정의와 기본성질을 살펴본다. 이어서 행렬식을 이용하여 역행렬(inverse matrix)을 구하는 과정을 학습하고, 최종적으로 크래머 공식(Cramer's rule)을 통하여 연립일차방정식의 해를 구하는 일반적인 공식을 제시한다. 이 단원은 단순한 계산 절차를 넘어서, 행렬과 행렬식이 지닌 구조적 의미를 이해하고 이를 연립일차방정식의 해석에 적용하는 과정을 보여준다. 따라서 학생들은 앞으로 다루게 될 선형대수학의 보다 깊은 주제들을 이해하는 데 필요한 기초를 확립하게 될 것이다.

정의 1

행렬의 벡터표시

$m \times n$ 행렬 $A = \begin{pmatrix} a_{11} & a_{12} & \cdots & a_{1n} \\ a_{21} & a_{22} & \cdots & a_{2n} \\ \vdots & \vdots & & \vdots \\ a_{m1} & a_{m2} & \cdots & a_{mn} \end{pmatrix}$ 에 대하여

(1) $\text{row}_i(A) = \left(a_{i1},\ a_{i2},\ \cdots,\ a_{in}\right)$ 를 A의 i번째 행벡터라고 한다.

(2) $\text{col}_j(A) = \begin{pmatrix} a_{1j} \\ a_{2j} \\ \vdots \\ a_{mj} \end{pmatrix}$ 를 A의 j번째 열벡터라 한다.

따라서 행렬 A는 열벡터나 행벡터를 써서 다음과 같이 나타낼 수 있다.

$$A = \left(\text{col}_1(A),\ \text{col}_2(A),\ \cdots,\ \text{col}_n(A)\right) \text{ 또는 } A = \begin{pmatrix} \text{row}_1(A) \\ \text{row}_2(A) \\ \vdots \\ \text{row}_m(A) \end{pmatrix}$$

예제 4.1

행벡터 $(1,\ 2,\ 3)$과 열벡터 $\begin{pmatrix} 1 \\ 2 \\ 3 \end{pmatrix}$은 각각 1×3 행렬과 3×1 행렬로 생각할 수 있다(단, 두 벡터는 같은 벡터이지만 행렬로는 표현상 다른 행렬로 구분한다).

예제 4.2

$A = \begin{pmatrix} 1 & 2 & 3 \\ 3 & 4 & 5 \\ 4 & 5 & 6 \\ 5 & 6 & 7 \end{pmatrix}$일 때, $\mathrm{row}_3(A)$와 $\mathrm{col}_2(A)$를 각각 구하여라.

풀이 $\mathrm{row}_3(A) = (4,\ 5,\ 6),\ \mathrm{col}_2(A) = \begin{pmatrix} 2 \\ 4 \\ 5 \\ 6 \end{pmatrix}$

예제 4.3

행렬 $A = \begin{pmatrix} a_{11} & a_{12} \\ a_{21} & a_{22} \end{pmatrix},\ \mathbf{e}_1 = \begin{pmatrix} 1 \\ 0 \end{pmatrix},\ \mathbf{e}_2 = \begin{pmatrix} 0 \\ 1 \end{pmatrix}$에 대하여 다음을 증명하여라.

$$A(\alpha \mathbf{e}_1 + \beta \mathbf{e}_2) = \alpha(A\mathbf{e}_1) + \beta(A\mathbf{e}_2) \quad (\alpha,\ \beta\text{는 임의의 실수})$$

풀이 행렬의 곱셈 정의에 따라 순서대로 계산하면 다음과 같다.

$$\begin{aligned} A(\alpha \mathbf{e}_1 + \beta \mathbf{e}_2) &= \begin{pmatrix} a_{11} & a_{12} \\ a_{21} & a_{22} \end{pmatrix} \begin{pmatrix} \alpha \times 1 + \beta \times 0 \\ \alpha \times 0 + \beta \times 1 \end{pmatrix} \\ &= \begin{pmatrix} a_{11} & a_{12} \\ a_{21} & a_{22} \end{pmatrix} \begin{pmatrix} \alpha \\ \beta \end{pmatrix} \\ &= \begin{pmatrix} \alpha a_{11} + \beta a_{12} \\ \alpha a_{21} + \beta a_{22} \end{pmatrix} \\ &= \begin{pmatrix} \alpha a_{11} \\ \alpha a_{21} \end{pmatrix} + \begin{pmatrix} \beta a_{12} \\ \beta a_{22} \end{pmatrix} \\ &= \alpha \begin{pmatrix} a_{11} \\ a_{21} \end{pmatrix} + \beta \begin{pmatrix} a_{12} \\ a_{22} \end{pmatrix} \end{aligned}$$

이고

$$\alpha(A\mathbf{e}_1)+\beta(A\mathbf{e}_2) = \alpha\begin{pmatrix} a_{11} & a_{12} \\ a_{21} & a_{22} \end{pmatrix}\begin{pmatrix} 1 \\ 0 \end{pmatrix} + \beta\begin{pmatrix} a_{11} & a_{12} \\ a_{21} & a_{22} \end{pmatrix}\begin{pmatrix} 0 \\ 1 \end{pmatrix}$$

$$= \alpha\begin{pmatrix} a_{11} \\ a_{21} \end{pmatrix} + \beta\begin{pmatrix} a_{12} \\ a_{22} \end{pmatrix}$$

예제 4.4

행렬 $A = \begin{pmatrix} a_1 & b_1 & c_1 \\ a_2 & b_2 & c_2 \\ a_3 & b_3 & c_3 \end{pmatrix}$, $\mathbf{e}_1 = \begin{pmatrix} 1 \\ 0 \\ 0 \end{pmatrix}$, $\mathbf{e}_2 = \begin{pmatrix} 0 \\ 1 \\ 0 \end{pmatrix}$, $\mathbf{e}_3 = \begin{pmatrix} 0 \\ 0 \\ 1 \end{pmatrix}$에 대하여 각 행렬의 곱 $A\mathbf{e}_i$를 구하여라 (단, $i = 1,\ 2,\ 3$이다).

풀이 행렬의 곱셈 정의에 의해서 다음과 같이 계산할 수 있다.

$$A\mathbf{e}_1 = \begin{pmatrix} a_1 & b_1 & c_1 \\ a_2 & b_2 & c_2 \\ a_3 & b_3 & c_3 \end{pmatrix}\begin{pmatrix} 1 \\ 0 \\ 0 \end{pmatrix} = \begin{pmatrix} a_1 \\ a_2 \\ a_3 \end{pmatrix}, \quad A\mathbf{e}_2 = \begin{pmatrix} a_1 & b_1 & c_1 \\ a_2 & b_2 & c_2 \\ a_3 & b_3 & c_3 \end{pmatrix}\begin{pmatrix} 0 \\ 1 \\ 0 \end{pmatrix} = \begin{pmatrix} b_1 \\ b_2 \\ b_3 \end{pmatrix},$$

$$A\mathbf{e}_3 = \begin{pmatrix} a_1 & b_1 & c_1 \\ a_2 & b_2 & c_2 \\ a_3 & b_3 & c_3 \end{pmatrix}\begin{pmatrix} 0 \\ 0 \\ 1 \end{pmatrix} = \begin{pmatrix} c_1 \\ c_2 \\ c_3 \end{pmatrix}$$

예제 4.4는 일반적으로 다음과 같이 쓸 수 있다.

정리 1

$m \times n$ 행렬 A와 n 차원 기본 단위벡터 $\mathbf{e}_1, \mathbf{e}_2, \cdots, \mathbf{e}_n$에 대하여 각 행렬의 곱 $A\mathbf{e}_j$는 다음과 같이 순서대로 행렬 A의 j번째 열벡터를 표현한다.

$$A\mathbf{e}_j = \mathrm{col}_j(A)$$

문제 4.1

행렬 $A = \begin{pmatrix} a_{11} & a_{12} \\ a_{21} & a_{22} \end{pmatrix}$, $B = \begin{pmatrix} b_{11} & b_{12} \\ b_{21} & b_{22} \end{pmatrix}$, $\mathbf{x} = \begin{pmatrix} x_1 \\ x_2 \end{pmatrix}$에 대하여

$$(A+B)\mathbf{x} = A\mathbf{x} + B\mathbf{x}$$

가 성립함을 보여라.

3장에서는 주어진 연립일차방정식을 이에 대응하는 벡터방정식으로 나타내었다. 이제 행렬과 벡터의 곱을 이용하여 일반적인 연립일차방정식을 보다 체계적인 방법으로 벡터방정식으로 이해하는 방법을 살펴보자.

예제 4.5

연립일차방정식 $\begin{cases} 3x_1 - 2x_2 + x_3 = 1 \\ 4x_1 + 2x_2 - 2x_3 = 1 \\ 5x_1 + 3x_2 + 3x_3 = 0 \end{cases}$ 을 벡터방정식으로 나타내어라.

풀이 각 방정식의 계수를 열벡터로 배열하면 다음과 같다.

$$x_1\begin{pmatrix}3\\4\\5\end{pmatrix} + x_2\begin{pmatrix}-2\\2\\3\end{pmatrix} + x_3\begin{pmatrix}1\\-2\\3\end{pmatrix} = \begin{pmatrix}1\\1\\0\end{pmatrix}$$

예제 4.6

예제 4.5에서 연립일차방정식 $\begin{cases} 3x_1 - 2x_2 + x_3 = 1 \\ 4x_1 + 2x_2 - 2x_3 = 1 \\ 5x_1 + 3x_2 + 3x_3 = 0 \end{cases}$은 다음과 같은 벡터방정식 $x_1\begin{pmatrix}3\\4\\5\end{pmatrix} + x_2\begin{pmatrix}-2\\2\\3\end{pmatrix} + x_3\begin{pmatrix}1\\-2\\3\end{pmatrix} = \begin{pmatrix}1\\1\\0\end{pmatrix}$으로 나타내어진다. 미지수 x_1, x_2, x_3와 상수항을 열벡터 $\mathbf{x} = \begin{pmatrix}x_1\\x_2\\x_3\end{pmatrix}$와 $\mathbf{b} = \begin{pmatrix}1\\1\\0\end{pmatrix}$으로 나타내고 계수행렬을 $A = \begin{pmatrix}3 & -2 & 1\\4 & 2 & -2\\5 & 3 & 3\end{pmatrix}$이라고 하면, 행렬의 곱 $A\mathbf{x} = \mathbf{b}$ 로 연립일차방정식을 표현할 수 있다. 즉, 주어진 연립방정식은

$$\begin{pmatrix}3 & -2 & 1\\4 & 2 & -2\\5 & 3 & 3\end{pmatrix}\begin{pmatrix}x_1\\x_2\\x_3\end{pmatrix} = \begin{pmatrix}1\\1\\0\end{pmatrix}$$

이다.

예제 4.7

연립일차방정식 $\begin{cases} 3x_1 - x_2 + x_3 = 1 \\ 3x_1 + x_2 - 2x_3 = 3 \\ 3x_1 + x_2 + 3x_3 = 5 \end{cases}$ 을 행렬의 방정식 $A\mathrm{x} = \mathrm{b}$ 의 꼴로 나타내어라.

풀이 연립일차방정식을 벡터방정식으로 나타내면

$$x_1\begin{pmatrix} 3 \\ 3 \\ 3 \end{pmatrix} + x_2\begin{pmatrix} -1 \\ 1 \\ 1 \end{pmatrix} + x_3\begin{pmatrix} 1 \\ -2 \\ 3 \end{pmatrix} = \begin{pmatrix} 1 \\ 3 \\ 5 \end{pmatrix}$$

이다. 따라서 행렬의 곱으로 다음과 같이 나타낼 수 있다.

$$\begin{pmatrix} 3 & -1 & 1 \\ 3 & 1 & -2 \\ 3 & 1 & 3 \end{pmatrix}\begin{pmatrix} x_1 \\ x_2 \\ x_3 \end{pmatrix} = \begin{pmatrix} 1 \\ 3 \\ 5 \end{pmatrix}$$

예제 4.8

행렬 $A = \begin{pmatrix} 3 & -1 \\ -2 & 3 \\ 0 & 1 \end{pmatrix}$ 와 열벡터 $\mathrm{x} = \begin{pmatrix} 3 \\ -2 \end{pmatrix}$ 에 대하여 $A\mathrm{x}$ 를 구하여라.

풀이 $$A\mathrm{x} = \begin{pmatrix} 3 & -1 \\ -2 & 3 \\ 0 & 1 \end{pmatrix}\begin{pmatrix} 3 \\ -2 \end{pmatrix} = 3\begin{pmatrix} 3 \\ -2 \\ 0 \end{pmatrix} + (-2)\begin{pmatrix} -1 \\ 3 \\ 1 \end{pmatrix} = \begin{pmatrix} 11 \\ -12 \\ -2 \end{pmatrix}$$

문제 4.2

다음 행렬 A 와 열벡터 x 에 대하여 $A\mathrm{x}$ 를 구하여라.

(1) $A = \begin{pmatrix} 1 & -1 & 1 \\ 2 & -2 & -2 \\ 3 & -3 & 3 \end{pmatrix}$, $\mathrm{x} = \begin{pmatrix} -1 \\ 3 \\ -4 \end{pmatrix}$ (2) $A = \begin{pmatrix} 2 & 0 & 2 \\ 3 & 1 & 3 \\ -1 & -3 & 1 \end{pmatrix}$, $\mathrm{x} = \begin{pmatrix} 1 \\ -1 \\ 1 \end{pmatrix}$

다음의 예는 두 벡터의 내적을 행렬과 벡터의 곱을 써서 나타낼 수 있음을 보여준다.

예제 4.9

벡터 $\mathbf{x} = (x_1, x_2, \cdots, x_n)$과 $\mathbf{y} = (y_1, y_2, \cdots, y_n)$에 대하여 다음을 증명하여라.

$$\mathbf{x} \cdot \mathbf{y} = \mathbf{x}\,\mathbf{y}^T$$

풀이 벡터의 내적과 행렬의 곱 정의에 의해서

$$\mathbf{x}\,\mathbf{y}^T = (x_1, x_2, \cdots, x_n)\begin{pmatrix} y_1 \\ y_2 \\ \vdots \\ y_n \end{pmatrix} = x_1y_1 + x_2y_2 + \cdots + x_ny_n = \mathbf{x} \cdot \mathbf{y}$$

임을 확인할 수 있다.

이제 행렬과 벡터의 곱셈이 지닌 기하학적인 의미를 살펴보자. 유클리드 공간 $\mathbb{R}^n$의 임의의 $n \times 1$ 벡터 $\mathbf{x}$와 $m \times n$ 행렬 A가 주어져 있을 때, 곱 $A\mathbf{x}$는 행렬의 곱 정의에 따라 $m \times 1$ 벡터가 된다. 즉, 행렬 A는 $\mathbb{R}^n$의 임의의 한 벡터를 $\mathbb{R}^m$의 다른 벡터로 대응시키는 선형함수 또는 선형변환으로 이해될 수 있음을 보여준다. 이러한 관점은 주어진 선형변환 $T: \mathbb{R}^n \rightarrow \mathbb{R}^m$의 구조를 이해하는 데 핵심적인 역할을 한다. 실제로 임의의 선형변환 T에는 항상 이에 대응하는 $m \times n$ 행렬 A가 항상 존재하여, 벡터 $\mathbf{x}$의 선형변환 T에 대한 상(image)을 $T(\mathbf{x}) = A\mathbf{x}$와 같이 나타낼 수 있다. 선형변환의 이론은 이후 7장에서 보다 자세히 다루게 될 것이다.

02 행렬과 역행렬(Gauss 소거법)

이 단원에서는 3장에서 정의한 Gauss 소거법을 활용하여 정칙행렬의 역행렬을 결정하는 방법을 설명하고, 이를 연립일차방정식의 해를 구하는 과정에 적용해보겠다.

정의 2

단위행렬 I에서 한 번의 기본 행(또는 열) 변환으로 얻어진 행렬을 **기본행렬**(elementary matrix)이라 하고 다음 세 가지 유형 중 하나로 결정된다.

(1) I의 두 행(또는 열)을 바꾸어서 얻어진 행렬이다.

(2) I의 한 행(또는 열)에 0이 아닌 상수를 곱하여 얻어진 행렬이다.

(3) I의 한 행(또는 열)에 다른 행(또는 열)의 상수 배를 더해서 얻어진 행렬이다.

예제 4.10

다음 행렬 (1) $E_1 = \begin{pmatrix} 0 & 1 & 0 \\ 1 & 0 & 0 \\ 0 & 0 & 1 \end{pmatrix}$, (2) $E_2 = \begin{pmatrix} 1 & 0 & 0 \\ 0 & 1 & 0 \\ 0 & 0 & 5 \end{pmatrix}$, (3) $E_3 = \begin{pmatrix} 1 & 0 & -2 \\ 0 & 1 & 0 \\ 0 & 0 & 1 \end{pmatrix}$는 각각 순서대로 단위행렬에 한 번의 기본 행변환을 통해서 얻어진 세 가지 유형의 기본행렬이다.

풀이 단위행렬 $I = \begin{pmatrix} 1 & 0 & 0 \\ 0 & 1 & 0 \\ 0 & 0 & 1 \end{pmatrix}$에 대하여

(1) I의 1행과 2행을 바꾸어서 얻어진 행렬은 $E_1 = \begin{pmatrix} 0 & 1 & 0 \\ 1 & 0 & 0 \\ 0 & 0 & 1 \end{pmatrix}$이다.

(2) I의 3행에 5를 곱하여 얻어진 행렬은 $E_2 = \begin{pmatrix} 1 & 0 & 0 \\ 0 & 1 & 0 \\ 0 & 0 & 5 \end{pmatrix}$이다.

(3) I의 1행에 3행의 −2배를 더하여 얻어진 행렬은 $E_3 = \begin{pmatrix} 1 & 0 & -2 \\ 0 & 1 & 0 \\ 0 & 0 & 1 \end{pmatrix}$이다.

문제 4.3

행렬 $\begin{pmatrix} 0 & 0 & 1 \\ 0 & 1 & 0 \\ 1 & 0 & 0 \end{pmatrix}$, $\begin{pmatrix} 1 & 0 & 0 \\ 0 & 1 & 0 \\ 0 & 0 & -2 \end{pmatrix}$, $\begin{pmatrix} 1 & 0 & 0 \\ 0 & 1 & 0 \\ 4 & 0 & 1 \end{pmatrix}$은 기본행렬이고 행렬 $\begin{pmatrix} 0 & 1 & 0 \\ 0 & 0 & 1 \\ 1 & 0 & 0 \end{pmatrix}$은 기본행렬이 아님을 보여라.

예제 4.11

세 기본행렬 $E_1 = \begin{pmatrix} 0 & 1 & 0 \\ 1 & 0 & 0 \\ 0 & 0 & 1 \end{pmatrix}$, $E_2 = \begin{pmatrix} 1 & 0 & 0 \\ 0 & 1 & 0 \\ 0 & 0 & 5 \end{pmatrix}$, $E_3 = \begin{pmatrix} 1 & 0 & -2 \\ 0 & 1 & 0 \\ 0 & 0 & 1 \end{pmatrix}$에 대하여 열벡터 $\mathbf{x} = \begin{pmatrix} x_1 \\ x_2 \\ x_3 \end{pmatrix}$와의 곱 $E_1\mathbf{x}, E_2\mathbf{x}, E_3\mathbf{x}$를 각각 구하여라.

풀이 각각의 곱을 계산하면 다음과 같다.

$$E_1\mathbf{x} = \begin{pmatrix} 0 & 1 & 0 \\ 1 & 0 & 0 \\ 0 & 0 & 1 \end{pmatrix}\begin{pmatrix} x_1 \\ x_2 \\ x_3 \end{pmatrix} = \begin{pmatrix} x_2 \\ x_1 \\ x_3 \end{pmatrix}$$

$$E_2\mathbf{x} = \begin{pmatrix} 1 & 0 & 0 \\ 0 & 1 & 0 \\ 0 & 0 & 5 \end{pmatrix}\begin{pmatrix} x_1 \\ x_2 \\ x_3 \end{pmatrix} = \begin{pmatrix} x_1 \\ x_2 \\ 5x_3 \end{pmatrix}$$

$$E_3\mathbf{x} = \begin{pmatrix} 1 & 0 & -2 \\ 0 & 1 & 0 \\ 0 & 0 & 1 \end{pmatrix}\begin{pmatrix} x_1 \\ x_2 \\ x_3 \end{pmatrix} = \begin{pmatrix} x_1 - 2x_3 \\ x_2 \\ x_3 \end{pmatrix}$$

위 예제 4.11은 기본변환을 통하여 역행렬을 계산하는 데 아주 중요한 원리를 제공한다. 실제로 기본행렬 E_1은 I의 1행과 2행을 바꾸어서 얻어진 행렬이고 $\mathbf{x}$에 기본행렬을 곱해서 얻어진 $E_1\mathbf{x}$는 $\mathbf{x}$ 의 1행과 2행을 바꾸어서 얻어진다. 마찬가지로 기본변환 E_2와 E_3를 얻기 위해 I에 작용한 기본 행변환을 $\mathbf{x}$에 적용하면 행렬의 곱 $E_2\mathbf{x}$, $E_3\mathbf{x}$와 일치함을 알 수 있다. 또한, 행렬과의 곱에 대해서도 같은 성질을 만족한다. 예를 들어 3×3-행렬 A에 대하여 E_1A는 A의 1행과 2행을 바꾸어서 얻어진 행렬과 같다. 일반적으로 정리 2와 같은 성질을 만족한다.

정리 2

$m\times n$ 행렬 A와 $m\times m$ 기본행렬 E에 대하여 EA는 E에 대응하는 기본 행변환을 행렬 A에 시행하여 얻어진다. 즉, 단위행렬 I에 기본 행변환 T가 시행되었을 때 $T: I \to E$이면 $T: A \to EA$이다.

예제 4.12

행렬 $A = \begin{pmatrix} 1 & 2 & 0 & 5 \\ 2 & 3 & 1 & 1 \\ 1 & 4 & 2 & 2 \end{pmatrix}$와 기본행렬 $E = \begin{pmatrix} 1 & 0 & -1 \\ 0 & 1 & 0 \\ 0 & 0 & 1 \end{pmatrix}$에 대하여 EA를 구하여라.

풀이 $$EA = \begin{pmatrix} 1 & 0 & -1 \\ 0 & 1 & 0 \\ 0 & 0 & 1 \end{pmatrix}\begin{pmatrix} 1 & 2 & 0 & 5 \\ 2 & 3 & 1 & 1 \\ 1 & 4 & 2 & 2 \end{pmatrix} = \begin{pmatrix} 0 & -2 & -2 & 3 \\ 2 & 3 & 1 & 1 \\ 1 & 4 & 2 & 2 \end{pmatrix}$$

예제 4.13

행렬 $A=\begin{pmatrix}0&-2&-2&3\\2&3&1&1\\1&4&2&2\end{pmatrix}$와 기본행렬 $E=\begin{pmatrix}1&0&0\\1&1&0\\0&0&1\end{pmatrix}$에 대하여 EA를 구하여라.

풀이 $EA=\begin{pmatrix}1&0&0\\1&1&0\\0&0&1\end{pmatrix}\begin{pmatrix}0&-2&-2&3\\2&3&1&1\\1&4&2&2\end{pmatrix}=\begin{pmatrix}0&-2&-2&3\\2&1&-1&4\\1&4&2&2\end{pmatrix}$

정리 3

(1) 기본행렬 E는 항상 정칙이고 역행렬 E^{-1}도 기본행렬이며 두 기본행렬은 같은 유형이다.

(2) 기본행렬 E의 전치행렬 E^T도 기본행렬이고 두 기본행렬은 같은 유형이다.

예제 4.14

세 기본행렬 $E_1=\begin{pmatrix}0&1&0\\1&0&0\\0&0&1\end{pmatrix}$, $E_2=\begin{pmatrix}1&0&0\\0&1&0\\0&0&5\end{pmatrix}$, $E_3=\begin{pmatrix}1&0&-2\\0&1&0\\0&0&1\end{pmatrix}$의 역행렬을 구하여라.

풀이 차례대로 계산해보면 다음과 같다.

$$E_1E_1=\begin{pmatrix}0&1&0\\1&0&0\\0&0&1\end{pmatrix}\begin{pmatrix}0&1&0\\1&0&0\\0&0&1\end{pmatrix}=\begin{pmatrix}1&0&0\\0&1&0\\0&0&1\end{pmatrix}\text{이므로 } E_1^{-1}=E_1\text{ 이다.}$$

$$E_2\begin{pmatrix}1&0&0\\0&1&0\\0&0&\frac{1}{5}\end{pmatrix}=I=\begin{pmatrix}1&0&0\\0&1&0\\0&0&\frac{1}{5}\end{pmatrix}E_2\text{이므로 } E_2^{-1}=\begin{pmatrix}1&0&0\\0&1&0\\0&0&\frac{1}{5}\end{pmatrix}\text{이다.}$$

$$E_3\begin{pmatrix}1&0&2\\0&1&0\\0&0&1\end{pmatrix}=I=\begin{pmatrix}1&0&2\\0&1&0\\0&0&1\end{pmatrix}E_3\text{이므로 } E_3^{-1}=\begin{pmatrix}1&0&2\\0&1&0\\0&0&1\end{pmatrix}\text{이다.}$$

예제 4.15

두 기본행렬 $E_1 = \begin{pmatrix} 0 & 1 & 0 \\ 1 & 0 & 0 \\ 0 & 0 & 1 \end{pmatrix}$과 $E_2 = \begin{pmatrix} 1 & 0 & -2 \\ 0 & 1 & 0 \\ 0 & 0 & 1 \end{pmatrix}$에 대하여 행렬 $A = \begin{pmatrix} 0 & 1 & 0 \\ 1 & 0 & -2 \\ 0 & 0 & 1 \end{pmatrix}$은 $A = E_1 E_2$를 만족한다. A의 역행렬을 구하여라.

풀이 $A^{-1} = E_2^{-1} E_1^{-1} = \begin{pmatrix} 1 & 0 & 2 \\ 0 & 1 & 0 \\ 0 & 0 & 1 \end{pmatrix}\begin{pmatrix} 0 & 1 & 0 \\ 1 & 0 & 0 \\ 0 & 0 & 1 \end{pmatrix} = \begin{pmatrix} 0 & 1 & 2 \\ 1 & 0 & 0 \\ 0 & 0 & 1 \end{pmatrix}$이다. 실제로 AA^{-1}와 $A^{-1}A$를 계산해보면 다음과 같다.

$$\begin{pmatrix} 0 & 1 & 0 \\ 1 & 0 & -2 \\ 0 & 0 & 1 \end{pmatrix}\begin{pmatrix} 0 & 1 & 2 \\ 1 & 0 & 0 \\ 0 & 0 & 1 \end{pmatrix} = \begin{pmatrix} 1 & 0 & 0 \\ 0 & 1 & 0 \\ 0 & 0 & 1 \end{pmatrix} = \begin{pmatrix} 0 & 1 & 2 \\ 1 & 0 & 0 \\ 0 & 0 & 1 \end{pmatrix}\begin{pmatrix} 0 & 1 & 0 \\ 1 & 0 & -2 \\ 0 & 0 & 1 \end{pmatrix}$$

문제 4.4

두 기본행렬 $E_1 = \begin{pmatrix} 0 & 0 & 1 \\ 0 & 1 & 0 \\ 1 & 0 & 0 \end{pmatrix}$과 $E_2 = \begin{pmatrix} 1 & 0 & 0 \\ 0 & 0 & 1 \\ 0 & 1 & 0 \end{pmatrix}$에 대하여 행렬 $A = \begin{pmatrix} 0 & 1 & 0 \\ 0 & 0 & 1 \\ 1 & 0 & 0 \end{pmatrix}$은 $A = E_1 E_2$를 만족한다. A의 역행렬을 구하여라.

문제 4.5

다음 행렬의 역행렬을 구하여라.

(1) $\begin{pmatrix} 1 & 0 & 0 \\ 0 & 1 & 0 \\ 1 & 0 & 1 \end{pmatrix}\begin{pmatrix} 1 & 0 & 0 \\ 0 & 1 & 0 \\ 0 & 3 & 1 \end{pmatrix}\begin{pmatrix} 1 & 0 & 0 \\ -2 & 1 & 0 \\ 0 & 0 & 1 \end{pmatrix}$

(2) $\begin{pmatrix} 1 & 0 & 0 \\ -3 & 1 & 0 \\ 0 & 0 & 1 \end{pmatrix}\begin{pmatrix} 1 & 0 & 0 \\ 0 & 1 & 0 \\ 0 & 3 & 1 \end{pmatrix}\begin{pmatrix} 1 & 0 & 0 \\ 0 & 1 & 0 \\ 7 & 0 & 1 \end{pmatrix}$

정의 3

$n \times m$ 행렬 A와 B에 대하여 기본행렬 $E_1, E_2, \cdots, E_k$가 존재하여

$$B = E_k E_{k-1} \cdots E_1 A$$

일 때, 즉 A에 k번 기본 행변환을 시행하여 행렬 B가 얻어질 때 A와 B는 서로 **행동치**(row equivalent)라고 한다.

행동치는 상대적인 개념으로 A와 B가 행동치라면 $A = E_1^{-1} E_2^{-1} \cdots E_k^{-1} B$ 이므로 정의 3에 의해서 B와 A도 행동치이다.

다음은 행동치 행렬들의 중요한 성질들이다. 증명의 이해보다 결과를 중요하게 사용하므로 증명은 연습문제로 남기겠다.

정리 4

행동치인 행렬들에 대하여 다음이 성립한다.

(1) A는 B의 행동치이고 B와 C가 행동치이면, A와 C도 행동치이다.

(2) 행렬 A와 B가 기약 행사다리꼴 행렬 U와 V에 각각 행동치일 때, A와 B가 행동치일 필요충분조건은 $U = V$이다. 즉 기약행사다리꼴은 유일하게 결정된다.

(3) 두 행렬 A와 B가 행동치일 때, 두 연립일차방정식 $A\mathbf{x} = \mathbf{0}$와 $B\mathbf{x} = \mathbf{0}$는 같은 해집합을 갖는다.

예제 4.16

두 행렬 $A = \begin{pmatrix} 1 & 2 & 3 \\ 4 & 5 & 6 \\ 7 & 8 & 9 \end{pmatrix}$와 $B = \begin{pmatrix} 1 & 2 & 3 \\ 2 & 1 & 0 \\ 0 & 0 & 0 \end{pmatrix}$은 행동치임을 증명하여라.

풀이 기본 행변환에 의해서

$$A = \begin{pmatrix} 1 & 2 & 3 \\ 4 & 5 & 6 \\ 7 & 8 & 9 \end{pmatrix} \to \begin{pmatrix} 1 & 2 & 3 \\ 4 & 5 & 6 \\ 3 & 3 & 3 \end{pmatrix} \to \begin{pmatrix} 1 & 2 & 3 \\ 3 & 3 & 3 \\ 3 & 3 & 3 \end{pmatrix} \to \begin{pmatrix} 1 & 2 & 3 \\ 3 & 3 & 3 \\ 0 & 0 & 0 \end{pmatrix} \to \begin{pmatrix} 1 & 2 & 3 \\ 2 & 1 & 0 \\ 0 & 0 & 0 \end{pmatrix}$$ 이므로 두 행렬

A와 B는 행동치이다.

앞서 언급했듯이 역행렬의 존재는 $n \times n$ 연립일차방정식의 해를 구하는 데 유용하게 이용된다. 이제 주어진 정사각행렬의 역행렬을 구체적으로 구하는 방법에 대해서 살펴보고 이를 이용하여 연립일차방정식의 해를 구해보겠다.

정리 5

$n\times n$ 행렬 A에 대하여 다음 조건은 서로 동치이다.

(1) A는 정칙행렬이다.

(2) 동차 연립일차방정식 $A\mathbf{x} = 0$는 자명한 해 $\mathbf{x} = 0$을 유일한 해로 갖는다.

(3) A와 단위행렬 I는 서로 행동치이다.

(4) A는 유한개의 기본행렬들의 곱으로 나타낼 수 있다.

증명 $(1)\Rightarrow(2)$: A가 정칙이므로 역행렬 A^{-1}가 존재한다. 따라서, 다음이 성립한다.

$$A^{-1}A\mathbf{x} = A^{-1}0 \quad\Rightarrow\quad I\mathbf{x} = 0 \quad\Rightarrow\quad \mathbf{x} = 0$$

$(2)\Rightarrow(3)$: 행렬 A의 기약 행사다리꼴 행렬을 A'라고 하면 A와 A'는 행동치이고 정리 4의 (3)에 의해서 $A\mathbf{x} = 0$과 $A'\mathbf{x} = 0$은 같은 해집합을 갖는다. 한편, $\mathbf{x} = 0$ 이 연립일차방정식의 유일한 해이므로 $A'\mathbf{x} = 0$은 자유변수를 갖지 않고 A'는 모든 대각선 성분이 1인 상삼각행렬이다. 또한 행렬 A'는 기약이므로 대각성분 위의 모든 성분들이 0이 되어야 한다. 따라서 $A' = I$이다.

$(3)\Rightarrow(4)$: 정의 3에 의해서 기본행렬 $E_1, E_2, \cdots, E_k$가 존재하여 $I = E_k E_{k-1} \cdots E_1 A$이 된다. 즉, $A = E_1^{-1}E_2^{-1}\cdots E_k^{-1}I = E_1^{-1}E_2^{-1}\cdots E_k^{-1}$이다. 기본행렬의 역행렬은 기본행렬이므로 원하는 결과를 얻었다.

$(4)\Rightarrow(1)$: $A = E_1^{-1}E_2^{-1}\cdots E_k^{-1}I = E_1^{-1}E_2^{-1}\cdots E_k^{-1}$이고 기본행렬은 정칙이므로 A도 정칙이다.

예제 4.17

두 $n\times n$ 행렬 A, B에 대하여, AB가 정칙이면 A와 B도 정칙임을 보여라.

풀이 정리 5를 이용해서 B가 정칙임을 보이자. 먼저 연립일차방정식 $B\mathbf{x} = 0$의 모든 해는 $(AB)\mathbf{x} = 0$의 해가 된다. 한편, B가 정칙이 아니라면 $B\mathbf{x} = 0$는 무수히 많은 해를 가지게 되고 이 해집합은 연립일차방정식 $(AB)\mathbf{x} = 0$의 해가 된다. 따라서 AB도 정칙이 아니고 이는 가정에 모순이 된다. 이제 B^{-1}은 정칙행렬이고 두 정칙행렬 AB와 B^{-1}곱

$$(AB)B^{-1} = A(BB^{-1}) = AI = A$$

는 정칙행렬이다.

정리 6

연립일차방정식 $A\mathbf{x} = \mathbf{b}$가 유일한 해를 갖기 위한 필요충분조건은 A가 정칙이다.

증명 ($\Leftarrow$): A가 정칙이므로 역행렬 A^{-1}가 존재해서 다음이 성립한다.

$$A^{-1}A\mathbf{x} = A^{-1}\mathbf{b} \quad \Rightarrow \quad I\mathbf{x} = A^{-1}\mathbf{b} \quad \Rightarrow \quad \mathbf{x} = A^{-1}\mathbf{b}$$

이므로 유일한 해 $\mathbf{x} = A^{-1}\mathbf{b}$ 를 얻는다.

($\Rightarrow$): 대우명제가 참임을 보이기 위해 A가 정칙이 아니라고 가정하자. 정리 5에 의해서 A의 기약 행사다리꼴 행렬 A'는 단위행렬 I가 될 수 없다. 따라서 A'는 모든 성분이 0인 행을 포함해야 한다. 즉, 연립일차방정식 $A\mathbf{x} = \mathbf{b}$ 는 자유변수를 가지게 되고 무수히 많은 해를 갖는다.

n차 정사각행렬 A와 B에 대하여 $(A \mid B)$는 두 행렬 A와 B의 각 성분을 순서대로 배열하여 만들어진 형식적인 행렬이라고 하자. 다음 정리는 기본 행변환을 이용하여 주어진 행렬의 역행렬을 구하는 계산적인 방법이다.

정리 7

Gauss 소거법과 역행렬의 계산

n차 정사각행렬 A와 단위행렬 I에 대하여 $(A|I)$가 $(I|X)$와 서로 행동치이면 $X = A^{-1}$이다.

증명 $(A|I)$가 $(I|X)$와 서로 행동치이면 A는 기본 행변환 E_i을 여러 번 적용하여 다음과 같이 단위행렬 $E_k E_{k-1} \cdots E_1 A = I$가 만들어지고 역행렬의 정의에 따라 $E_k E_{k-1} \cdots E_1$은 A의 역행렬이 된다. 한편, A에 적용된 기본 행변환을 단위행렬 I에 적용하면 $E_k E_{k-1} \cdots E_1 I = X$가 된다. 즉, 다음과 같은 기본행변환에 의해서 역행렬 $X = A^{-1}$을 얻을 수 있다.

$$(A|I) \xrightarrow{E_1} (A_1 \mid X_1) \xrightarrow{E_2} \cdots \xrightarrow{E_k} (A_k \mid X_k) = (I|X)$$

예제 4.18

2차 정칙행렬 $A = \begin{pmatrix} 1 & 2 \\ 3 & 5 \end{pmatrix}$와 $B = \begin{pmatrix} 2 & 0 \\ 1 & -5 \end{pmatrix}$에 대하여 행렬의 곱 $AX = B$와 $YA = B$를 만족하는 행렬 X와 Y를 구하여라.

풀이 정리 7을 이용하여 행렬 A의 역행렬을 구하면

$$\left(\begin{array}{cc|cc} 1 & 2 & 1 & 0 \\ 3 & 5 & 0 & 1 \end{array}\right) \to \left(\begin{array}{cc|cc} 1 & 2 & 1 & 0 \\ 0 & -1 & -3 & 1 \end{array}\right) \to \left(\begin{array}{cc|cc} 1 & 2 & 1 & 0 \\ 0 & 1 & 3 & -1 \end{array}\right) \to \left(\begin{array}{cc|cc} 1 & 0 & -5 & 2 \\ 0 & 1 & 3 & -1 \end{array}\right)$$

이므로 $A^{-1} = \begin{pmatrix} -5 & 2 \\ 3 & -1 \end{pmatrix}$이다. 따라서,

$$X = A^{-1}B = \begin{pmatrix} -5 & 2 \\ 3 & -1 \end{pmatrix}\begin{pmatrix} 2 & 0 \\ 1 & -5 \end{pmatrix} = \begin{pmatrix} -8 & -10 \\ 5 & 5 \end{pmatrix}$$

이고 마찬가지로 $Y = BA^{-1} = \begin{pmatrix} 2 & 0 \\ 1 & -5 \end{pmatrix}\begin{pmatrix} -5 & 2 \\ 3 & -1 \end{pmatrix} = \begin{pmatrix} -10 & 4 \\ -20 & 7 \end{pmatrix}$이다.

예제 4.19

행렬 $A = \begin{pmatrix} 1 & 1 & 1 \\ 0 & 1 & 1 \\ 0 & 0 & 1 \end{pmatrix}$를 기본행렬들의 곱으로 나타내어라.

풀이 정리 7을 이용하여 행렬 A의 역행렬을 구하자.

기본행렬 $E_1 = \begin{pmatrix} 1 & 0 & 0 \\ 0 & 1 & -1 \\ 0 & 0 & 1 \end{pmatrix}$, $E_2 = \begin{pmatrix} 1 & 0 & -1 \\ 0 & 1 & 0 \\ 0 & 0 & 1 \end{pmatrix}$, $E_3 = \begin{pmatrix} 1 & -1 & 0 \\ 0 & 1 & 0 \\ 0 & 0 & 1 \end{pmatrix}$라고 하자. 그러면 세 기본 행변환에 의하여 다음과 같은 변환행렬을 구할 수 있다.

$$\left(\begin{array}{ccc|ccc} 1 & 1 & 1 & 1 & 0 & 0 \\ 0 & 1 & 1 & 0 & 1 & 0 \\ 0 & 0 & 1 & 0 & 0 & 1 \end{array}\right) \xrightarrow{E_1} \left(\begin{array}{ccc|ccc} 1 & 1 & 1 & 1 & 0 & 0 \\ 0 & 1 & 0 & 0 & 1 & -1 \\ 0 & 0 & 1 & 0 & 0 & 1 \end{array}\right) \xrightarrow{E_2} \left(\begin{array}{ccc|ccc} 1 & 1 & 0 & 1 & 0 & -1 \\ 0 & 1 & 0 & 0 & 1 & -1 \\ 0 & 0 & 1 & 0 & 0 & 1 \end{array}\right)$$

$$\xrightarrow{E_3} \left(\begin{array}{ccc|ccc} 1 & 0 & 0 & 1 & -1 & 0 \\ 0 & 1 & 0 & 0 & 1 & -1 \\ 0 & 0 & 1 & 0 & 0 & 1 \end{array}\right)$$

따라서, 역행렬 $A^{-1} = \begin{pmatrix} 1 & -1 & 0 \\ 0 & 1 & -1 \\ 0 & 0 & 1 \end{pmatrix}$을 구할 수 있다. 즉, 행렬 A와 기본행렬 E_1, E_2, E_3의 곱 $E_3E_2E_1A = I$를 얻었다. 따라서 $A = E_1^{-1}E_2^{-1}E_3^{-1}$이고

$$A = \begin{pmatrix} 1 & 1 & 1 \\ 0 & 1 & 1 \\ 0 & 0 & 1 \end{pmatrix} = \begin{pmatrix} 1 & 0 & 0 \\ 0 & 1 & 1 \\ 0 & 0 & 1 \end{pmatrix}\begin{pmatrix} 1 & 0 & 1 \\ 0 & 1 & 0 \\ 0 & 0 & 1 \end{pmatrix}\begin{pmatrix} 1 & 1 & 0 \\ 0 & 1 & 0 \\ 0 & 0 & 1 \end{pmatrix}$$

이다.

문제 4.6

행렬 $A = \begin{pmatrix} 1 & 0 & 0 \\ 1 & 1 & 0 \\ 1 & 1 & 1 \end{pmatrix}$를 기본행렬들의 곱으로 나타내어라.

문제 4.7

행렬 $A = \begin{pmatrix} 3 & 2 & 1 \\ 8 & 0 & 1 \\ 3 & 5 & 2 \end{pmatrix}$를 기본행렬들의 곱으로 나타내어라.

예제 4.20

다음 행렬 A의 역행렬을 구하여라.

$$A = \begin{pmatrix} -5 & 8 & -2 \\ 3 & -4 & 1 \\ 4 & -7 & 2 \end{pmatrix}$$

풀이

$$\left(\begin{array}{ccc|ccc} -5 & 8 & -2 & 1 & 0 & 0 \\ 3 & -4 & 1 & 0 & 1 & 0 \\ 4 & -7 & 2 & 0 & 0 & 1 \end{array}\right) \to \left(\begin{array}{ccc|ccc} 1 & -1 & 0 & -1 & 0 & -1 \\ 3 & -4 & 1 & 0 & 1 & 0 \\ 4 & -7 & 2 & 0 & 0 & 1 \end{array}\right)$$

$$\to \left(\begin{array}{ccc|ccc} 1 & -1 & 0 & -1 & 0 & -1 \\ 0 & 1 & -1 & -3 & -1 & -3 \\ 0 & -3 & 2 & 4 & 0 & 5 \end{array}\right) \to \left(\begin{array}{ccc|ccc} 1 & -1 & 0 & -1 & 0 & -1 \\ 0 & 1 & -1 & -3 & -1 & -3 \\ 0 & 0 & 1 & 5 & 3 & 4 \end{array}\right)$$

$$\to \left(\begin{array}{ccc|ccc} 1 & -1 & 0 & -1 & 0 & -1 \\ 0 & 1 & 0 & 2 & 2 & 1 \\ 0 & 0 & 1 & 5 & 3 & 4 \end{array}\right) \to \left(\begin{array}{ccc|ccc} 1 & 0 & 0 & 1 & 2 & 0 \\ 0 & 1 & 0 & 2 & 2 & 1 \\ 0 & 0 & 1 & 5 & 3 & 4 \end{array}\right)$$

따라서

$$A^{-1} = \begin{pmatrix} 1 & 2 & 0 \\ 2 & 2 & 1 \\ 5 & 3 & 4 \end{pmatrix}$$

이다.

예제 4.21

연립일차방정식 $\begin{cases} -5x_1 + 8x_2 - 2x_3 = 3 \\ 3x_1 - 4x_2 + x_3 = 1 \\ 4x_1 - 7x_2 + 2x_3 = -4 \end{cases}$ 의 해를 구하여라.

풀이 주어진 연립일차방정식을 행렬의 곱으로 나타내면

$$\begin{pmatrix} -5 & 8 & -2 \\ 3 & -4 & 1 \\ 4 & -7 & 2 \end{pmatrix}\begin{pmatrix} x_1 \\ x_2 \\ x_3 \end{pmatrix} = \begin{pmatrix} 3 \\ 1 \\ -4 \end{pmatrix}$$

이다. 이때, $A = \begin{pmatrix} -5 & 8 & -2 \\ 3 & -4 & 1 \\ 4 & -7 & 2 \end{pmatrix}$라 두면 예제 4.20으로부터 $A^{-1} = \begin{pmatrix} 1 & 2 & 0 \\ 2 & 2 & 1 \\ 5 & 3 & 4 \end{pmatrix}$이다.

위의 연립일차방정식에 A^{-1}를 곱하면

$$\begin{pmatrix} 1 & 2 & 0 \\ 2 & 2 & 1 \\ 5 & 3 & 4 \end{pmatrix}\begin{pmatrix} -5 & 8 & -2 \\ 3 & -4 & 1 \\ 4 & -7 & 2 \end{pmatrix}\begin{pmatrix} x_1 \\ x_2 \\ x_3 \end{pmatrix} = \begin{pmatrix} 1 & 2 & 0 \\ 2 & 2 & 1 \\ 5 & 3 & 4 \end{pmatrix}\begin{pmatrix} 3 \\ 1 \\ -4 \end{pmatrix}$$

이므로 구하는 해는 다음과 같다.

$$\begin{pmatrix} x_1 \\ x_2 \\ x_3 \end{pmatrix} = \begin{pmatrix} 1 & 2 & 0 \\ 2 & 2 & 1 \\ 5 & 3 & 4 \end{pmatrix}\begin{pmatrix} 3 \\ 1 \\ -4 \end{pmatrix} = \begin{pmatrix} 5 \\ 4 \\ 2 \end{pmatrix}$$

문제 4.8

연립일차방정식 $\begin{cases} 3x_1 + 2x_2 + x_3 = 4 \\ 8x_1 + x_3 = 3 \\ 3x_1 + 5x_2 + 2x_3 = -1 \end{cases}$ 의 해를 구하여라.

다음으로 주어진 행렬을 하 삼각행렬과 상 삼각행렬의 곱으로 분해하는 방법을 소개한다. 이러한 분해는 연립일차방정식의 해법을 단순화하여 복잡한 계산 과정을 보다 체계적이고 효율적으로 수행할 수 있게 해준다.

정의 4

n차 정사각행렬 A가 대각성분이 모두 1인 하 삼각행렬 L과 상 삼각행렬 U의 곱 $A = LU$가 될 때, 행렬 A는 $\boldsymbol{LU}$ **분해**된다고 한다.

n차 정사각행렬 A에 대하여 다음 정리를 통하여 행렬 A의 LU 분해를 얻을 수 있다.

정리 8

n차 정사각행렬 A에 대하여 I의 한 행에 다른 행의 상수 배를 더하는 기본 행변환을 통하여 얻어진 기본행렬 $E_1, E_2, \cdots, E_k$가 존재하여 $E_k \cdots E_2 E_1 A = U$가 상 삼각행렬이고 각 기본행렬 E_i가 하 삼각행렬일 때 A는 LU 분해된다.

증명 정리 3에 의해서 기본행렬의 역행렬은 기본행렬이 되고 같은 모양을 가지므로 각 E_i^{-1}은 하 삼각행렬이다. 또한, 행렬의 곱셈 정의에 의해서 하 삼각행렬들의 곱은 다시 하 삼각행렬이 되므로 $E_k^{-1}, E_{k-1}^{-1}, \cdots, E_1^{-1}$은 하삼각행렬이다. 따라서 $L = E_1^{-1}E_2^{-1} \cdots E_k^{-1}$이라고 두면 행렬 A는 다음과 같이 LU 분해된다.

$$A = (E_1^{-1}E_2^{-1} \cdots E_k^{-1})(E_k \cdots E_2 E_1)A = (E_1^{-1}E_2^{-1} \cdots E_k^{-1})U = LU$$

예제 4.22

행렬 $A = \begin{pmatrix} 3 & 2 & 1 \\ 6 & 5 & 2 \\ 9 & 0 & 1 \end{pmatrix}$의 LU 분해를 구하여라.

풀이 기본행렬 $E_1 = \begin{pmatrix} 1 & 0 & 0 \\ -2 & 1 & 0 \\ 0 & 0 & 1 \end{pmatrix}$, $E_2 = \begin{pmatrix} 1 & 0 & 0 \\ 0 & 1 & 0 \\ -3 & 0 & 1 \end{pmatrix}$, $E_3 = \begin{pmatrix} 1 & 0 & 0 \\ 0 & 1 & 0 \\ 0 & 6 & 1 \end{pmatrix}$라 하자. 실제로 행렬 A는 위의 세 가지 기본행렬에 대응되는 기본 행변환을 통해서 다음과 같이 상 삼각행렬로 변환된다.

$$A = \begin{pmatrix} 3 & 2 & 1 \\ 6 & 5 & 2 \\ 9 & 0 & 1 \end{pmatrix} \xrightarrow{E_1} \begin{pmatrix} 3 & 2 & 1 \\ 0 & 1 & 0 \\ 9 & 0 & 1 \end{pmatrix} \xrightarrow{E_2} \begin{pmatrix} 3 & 2 & 1 \\ 0 & 1 & 0 \\ 0 & -6 & -2 \end{pmatrix} \xrightarrow{E_3} \begin{pmatrix} 3 & 2 & 1 \\ 0 & 1 & 0 \\ 0 & 0 & -2 \end{pmatrix}$$

즉, $E_3E_2E_1A = \begin{pmatrix} 3 & 2 & 1 \\ 0 & 1 & 0 \\ 0 & 0 & -2 \end{pmatrix} = U$이 된다.

각 기본행렬의 역행렬을 구하면

$$E_1^{-1} = \begin{pmatrix} 1 & 0 & 0 \\ 2 & 1 & 0 \\ 0 & 0 & 1 \end{pmatrix},\ E_2^{-1} = \begin{pmatrix} 1 & 0 & 0 \\ 0 & 1 & 0 \\ 3 & 0 & 1 \end{pmatrix},\ E_3^{-1} = \begin{pmatrix} 1 & 0 & 0 \\ 0 & 1 & 0 \\ 0 & -6 & 1 \end{pmatrix}$$이고, 따라서

A의 LU 분해는 다음과 같다.

$$A = E_1^{-1}E_2^{-1}E_3^{-1}U = \begin{pmatrix} 1 & 0 & 0 \\ 2 & 1 & 0 \\ 0 & 0 & 1 \end{pmatrix}\begin{pmatrix} 1 & 0 & 0 \\ 0 & 1 & 0 \\ 3 & 0 & 1 \end{pmatrix}\begin{pmatrix} 1 & 0 & 0 \\ 0 & 1 & 0 \\ 0 & -6 & 1 \end{pmatrix}\begin{pmatrix} 3 & 2 & 1 \\ 0 & 1 & 0 \\ 0 & 0 & -2 \end{pmatrix}$$

$$= \begin{pmatrix} 1 & 0 & 0 \\ 2 & 1 & 0 \\ 3 & -6 & 1 \end{pmatrix}\begin{pmatrix} 3 & 2 & 1 \\ 0 & 1 & 0 \\ 0 & 0 & -2 \end{pmatrix}$$

문제 4.9

행렬 $A = \begin{pmatrix} 2 & 1 & 1 \\ 6 & 4 & 5 \\ 4 & 1 & 3 \end{pmatrix}$의 LU 분해를 구하여라.

예제 4.23

$A = \begin{pmatrix} 3 & 2 & 1 \\ 6 & 5 & 2 \\ 9 & 0 & 1 \end{pmatrix}$의 LU 분해를 이용하여 다음 연립일차방정식의 해를 구하여라.

$$\begin{cases} 3x_1 + 2x_2 + x_3 = 1 \\ 6x_1 + 5x_2 + 2x_3 = -2 \\ 9x_1 \qquad\quad + x_3 = 3 \end{cases}$$

풀이 예제 4.22에 따라서 행렬 A는 다음의 LU 분해를 갖는다.

$$A = \begin{pmatrix} 1 & 0 & 0 \\ 2 & 1 & 0 \\ 3 & -6 & 1 \end{pmatrix}\begin{pmatrix} 3 & 2 & 1 \\ 0 & 1 & 0 \\ 0 & 0 & -2 \end{pmatrix} = LU$$

$\mathrm{x} = \begin{pmatrix} x_1 \\ x_2 \\ x_3 \end{pmatrix}$, $\mathrm{b} = \begin{pmatrix} 1 \\ -2 \\ 3 \end{pmatrix}$라고 하면 주어진 연립일차방정식은 $A\mathrm{x} = LU\mathrm{x} = \mathrm{b}$가 된다.

새로운 미지수 벡터인 $\mathbf{y} = \begin{pmatrix} y_1 \\ y_2 \\ y_3 \end{pmatrix}$를 이용해서 $U\mathbf{x} = \mathbf{y}$ 라 하면 $A\mathbf{x} = L\mathbf{y} = \mathbf{b}$ 라는 새로운 벡터방정식을 얻게 된다. 이렇게 하면 방정식 $L\mathbf{y} = \mathbf{b}$ 를 풀어서 $\mathbf{y}$ 를 쉽게 구할 수 있고, 이 값을 이용하여 최종적으로 방정식 $U\mathbf{x} = \mathbf{y}$ 를 풀어서 원하는 해 $\mathbf{x}$ 를 얻을 수 있다. 행렬 $L = \begin{pmatrix} 1 & 0 & 0 \\ 2 & 1 & 0 \\ 3 & -6 & 1 \end{pmatrix}$을 계수행렬로 갖는 다음 연립일차방정식 $\begin{cases} y_1 & = 1 \\ 2y_1 + y_2 & = -2 \\ 3y_1 - 6y_2 + y_3 & = 3 \end{cases}$ 을 생각하자. 이 연립일차방정식의 해는 어렵지 않게 순서대로 $y_1 = 1,\ y_2 = -4,\ y_3 = -24$ 이다. 다음으로 $U = \begin{pmatrix} 3 & 2 & 1 \\ 0 & 1 & 0 \\ 0 & 0 & -2 \end{pmatrix}$를 계수행렬로 갖는 연립일차방정식 $U\mathbf{x} = \mathbf{y}$ 를 후진대입법을 이용하여 풀면 $\begin{cases} 3x_1 + 2x_2 + x_3 & = 1 \\ x_2 & = -4 \\ -2x_3 & = -24 \end{cases}$ 이다. 이 방정식의 해는 $\mathbf{x} = \begin{pmatrix} -1 \\ -4 \\ 12 \end{pmatrix}$이다.

문제 4.10

연립일차방정식 $\begin{cases} 3x_1 + 2x_2 + x_3 = 3 \\ 6x_1 + 5x_2 + 2x_3 = 4 \\ 9x_1 + x_3 = 5 \end{cases}$에 대하여 계수행렬의 LU 분해를 이용하여 해를 구하여라.

행렬식(determinant)은 정사각행렬들의 집합을 정의역으로 하여 실수를 대응시키는 함수로 이해할 수 있다. 행렬식은 정칙행렬의 역행렬을 구하는 데 유용한 공식을 제공할 뿐 아니라, 연립일차방정식의 해법에 직접적으로 활용된다. 더 나아가 행렬식은 선형대수학의 여러 개념과 깊이 연결되어 있는 기본적이고 중요한 개념이다. 이 장의 나머지 부분에서는 행렬식의 정의와 기본성질을 살펴보고, 전개 방법과 그 활용에 대해 체계적으로 소개하고자 한다.

03 행렬식의 정의

정의 5

2차 정사각행렬 $A=\begin{pmatrix} a_{11} & a_{12} \\ a_{21} & a_{22} \end{pmatrix}$의 행렬식을 $\det(A)$ 또는 $|A|$로 나타내고

$$\det(A)=|A|=\begin{vmatrix} a_{11} & a_{12} \\ a_{21} & a_{22} \end{vmatrix}=a_{11}a_{22}-a_{12}a_{21}$$

로 정의한다.

예제 4.24

행렬 $A=\begin{pmatrix} -2 & 4 \\ 1 & 5 \end{pmatrix}$, $B=\begin{pmatrix} 2 & 3 \\ 6 & 9 \end{pmatrix}$의 행렬식을 구하여라.

풀이 $\det(A)=\begin{vmatrix} -2 & 4 \\ 1 & 5 \end{vmatrix}=(-2)\cdot 5-4\cdot 1=-14$이고

$\det(B)=\begin{vmatrix} 2 & 3 \\ 6 & 9 \end{vmatrix}=2\cdot 9-3\cdot 6=0$이다.

이번 절에서는 2차 정사각행렬의 행렬식을 계산하는 방법을 일반화하여, 임의의 차수를 갖는 정사각행렬에서도 적용할 수 있는 행렬식의 일반 공식을 확립하는 것을 목표로 한다. 이를 위해 먼저 다음 정의를 살펴보자.

정의 6

(1) 소행렬식(minor matrix) M_{ij}:

$A=(a_{ij})$가 n차 정사각행렬일 때, 성분 a_{ij}의 소행렬식(minor matrix)은 기호 M_{ij}로 표현하고 행렬 A의 i번째 행과 j번째 열을 제거하여 만든 $(n-1)\times(n-1)$ 행렬의 행렬식으로 정의한다.

(2) 성분 a_{ij}의 여인수(cofactor):

$$C_{ij}=(-1)^{i+j}M_{ij}$$

예제 4.25

행렬 $A=\begin{pmatrix}1 & -2 & 3\\ 0 & 0 & 2\\ 3 & 1 & 4\end{pmatrix}$의 M_{11}, M_{23}과 C_{32}를 구하여라.

풀이 $M_{11}=\begin{vmatrix}0 & 2\\ 1 & 4\end{vmatrix}=-2,\ M_{23}=\begin{vmatrix}1 & -2\\ 3 & 1\end{vmatrix}=7$이고

$C_{32}=(-1)^{3+2}M_{32}=-\begin{vmatrix}1 & 3\\ 0 & 2\end{vmatrix}=-2$이다.

정의 5에서 정의된 행렬 $A=\begin{pmatrix}a_{11} & a_{12}\\ a_{21} & a_{22}\end{pmatrix}$의 행렬식 $\det(A)$에 대하여

$$\det(A)=\begin{vmatrix}a_{11} & a_{12}\\ a_{21} & a_{22}\end{vmatrix}=a_{11}a_{22}-a_{12}a_{21}$$

$$=a_{11}C_{11}+a_{12}C_{12}=a_{21}C_{21}+a_{22}C_{22}=a_{11}C_{11}+a_{21}C_{21}=a_{12}C_{12}+a_{22}C_{22}$$

와 표현할 수 있다. 즉, 행렬 A의 임의의 행이나 열에 대하여 각 성분과 그에 대응하는 여인수를 곱한 뒤 모두 더하면 항상 같은 값이 된다. $\det(A)$을 여인수를 이용하여 표현하는 것을 $\det(A)$의 여인수 전개(cofactor expansion)라 한다. 일반적으로 n차 정사각행렬에 대하여, 임의의 한 행 또는 열을 선택하여 각 성분과 대응하는 여인수의 곱을 모두 더하여 얻는 값은 항상 같게 된다. 이러한 성질을 바탕으로 다음과 같은 정의를 도입한다.

정의 7

A가 n차 정사각행렬일 때, A에 존재하는 임의의 한 행이나 열에서 각 성분과 그에 대응하는 여인수의 곱을 모두 합한 값을 A의 행렬식이라 한다. 이때, 그 합을 A의 여인수 전개라고 한다. 즉,

$$\det(A)=a_{i1}C_{i1}+a_{i2}C_{i2}+\cdots+a_{in}C_{in}\quad (\text{제}i\text{행에 대한 여인수 전개})$$
$$\det(A)=a_{1j}C_{1j}+a_{2j}C_{2j}+\cdots+a_{nj}C_{nj}\quad (\text{제}j\text{열에 대한 여인수 전개})$$

이다.

예제 4.26

행렬식 $|A| = \begin{vmatrix} 2 & -2 & 0 \\ 1 & -3 & 2 \\ -1 & 1 & 3 \end{vmatrix}$ 을 (1) 제1행, (2) 제3열에 대한 여인수 전개로 각각 구하여라.

풀이 (1) $|A| = 2 \cdot (-1)^{1+1} \begin{vmatrix} -3 & 2 \\ 1 & 3 \end{vmatrix} + (-2) \cdot (-1)^{1+2} \begin{vmatrix} 1 & 2 \\ -1 & 3 \end{vmatrix} + 0 \cdot (-1)^{1+3} \begin{vmatrix} 1 & -3 \\ -1 & 1 \end{vmatrix}$

$= 2 \cdot (-11) + 2 \cdot 5 = -12$

(2) $|A| = 0 \cdot (-1)^{1+3} \begin{vmatrix} 1 & -3 \\ -1 & 1 \end{vmatrix} + 2 \cdot (-1)^{2+3} \begin{vmatrix} 2 & -2 \\ -1 & 1 \end{vmatrix} + 3 \cdot (-1)^{3+3} \begin{vmatrix} 2 & -2 \\ 1 & -3 \end{vmatrix}$

$= (-2) \cdot 0 + 3 \cdot (-4) = -12$

문제 4.11

행렬식 $|A| = \begin{vmatrix} 2 & -2 & 0 \\ 1 & -3 & 2 \\ -1 & 1 & 3 \end{vmatrix}$ 을 제2행에 대한 여인수 전개로 구하여라.

정의 7에 의하여 일반적으로 행렬식을 구할 때는 0이 가장 많이 포함된 행이나 열을 선택하여 여인수 전개를 하면 계산량을 줄이는 것이 가능하다.

예제 4.27

행렬 $A = \begin{pmatrix} 1 & -1 & 3 \\ 1 & 0 & 1 \\ 0 & 5 & 0 \end{pmatrix}$의 행렬식을 구하여라.

풀이 3행 0을 가장 많이 포함하고 있으므로 3행에 대한 여인수 전개를 통하여 행렬식을 구해보면

$$\det(A) = a_{31}C_{31} + a_{32}C_{32} + a_{33}C_{33}$$

$$= 0 \cdot (-1)^{3+1} \begin{vmatrix} -1 & 3 \\ 0 & 1 \end{vmatrix} + 5 \cdot (-1)^{3+2} \begin{vmatrix} 1 & 3 \\ 1 & 1 \end{vmatrix} + 0 \cdot (-1)^{3+3} \begin{vmatrix} 1 & -1 \\ 1 & 0 \end{vmatrix}$$

$$= -5 \begin{vmatrix} 1 & 3 \\ 1 & 1 \end{vmatrix} = 10$$

이다.

예제 4.28

행렬 $A = \begin{pmatrix} 1 & 0 & 0 & -1 \\ 2 & 8 & 3 & 4 \\ 1 & 0 & -2 & 1 \\ 2 & 0 & 0 & 1 \end{pmatrix}$의 행렬식을 구하여라.

풀이 2열이 0을 가장 많이 포함하고 있으므로, 2열에 대하여 여인수 전개를 구해보면

$$\det(A) = 8 \cdot (-1)^{2+2} \begin{vmatrix} 1 & 0 & -1 \\ 1 & -2 & 1 \\ 2 & 0 & 1 \end{vmatrix} = 8 \begin{vmatrix} 1 & 0 & -1 \\ 1 & -2 & 1 \\ 2 & 0 & 1 \end{vmatrix}$$

이고, 3차 행렬식은 다시 2열에 대하여 여인수 전개하면

$$\det(A) = 8 \begin{vmatrix} 1 & 0 & -1 \\ 1 & -2 & 1 \\ 2 & 0 & 1 \end{vmatrix} = 8 \cdot (-2) \cdot (-1)^{2+2} \begin{vmatrix} 1 & -1 \\ 2 & 1 \end{vmatrix} = -48$$

이다.

문제 4.12

행렬 $A = \begin{pmatrix} 1 & 1 & -1 & 2 \\ 0 & 0 & -1 & 1 \\ 3 & 2 & 2 & -1 \\ 1 & 0 & 3 & 2 \end{pmatrix}$의 행렬식을 구하여라.

예제 4.29

4차 상 삼각행렬 $A = \begin{pmatrix} a_{11} & a_{12} & a_{13} & a_{14} \\ 0 & a_{22} & a_{23} & a_{24} \\ 0 & 0 & a_{33} & a_{34} \\ 0 & 0 & 0 & a_{44} \end{pmatrix}$의 행렬식을 구하여라.

풀이 제1열에 대한 여인수 전개를 이용하면

$$\det(A) = \begin{vmatrix} a_{11} & a_{12} & a_{13} & a_{14} \\ 0 & a_{22} & a_{23} & a_{24} \\ 0 & 0 & a_{33} & a_{34} \\ 0 & 0 & 0 & a_{44} \end{vmatrix} = a_{11} \begin{vmatrix} a_{22} & a_{23} & a_{24} \\ 0 & a_{33} & a_{34} \\ 0 & 0 & a_{44} \end{vmatrix} = a_{11} \cdot a_{22} \begin{vmatrix} a_{33} & a_{34} \\ 0 & a_{44} \end{vmatrix}$$

$$= a_{11} \cdot a_{22} \cdot a_{33} \cdot a_{44}$$

이다.

예제 4.29로부터 다음과 같은 결과를 얻을 수 있다.

정리 9

n차 삼각행렬 A의 행렬식 $\det(A)$는 행렬의 주대각선에 있는 성분들의 곱이다.

문제 4.13

행렬 $A = \begin{pmatrix} -2 & 0 & 0 \\ 1 & 3 & 0 \\ 1 & -2 & 7 \end{pmatrix}$의 행렬식을 구하여라.

마지막으로 2차 정사각행렬과 3차 정사각행렬에 대하여 행렬식을 쉽게 계산할 수 있는 사루스 법칙(Sarrus rule)을 살펴보자. 2차 정사각행렬의 행렬식

$$\begin{vmatrix} a_{11} & a_{12} \\ a_{21} & a_{22} \end{vmatrix} = a_{11}a_{22} - a_{12}a_{21}$$

는 <그림 4.1>과 같이 행렬의 오른쪽 아래 대각선 방향에 있는 성분들의 곱 $a_{11}a_{22}$에서 왼쪽 위로의 대각선 방향에 있는 성분들의 곱 $a_{12}a_{21}$을 뺀 차로 계산할 수 있다. 같은 방법으로 3차 정사각행렬의 행렬식의 값은

$$\begin{vmatrix} a_{11} & a_{12} & a_{13} \\ a_{21} & a_{22} & a_{23} \\ a_{31} & a_{32} & a_{33} \end{vmatrix} = a_{11}a_{22}a_{33} + a_{12}a_{23}a_{31} + a_{13}a_{21}a_{32} - a_{13}a_{22}a_{31} - a_{12}a_{21}a_{33} - a_{11}a_{23}a_{32}$$

이다.

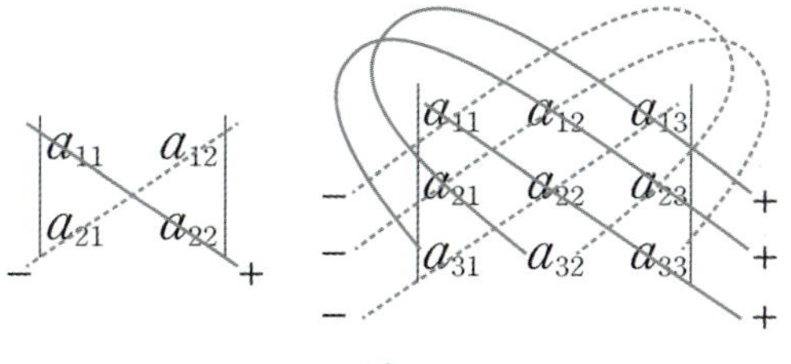

그림 4.1

이와 같이 사루스 법칙은 2차와 3차 정사각행렬의 행렬식을 계산하는 데 유용한 방법이다. 하지만 4차 이상의 정사각행렬에는 사루스 법칙을 적용할 수 없다는 점을 반드시 유의해야 한다.

예제 4.30

사루스 법칙을 이용하여 행렬 $A=\begin{pmatrix}1 & 1 & 2\\ 1 & -1 & 1\\ 1 & 3 & 2\end{pmatrix}$의 행렬식을 구하여라.

풀이 $\det(A)=\begin{vmatrix}1 & 1 & 2\\ 1 & -1 & 1\\ 1 & 3 & 2\end{vmatrix}=(-2+1+6)-(-2+2+3)=2$이다.

문제 4.14

사루스 법칙을 이용하여 행렬 $A=\begin{pmatrix}1 & 4 & -1\\ 2 & 2 & 1\\ 3 & -1 & 2\end{pmatrix}$의 행렬식을 구하여라.

04 행렬식의 성질

예제 4.27에서 예제 4.29까지의 계산을 통해, 여인수 전개로 행렬식을 구할 때 0을 많이 포함하는 행이나 열을 선택하면 그 계산량을 줄일 수 있음을 확인하였다. 이러한 관점을 확장하여, 이번 절에서는 행렬식의 성질을 활용해 주어진 행렬을 사다리꼴 행렬로 변환한 뒤 행렬식을 계산하는 방법을 살펴본다. 변환된 행렬은 다수의 0을 포함하게 되므로 여인수 전개가 훨씬 단순해지고, 따라서 차수가 큰 행렬의 행렬식을 구할 때 매우 효율적인 방법이다.

다음 정리들은 임의의 n차 정사각행렬의 행렬식을 계산하는 기본 원리를 이룬다.

정리 10

n차 정사각행렬 A의 임의의 한 행이나 열이 모두 0이면 $\det(A)=0$이다.

증명 A의 행렬식은 임의의 행이나 열에 의한 여인수 전개로 구할 수 있다. 이때, 모든 성분이 0인 행 또는 열을 선택하고 $C_1, C_2, \cdots, C_n$을 선택한 행 또는 열에 의해 얻어지는 A의 여인수라고 하면

$$\det(A)=0\cdot C_1+0\cdot C_2+\cdots+0\cdot C_n=0$$

이다.

예제 4.31

행렬 $A=\begin{pmatrix} 1 & 2 & 6 & 0 \\ 3 & 5 & 8 & 0 \\ -1 & 1 & 7 & 0 \\ -2 & 4 & 1 & 0 \end{pmatrix}$의 행렬식을 구하여라.

풀이 4열의 성분이 모두 0이므로 $\det(A)=0$이다.

정리 11

n차 정사각행렬 A에 대하여 $\det(A)=\det(A^T)$이다.

증명 행렬을 전치시키는 것은 행을 열로, 열을 행으로 바꾸는 것이다. 따라서 임의의 행에 의한 A의 여인수 전개는, 대응하는 열에 의한 A^T의 여인수 전개와 같으므로 $\det(A)=\det(A^T)$이다.

예제 4.32

행렬 $A=\begin{pmatrix} 1 & 2 & 3 \\ 1 & -1 & 1 \\ 4 & 1 & 0 \end{pmatrix}$의 $\det(A)=22$일 때, $B=\begin{pmatrix} 1 & 1 & 4 \\ 2 & -1 & 1 \\ 3 & 1 & 0 \end{pmatrix}$의 행렬식을 구하여라.

풀이 행렬 $B=A^T$이므로 $\det(B)=\det(A^T)=22$이다.

다음 정리는 n차 정사각행렬에 대한 기본 행변환과 그 행렬식 값 사이의 관계를 보여 준다.

정리 12

A가 n차 정사각행렬일 때,

(1) B가 A의 한 행(또는 열)에 스칼라 k를 곱해서 얻은 행렬이라면 $\det(B) = k\det(A)$이다.

(2) B가 A의 두 행(또는 열)을 교환하여 얻은 행렬이라면 $\det(B) = -\det(A)$이다.

(3) B가 A의 한 행(또는 열)의 상수 배를 다른 행(또는 열)에 더해서 얻은 행렬이라면 $\det(B) = \det(A)$이다.

여기서는 일반적인 증명 과정을 생략하고, 3차 정사각행렬

$$A = \begin{pmatrix} a_{21} & a_{22} & a_{23} \\ a_{11} & a_{12} & a_{13} \\ a_{31} & a_{32} & a_{33} \end{pmatrix}$$

을 예로 들어 행렬식을 직접 계산함으로써 주어진 등식이 성립하는 것을 확인해 보겠다.

(1) B가 A의 제1행에 k배를 곱해서 얻은 행렬이면

$$\begin{aligned}\begin{vmatrix} ka_{11} & ka_{12} & ka_{13} \\ a_{21} & a_{22} & a_{23} \\ a_{31} & a_{32} & a_{33} \end{vmatrix} &= ka_{11}a_{22}a_{33} + ka_{12}a_{23}a_{31} + ka_{13}a_{21}a_{32} - ka_{13}a_{22}a_{31} \\ &\quad - ka_{12}a_{21}a_{33} - ka_{11}a_{23}a_{32} \\ &= k(a_{11}a_{22}a_{33} + a_{12}a_{23}a_{31} + a_{13}a_{21}a_{32} - a_{13}a_{22}a_{31} \\ &\quad - a_{12}a_{21}a_{33} - a_{11}a_{23}a_{32}) \\ &= k\begin{vmatrix} a_{11} & a_{12} & a_{13} \\ a_{21} & a_{22} & a_{23} \\ a_{31} & a_{32} & a_{33} \end{vmatrix}\end{aligned}$$

이므로

$$\det(B) = k\det(A)$$

이다.

(2) B가 A의 제1행과 제2행을 교환하여 얻은 행렬이면

$$\begin{vmatrix} a_{21} & a_{22} & a_{23} \\ a_{11} & a_{12} & a_{13} \\ a_{31} & a_{32} & a_{33} \end{vmatrix} = a_{12}a_{21}a_{33} + a_{13}a_{22}a_{31} + a_{11}a_{23}a_{32} - a_{12}a_{23}a_{31} - a_{11}a_{22}a_{33} - a_{13}a_{21}a_{32}$$

$$= -(a_{11}a_{22}a_{33} + a_{12}a_{23}a_{31} + a_{13}a_{21}a_{32} - a_{13}a_{22}a_{31} - a_{12}a_{21}a_{33} - a_{11}a_{23}a_{32})$$

$$= -\begin{vmatrix} a_{11} & a_{12} & a_{13} \\ a_{21} & a_{22} & a_{23} \\ a_{31} & a_{32} & a_{33} \end{vmatrix}$$

이므로

$$\det(B) = -\det(A)$$

이다.

(3) B가 A의 제2행을 k배 한 후, 제1행에 더하여 얻은 행렬이면

$$\begin{vmatrix} a_{11}+ka_{21} & a_{12}+ka_{22} & a_{13}+ka_{23} \\ a_{21} & a_{22} & a_{23} \\ a_{31} & a_{32} & a_{33} \end{vmatrix}$$

$$= (a_{11}+ka_{21})a_{22}a_{33} + (a_{12}+ka_{22})a_{23}a_{31} + (a_{13}+ka_{23})a_{21}a_{32}$$

$$- a_{31}a_{22}(a_{13}+ka_{23}) - a_{33}a_{21}(a_{12}+ka_{22}) - a_{32}a_{23}(a_{11}+ka_{21})$$

$$= a_{11}a_{22}a_{33} + a_{12}a_{23}a_{31} + a_{13}a_{21}a_{32} - a_{13}a_{22}a_{31} - a_{12}a_{21}a_{33} - a_{11}a_{23}a_{32}$$

$$+ k(a_{21}a_{22}a_{33} + a_{22}a_{23}a_{31} + a_{23}a_{21}a_{32} - a_{31}a_{22}a_{23} - a_{33}a_{21}a_{22} - a_{32}a_{23}a_{21})$$

$$= \begin{vmatrix} a_{11} & a_{12} & a_{13} \\ a_{21} & a_{22} & a_{23} \\ a_{31} & a_{32} & a_{33} \end{vmatrix}$$

이므로 $\det(B) = \det(A)$이다.

예제 4.33

기본 행변환을 이용하여 $A = \begin{pmatrix} 1 & 3 & 0 \\ -2 & -5 & 1 \\ 3 & 2 & 2 \end{pmatrix}$의 행렬식을 구하여라.

풀이

$$\det(A) = \begin{vmatrix} 1 & 3 & 0 \\ -2 & -5 & 1 \\ 3 & 2 & 2 \end{vmatrix} = \begin{vmatrix} 1 & 3 & 0 \\ 0 & 1 & 1 \\ 3 & 2 & 2 \end{vmatrix} \text{--- 제1행의 2배를 제2행에 더한다.}$$

$$= \begin{vmatrix} 1 & 3 & 0 \\ 0 & 1 & 1 \\ 0 & -7 & 2 \end{vmatrix} \text{--- 제1행의 } -3\text{배를 제3행에 더한다.}$$

$$= \begin{vmatrix} 1 & 3 & 0 \\ 0 & 1 & 1 \\ 0 & 0 & 9 \end{vmatrix} \text{--- 제2행의 7배를 제3행에 더한다.}$$

$$= 9$$

예제 4.34

기본 행변환을 이용하여 $A = \begin{pmatrix} 1 & 2 & 3 \\ 2 & 3 & 5 \\ 3 & -3 & 8 \end{pmatrix}$의 행렬식을 구하여라.

풀이

$$\det(A) = \begin{vmatrix} 1 & 2 & 3 \\ 2 & 3 & 5 \\ 3 & -3 & 8 \end{vmatrix} = \begin{vmatrix} 1 & 2 & 3 \\ 0 & -1 & -1 \\ 3 & -3 & 8 \end{vmatrix} \text{--- 제1행의 } -2\text{배를 제2행에 더한다.}$$

$$= \begin{vmatrix} 1 & 2 & 3 \\ 0 & -1 & -1 \\ 0 & -9 & -1 \end{vmatrix} \text{--- 제1행의 } -3\text{배를 제3행에 더한다.}$$

$$= \begin{vmatrix} 1 & 2 & 3 \\ 0 & -1 & -1 \\ 0 & 0 & 8 \end{vmatrix} \text{--- 제2행의 } -9\text{배를 제3행에 더한다.}$$

$$= -8$$

예제 4.35

기본 행변환을 이용하여 행렬 $A = \begin{pmatrix} 4 & 2 & 0 & 0 \\ 4 & -1 & -2 & 1 \\ 4 & 0 & 1 & 2 \\ 0 & 0 & -1 & 2 \end{pmatrix}$의 행렬식을 구하여라.

풀이 $\det(A) = 4\begin{vmatrix} 1 & 2 & 0 & 0 \\ 1 & -1 & -2 & 1 \\ 1 & 0 & 1 & 2 \\ 0 & 0 & -1 & 2 \end{vmatrix}$ --- 제1열의 공통인수 4를 묶어낸다.

$= 4\begin{vmatrix} 1 & 2 & 0 & 0 \\ 0 & -3 & -2 & 1 \\ 0 & -2 & 1 & 2 \\ 0 & 0 & -1 & 2 \end{vmatrix}$ --- 제1행의 -1배를 제2행, 3행에 각각 더한다.

$= 4\begin{vmatrix} 1 & 2 & 0 & 0 \\ 0 & 1 & -4 & -3 \\ 0 & -2 & 1 & 2 \\ 0 & 0 & -1 & 2 \end{vmatrix}$ --- 제3행의 -2배를 제2행에 더한다.

$= 4\begin{vmatrix} 1 & 2 & 0 & 0 \\ 0 & 1 & -4 & -3 \\ 0 & 0 & -7 & -4 \\ 0 & 0 & -1 & 2 \end{vmatrix}$ --- 제2행의 2배를 제3행에 더한다.

$= 4(-1)\begin{vmatrix} 1 & 2 & 0 & 0 \\ 0 & 1 & -4 & -3 \\ 0 & 0 & -1 & 2 \\ 0 & 0 & -7 & -4 \end{vmatrix}$ --- 제3행과 제4행을 교환한다.

$= -4\begin{vmatrix} 1 & 2 & 0 & 0 \\ 0 & 1 & -4 & -3 \\ 0 & 0 & -1 & 2 \\ 0 & 0 & 0 & -18 \end{vmatrix}$ --- 제3행의 -7배를 제4행에 더한다.

$= -72$

문제 4.15

기본 행변환을 이용하여 다음 행렬식을 구하여라.

(1) $\begin{vmatrix} 0 & 1 & 5 \\ 3 & -6 & 9 \\ 2 & 6 & 3 \end{vmatrix}$ (2) $\begin{vmatrix} 1 & 1 & 1 & 2 \\ 0 & 0 & -1 & 1 \\ 3 & 2 & 2 & -2 \\ 1 & 0 & 3 & 1 \end{vmatrix}$ (3) $\begin{vmatrix} 1 & 1 & 2 & 3 \\ -1 & 2 & 3 & -4 \\ 3 & -2 & 2 & 3 \\ 1 & 2 & 2 & 5 \end{vmatrix}$

예제 4.36

$\begin{vmatrix} a & b & c \\ d & e & f \\ g & h & i \end{vmatrix} = 6$ 일 때, 다음 행렬식을 구하여라.

(1) $\begin{vmatrix} a & b & c \\ 3d & 3e & 3f \\ g & h & i \end{vmatrix}$ (2) $\begin{vmatrix} 5c & b & a \\ 5f & e & d \\ 5i & h & g \end{vmatrix}$ (3) $\begin{vmatrix} a & b & c \\ d+4a & e+4b & f+4c \\ g-a & h-b & i-c \end{vmatrix}$

풀이 (1) $\begin{vmatrix} a & b & c \\ 3d & 3e & 3f \\ g & h & i \end{vmatrix} = 3\begin{vmatrix} a & b & c \\ d & e & f \\ g & h & i \end{vmatrix} = 18$

(2) $\begin{vmatrix} 5c & b & a \\ 5f & e & d \\ 5i & h & g \end{vmatrix} = 5\begin{vmatrix} c & b & a \\ f & e & d \\ i & h & g \end{vmatrix} = -5\begin{vmatrix} a & b & c \\ d & e & f \\ g & h & i \end{vmatrix} = -30$

(3) $\begin{vmatrix} a & b & c \\ d+4a & e+4b & f+4c \\ g-a & h-b & i-c \end{vmatrix} = \begin{vmatrix} a & b & c \\ d & e & f \\ g-a & h-b & i-c \end{vmatrix} = \begin{vmatrix} a & b & c \\ d & e & f \\ g & h & i \end{vmatrix} = 6$

문제 4.16

$\begin{vmatrix} a & d & g \\ b & e & h \\ c & f & i \end{vmatrix} = 3$ 일 때, 다음 행렬식을 각각 구하여라.

(1) $\begin{vmatrix} 2a & d & g \\ 2b & e & h \\ 2c & f & i \end{vmatrix}$

(2) $\begin{vmatrix} 3a & 3d & 3g \\ 2b & 2e & 2h \\ -c & -f & -i \end{vmatrix}$

(3) $\begin{vmatrix} c & f & i \\ b & e & h \\ a & d & g \end{vmatrix}$

(4) $\begin{vmatrix} a-2g & d & g \\ b-2h & e & h \\ c-2i & f & i \end{vmatrix}$

기본행렬 E는 n차 단위행렬 I에 기본 행변환을 한 번 시행하여 얻어진 행렬이다. 정리 12를 적용하면 다음과 같은 유용한 결과를 얻을 수 있다.

정리 13

E가 n차 기본행렬일 때,

(1) E가 I의 한 행(또는 열)에 스칼라 k를 곱해서 얻은 기본행렬이라면 $\det(E)=k$이다.

(2) E가 I의 두 행(또는 열)을 교환하여 얻은 기본행렬이라면 $\det(E)=-1$이다.

(3) E가 I의 한 행(또는 열)의 상수 배를 다른 행(또는 열)에 더해서 얻은 기본행렬이라면 $\det(E)=1$이다.

예제 4.37

다음 기본행렬의 행렬식을 구하여라.

(1) $\begin{vmatrix} 1 & 0 & 0 & 0 \\ 0 & 5 & 0 & 0 \\ 0 & 0 & 1 & 0 \\ 0 & 0 & 0 & 1 \end{vmatrix}$ (2) $\begin{vmatrix} 0 & 0 & 0 & 1 \\ 0 & 1 & 0 & 0 \\ 0 & 0 & 1 & 0 \\ 1 & 0 & 0 & 0 \end{vmatrix}$ (3) $\begin{vmatrix} 1 & 0 & 0 & 6 \\ 0 & 1 & 0 & 0 \\ 0 & 0 & 1 & 0 \\ 0 & 0 & 0 & 1 \end{vmatrix}$

풀이 (1) I의 제2행에 5를 곱하였으므로 $\begin{vmatrix} 1 & 0 & 0 & 0 \\ 0 & 5 & 0 & 0 \\ 0 & 0 & 1 & 0 \\ 0 & 0 & 0 & 1 \end{vmatrix} = 5$이다.

(2) I의 제1행과 제4행을 교환하였으므로 $\begin{vmatrix} 0 & 0 & 0 & 1 \\ 0 & 1 & 0 & 0 \\ 0 & 0 & 1 & 0 \\ 1 & 0 & 0 & 0 \end{vmatrix} = -1$이다.

(3) I의 제4행에 6배를 한 후 제1행에 더하였으므로 $\begin{vmatrix} 1 & 0 & 0 & 6 \\ 0 & 1 & 0 & 0 \\ 0 & 0 & 1 & 0 \\ 0 & 0 & 0 & 1 \end{vmatrix} = 1$이다.

정리 14

A가 두 비례하는 행(또는 열)을 갖는 n차 정사각행렬이라면 $\det(A) = 0$이다.

증명 n차 정사각행렬 A가 비례하는 두 행(또는 열)을 가진다면 그 중 한 행(또는 한 열)에 적당한 상수를 곱하여 남은 행(또는 열)에 더하면 행(또는 열)의 모든 성분이 0이 되게 할 수 있으므로 $\det(A) = 0$이 된다.

예제 4.38

행렬 $A = \begin{pmatrix} 1 & 2 & 3 \\ 4 & 5 & 6 \\ 7 & 8 & 9 \end{pmatrix}$의 행렬식을 구하여라.

풀이 $\det(A) = \begin{vmatrix} 1 & 2 & 3 \\ 4 & 5 & 6 \\ 7 & 8 & 9 \end{vmatrix} = \begin{vmatrix} 1 & 1 & 2 \\ 4 & 1 & 2 \\ 7 & 1 & 2 \end{vmatrix} = 0$ --- 제1열의 −1배를 제2열, 3열에 각각 더한다.

문제 4.17

행렬 $A = \begin{pmatrix} 1 & 1 & 1 \\ a & b & c \\ b+c & c+a & a+b \end{pmatrix}$의 행렬식을 구하여라.

다음 예제 4.39에서는 여인수 전개와 행(또는 열) 연산을 함께 사용하여 행렬식을 계산하는 과정을 살펴본다. 이러한 방법은 계산을 단순화하고 효율성을 높이는 데 유용하다.

예제 4.39

행렬 $A = \begin{pmatrix} 3 & 5 & -2 & 6 \\ 2 & 4 & 1 & 5 \\ 1 & 2 & -1 & 1 \\ 3 & 7 & 5 & 3 \end{pmatrix}$의 행렬식을 구하여라.

풀이

$$\det(A) = \begin{vmatrix} 3 & 5 & -2 & 6 \\ 2 & 4 & 1 & 5 \\ 1 & 2 & -1 & 1 \\ 3 & 7 & 5 & 3 \end{vmatrix} = \begin{vmatrix} 0 & -1 & 1 & 3 \\ 0 & 0 & 3 & 3 \\ 1 & 2 & -1 & 1 \\ 0 & 1 & 8 & 0 \end{vmatrix}$$

--- 제3행의 −3배를 제1행에 더하고 제3행의 −2배를 제2행에 더하고 제3행의 −3배를 제4행에 더한다.

$$= \begin{vmatrix} -1 & 1 & 3 \\ 0 & 3 & 3 \\ 1 & 8 & 0 \end{vmatrix}$$ --- 제1열에 의한 여인수 전개를 한다.

$$= \begin{vmatrix} -1 & 1 & 3 \\ 0 & 3 & 3 \\ 0 & 9 & 3 \end{vmatrix}$$ --- 제1행을 제3행에 더한다.

$$= (-1)\begin{vmatrix} 3 & 3 \\ 9 & 3 \end{vmatrix}$$ --- 제1열에 의한 여인수 전개를 한다.

$$= 18$$

문제 4.18

행렬 $A = \begin{pmatrix} a & 2a & 3a \\ b & 1+2b & 4+3b \\ c & 2+2c & 5+3c \end{pmatrix}$의 행렬식을 구하여라.

정리 12의 (1)번 결과를 바탕으로 다음의 정리를 얻을 수 있다.

정리 15

A가 n차 정사각행렬이고 k가 임의의 스칼라일 때,

$$\det(kA) = k^n \det(A)$$

이다.

예제 4.40

행렬 $A = \begin{pmatrix} 1 & 2 & 3 \\ 2 & 0 & 1 \\ 1 & 2 & 1 \end{pmatrix}$에 대하여 $10A$의 행렬식을 구하여라.

풀이 $\det(A) = \begin{vmatrix} 1 & 2 & 3 \\ 2 & 0 & 1 \\ 1 & 2 & 1 \end{vmatrix} = 8$ 이므로 $\det(10A) = 10^3 \cdot \det(A) = 8000$ 이다.

정리 16

A, B가 n차 정사각행렬일 때 두 행렬의 합에 대한 행렬식과 두 행렬의 행렬식의 합은 일반적으로 같지 않다.

$$\det(A+B) \neq \det(A) + \det(B)$$

예제 4.41

행렬 $A = \begin{pmatrix} 1 & 2 \\ 1 & 1 \end{pmatrix}$, $B = \begin{pmatrix} 3 & 1 \\ 2 & 1 \end{pmatrix}$에 대하여 $\det(A)$, $\det(B)$, $\det(A+B)$를 구하여라.

풀이 $\det(A) = \begin{vmatrix} 1 & 2 \\ 1 & 1 \end{vmatrix} = -1$, $\det(B) = \begin{vmatrix} 3 & 1 \\ 2 & 1 \end{vmatrix} = 1$ 이고 $\det(A) + \det(B) = 0$이다.

$A+B = \begin{pmatrix} 4 & 3 \\ 3 & 2 \end{pmatrix}$이므로 $\det(A+B) = \begin{vmatrix} 4 & 3 \\ 3 & 2 \end{vmatrix} = 8-9 = -1$ 이다.

앞의 정리에서 일반적으로 $\det(A+B) \neq \det(A)+\det(B)$ 이지만 한 행(또는 열)만 제외하고 나머지 행(또는 열)의 모든 성분이 동일한 두 행렬에 대해서는, 행렬의 합에 대한 행렬식이 갖는 유용한 성질이 존재한다.

정리 17

A, B, C가 제i행(또는 열)을 제외한 모든 성분이 동일한 n차 정사각행렬이고, C의 제i행(또는 열)의 성분은 A와 B의 각 i행(열)에 대응하는 성분들을 더하여 얻어진 것이라 하면

$$\det(C) = \det(A) + \det(B)$$

이다.

증명 2차 정사각행렬에 대해서만 살펴보자.

$$A = \begin{pmatrix} a_{11} & a_{12} \\ a_{21} & a_{22} \end{pmatrix},\ B = \begin{pmatrix} a_{11} & a_{12} \\ b_{21} & b_{22} \end{pmatrix},\ C = \begin{pmatrix} a_{11} & a_{12} \\ a_{21}+b_{21} & a_{22}+b_{22} \end{pmatrix}$$ 라 하면

$$\begin{aligned} \det(A)+\det(B) &= (a_{11}a_{22}-a_{12}a_{21})+(a_{11}b_{22}-a_{12}b_{21}) \\ &= a_{11}(a_{22}+b_{22})-a_{12}(a_{21}+b_{21}) \\ &= \begin{vmatrix} a_{11} & a_{12} \\ a_{21}+b_{21} & a_{22}+b_{22} \end{vmatrix} = \det(C) \end{aligned}$$

이다.

예제 4.42

행렬 $A = \begin{pmatrix} 1 & -2 & 3 \\ 0 & 0 & 2 \\ 1 & 1 & 1 \end{pmatrix},\ B = \begin{pmatrix} 2 & -1 & 5 \\ 0 & 0 & 2 \\ 1 & 1 & 1 \end{pmatrix},\ C = \begin{pmatrix} 3 & -3 & 8 \\ 0 & 0 & 2 \\ 1 & 1 & 1 \end{pmatrix}$에 대하여, A와 B의 행렬식을 이용하여 C의 행렬식을 구하여라.

풀이

$$\det(A) = \begin{vmatrix} 1 & -2 & 3 \\ 0 & 0 & 2 \\ 1 & 1 & 1 \end{vmatrix} = -6 \text{ 이고 } \det(B) = \begin{vmatrix} 2 & -1 & 5 \\ 0 & 0 & 2 \\ 1 & 1 & 1 \end{vmatrix} = -6$$

이므로

$$\det(C) = \begin{vmatrix} 3 & -3 & 8 \\ 0 & 0 & 2 \\ 1 & 1 & 1 \end{vmatrix} = \begin{vmatrix} 1+2 & -2-1 & 3+5 \\ 0 & 0 & 2 \\ 1 & 1 & 1 \end{vmatrix} = \begin{vmatrix} 1 & -2 & 3 \\ 0 & 0 & 2 \\ 1 & 1 & 1 \end{vmatrix} + \begin{vmatrix} 2 & -1 & 5 \\ 0 & 0 & 2 \\ 1 & 1 & 1 \end{vmatrix}$$

$= \det(A)+\det(B) = -12$ 이다.

예제 4.43

$\begin{vmatrix} 1 & 2 & x \\ 4 & 3 & y \\ 3 & 5 & z \end{vmatrix} + \begin{vmatrix} 1 & 2 & z \\ 4 & 3 & x \\ 3 & 5 & y \end{vmatrix} + \begin{vmatrix} 1 & 2 & y \\ 4 & 3 & z \\ 3 & 5 & x \end{vmatrix}$ 의 값을 구하여라(단, $x+y+z=3$ 이다).

풀이

$$\begin{vmatrix} 1 & 2 & x \\ 4 & 3 & y \\ 3 & 5 & z \end{vmatrix} + \begin{vmatrix} 1 & 2 & z \\ 4 & 3 & x \\ 3 & 5 & y \end{vmatrix} + \begin{vmatrix} 1 & 2 & y \\ 4 & 3 & z \\ 3 & 5 & x \end{vmatrix}$$

$$= \begin{vmatrix} 1 & 2 & x+y+z \\ 4 & 3 & y+x+z \\ 3 & 5 & z+y+x \end{vmatrix} = \begin{vmatrix} 1 & 2 & 3 \\ 4 & 3 & 3 \\ 3 & 5 & 3 \end{vmatrix} = 3\begin{vmatrix} 1 & 2 & 1 \\ 4 & 3 & 1 \\ 3 & 5 & 1 \end{vmatrix} = 21 \text{ 이다.}$$

정리 18

A가 n차 정사각행렬이고 E가 n차 기본행렬이라면

$$\det(EA) = \det(E)\det(A)$$

이다.

증명 단위행렬 I에 대하여 두 행을 바꾸어 얻은 기본행렬을 E_1, 한 행에 0이 아닌 실수 k를 곱하여 얻은 기본행렬을 E_2, 한 행에 다른 행의 0이 아닌 실수 k배를 더해서 얻은 기본행렬을 E_3라 하자. 그러면 A의 두 행을 바꾸어 얻은 행렬은 E_1A이고 $|E_1A|=(-1)|A|=|E_1||A|$이다. 그리고 A의 한 행에 0이 아닌 실수 k를 곱하여 얻은 행렬은 E_2A이고 $|E_2A|=k|A|=|E_2||A|$이다. 또한, A의 한 행에 다른 행의 0이 아닌 실수 k배를 더해서 얻은 행렬은 E_3A이고 $|E_3A|=|A|=|E_3||A|$이다. 따라서 $\det(EA)=\det(E)\det(A)$이다.

예제 4.44

$E_1 = \begin{pmatrix} 0 & 0 & 1 \\ 0 & 1 & 0 \\ 1 & 0 & 0 \end{pmatrix}$, $E_2 = \begin{pmatrix} 1 & 0 & 0 \\ 0 & 2 & 0 \\ 0 & 0 & 1 \end{pmatrix}$이고 $A = \begin{pmatrix} 2 & 1 & 4 \\ 0 & 3 & 7 \\ 5 & 0 & 1 \end{pmatrix}$일 때, $B=E_2E_1A$의 행렬식을 구하여라.

풀이 $|E_1| = -1$, $|E_2| = 2$, $|A| = -19$ 이므로 $|B| = |E_2E_1A| = |E_2||E_1||A| = 38$이다.

다음 정리는 주어진 행렬이 정칙인지 여부를 판별할 수 있는 중요한 조건을 제시한다.

정리 19

n차 정사각행렬 A가 정칙일 필요충분조건은 $\det(A) \neq 0$이다.

증명 R을 A의 기약 행사다리꼴이라 하자. 그러면

$$E_k \cdots E_2 E_1 A = R$$

이고 정리 18로부터

$$\det(R) = \det(E_k) \cdots \det(E_2)\det(E_1)\det(A)$$

이다. 정리 13으로부터 기본행렬의 행렬식은 0이 아니므로 $\det(R)$과 $\det(A)$는 둘 다 0이거나 0이 아니라는 것을 알 수 있다. 만일 A가 정칙이라면, $R = I$이므로 $\det(R) = 1$이며, 즉 $\det(A) \neq 0$임을 말해준다. 역으로 $\det(A) \neq 0$이라 하면, $\det(R) \neq 0$이므로 R은 모든 성분이 0인 행을 가질 수 없다. 즉, $R = I$이고 정리 5에 의해 A는 정칙이다.

정리 20

A, B가 n차 정사각행렬일 때

$$\det(AB) = \det(A)\det(B)$$

이다.

증명 (1) 행렬 A가 정칙행렬이 아니면 AB가 정칙행렬이 아니므로 $\det(A) = 0$, $\det(AB) = 0$이고 $\det(AB) = \det(A)\det(B)$이다.

(2) 행렬 A가 정칙행렬이면 유한개의 기본행렬 $E_1, E_2, \cdots, E_k$가 존재하여 $A = E_k E_{k-1} \cdots E_1$이고 $AB = E_k E_{k-1} \cdots E_1 B$이므로 정리 18에 의해서 $|AB| = |E_k||E_{k-1}| \cdots |E_1||B| = |E_k E_{k-1} \cdots E_1||B| = |A||B|$이다.

예제 4.45

행렬 $A = \begin{pmatrix} 1 & 1 & 1 & 2 \\ 0 & 1 & 1 & 1 \\ 0 & 0 & 2 & 2 \\ -1 & 1 & 1 & -1 \end{pmatrix}$, $B = \begin{pmatrix} 0 & 1 & 0 & 0 \\ 0 & 0 & 0 & 1 \\ 1 & 0 & 0 & 0 \\ 0 & 0 & 1 & 0 \end{pmatrix}$일 때, 두 행렬의 곱 AB 의 행렬식을 구하여라.

풀이

$$\det(A) = \begin{vmatrix} 1 & 1 & 1 & 2 \\ 0 & 1 & 1 & 1 \\ 0 & 0 & 2 & 2 \\ -1 & 1 & 1 & -1 \end{vmatrix} = \begin{vmatrix} 1 & 1 & 1 & 2 \\ 0 & 1 & 1 & 1 \\ 0 & 0 & 2 & 2 \\ 0 & 2 & 2 & 1 \end{vmatrix} = \begin{vmatrix} 1 & 1 & 1 \\ 0 & 2 & 2 \\ 2 & 2 & 1 \end{vmatrix} = 2\begin{vmatrix} 1 & 1 & 1 \\ 0 & 1 & 1 \\ 2 & 2 & 1 \end{vmatrix}$$

$$= 2\begin{vmatrix} 1 & 1 & 1 \\ 0 & 1 & 1 \\ 0 & 0 & -1 \end{vmatrix} = -2$$

$$\det(B) = \begin{vmatrix} 0 & 1 & 0 & 0 \\ 0 & 0 & 0 & 1 \\ 1 & 0 & 0 & 0 \\ 0 & 0 & 1 & 0 \end{vmatrix} = 1 \cdot (-1)^{1+2}\begin{vmatrix} 0 & 0 & 1 \\ 1 & 0 & 0 \\ 0 & 1 & 0 \end{vmatrix} = -1$$

이므로 $\det(AB) = \det(A)\det(B) = 2$이다.

예제 4.46

행렬 $A = \begin{pmatrix} 7 & 1 & 1 & 3 \\ 0 & 1 & 1 & 0 \\ 0 & 0 & 2 & 0 \\ -3 & 1 & 1 & -1 \end{pmatrix}$에 대하여 A^3 의 행렬식을 구하여라.

풀이

$$\det(A) = \begin{vmatrix} 7 & 1 & 1 & 3 \\ 0 & 1 & 1 & 0 \\ 0 & 0 & 2 & 0 \\ -3 & 1 & 1 & -1 \end{vmatrix} = 2\begin{vmatrix} 7 & 1 & 3 \\ 0 & 1 & 0 \\ -3 & 1 & -1 \end{vmatrix} = 2\begin{vmatrix} 7 & 3 \\ -3 & -1 \end{vmatrix} = 4 \text{ 이므로}$$

$\det(A^3) = \det(A)^3 = 64$ 이다.

05 행렬식의 응용

행렬식은 주어진 행렬이 정칙인지 여부를 판별하는 중요한 지표로 활용된다. 이번 절에서는 행렬식을 바탕으로 정칙행렬을 구하는 방법과 정칙인 계수행렬을 갖는 연립일차방정식의 해를 구하는 공식을 다룬다. 이를 위해 먼저 정사각행렬의 수반행렬을 정의하고 그 성질을 살펴본다.

정의 8

n차 정사각행렬 $A=(a_{ij})$와 a_{ij}의 여인수 C_{ij}에 대하여 다음 행렬

$$\begin{pmatrix} C_{11} & C_{12} & \cdots & C_{1n} \\ C_{21} & C_{22} & \cdots & C_{2n} \\ \vdots & \vdots & & \vdots \\ C_{n1} & C_{n2} & \cdots & C_{nn} \end{pmatrix}$$

을 A의 여인수 행렬(matrix of cofactor from A)이라고 하고 이 행렬의 전치행렬

$$adj\,A = \begin{pmatrix} C_{11} & C_{21} & \cdots & C_{n1} \\ C_{12} & C_{22} & \cdots & C_{n2} \\ \vdots & \vdots & & \vdots \\ C_{1n} & C_{2n} & \cdots & C_{nn} \end{pmatrix}$$

를 A의 수반행렬(adjoint of A)이라고 한다.

예제 4.47

행렬 $A=\begin{pmatrix} 1 & 6 & 3 \\ 3 & 2 & -1 \\ 2 & -4 & 0 \end{pmatrix}$의 여인수 행렬과 수반행렬을 구하여라.

풀이 $C_{11}=\begin{vmatrix} 2 & -1 \\ -4 & 0 \end{vmatrix}=-4,\ C_{12}=-\begin{vmatrix} 3 & -1 \\ 2 & 0 \end{vmatrix}=-2,\ C_{13}=\begin{vmatrix} 3 & 2 \\ 2 & -4 \end{vmatrix}=-16,$

$C_{21}=-\begin{vmatrix} 6 & 3 \\ -4 & 0 \end{vmatrix}=-12,\ C_{22}=\begin{vmatrix} 1 & 3 \\ 2 & 0 \end{vmatrix}=-6,\ C_{23}=-\begin{vmatrix} 1 & 6 \\ 2 & -4 \end{vmatrix}=16,$

$C_{31}=\begin{vmatrix} 6 & 3 \\ 2 & -1 \end{vmatrix}=-12,\ C_{32}=-\begin{vmatrix} 1 & 3 \\ 3 & -1 \end{vmatrix}=10,\ C_{33}=\begin{vmatrix} 1 & 6 \\ 3 & 2 \end{vmatrix}=-16$ 이므로

여인수 행렬은 $\begin{pmatrix} -4 & -2 & -16 \\ -12 & -6 & 16 \\ -12 & 10 & -16 \end{pmatrix}$이고 수반행렬 $adj\,A$은 $\begin{pmatrix} -4 & -12 & -12 \\ -2 & -6 & 10 \\ -16 & 16 & -16 \end{pmatrix}$ 이다.

문제 4.19

행렬 $\begin{pmatrix} 1 & 0 & 3 \\ 0 & 1 & 3 \\ 2 & 5 & -1 \end{pmatrix}$의 여인수 행렬과 수반행렬을 구하여라.

수반행렬의 성질을 바탕으로 정사각행렬의 역행렬을 구하는 공식을 도출할 수 있다.

정리 21

n차 정사각행렬 A가 정칙행렬이면 그 역행렬 $A^{-1}=\dfrac{1}{\det(A)}adj\,A$이다.

증명 a_{ik}의 여인수 C_{ik}에 대하여

$$a_{i1}C_{j1}+a_{i2}C_{j2}+\cdots+a_{in}C_{jn}=\begin{cases}\det(A), & i=j\\ 0, & i\neq j\end{cases}$$

이므로

$$A\cdot adj\,A=\begin{pmatrix} a_{11} & a_{12} & \cdots & a_{1n} \\ a_{21} & a_{22} & \cdots & a_{2n} \\ \vdots & \vdots & & \vdots \\ a_{n1} & a_{n2} & \cdots & a_{nn} \end{pmatrix}\begin{pmatrix} C_{11} & C_{21} & \cdots & C_{n1} \\ C_{12} & C_{22} & \cdots & C_{n2} \\ \vdots & \vdots & & \vdots \\ C_{1n} & C_{2n} & \cdots & C_{nn} \end{pmatrix}$$

$$=\begin{pmatrix} \det(A) & 0 & \cdots & 0 \\ 0 & \det(A) & \cdots & 0 \\ \vdots & \vdots & & \vdots \\ 0 & 0 & \cdots & \det(A) \end{pmatrix}=\det(A)\,I$$

이다. A가 정칙행렬이면 $\det(A)\neq 0$이므로 $A\cdot\dfrac{1}{\det(A)}adj\,A=I$이고, 따라서

$$A^{-1}=\frac{1}{\det(A)}adj\,A$$

이다.

예제 4.48

수반행렬을 이용하여 다음 행렬의 역행렬을 구하여라.

(1) $A = \begin{pmatrix} 2 & 1 & 2 \\ 0 & 1 & 1 \\ 1 & 2 & 1 \end{pmatrix}$ (2) $B = \begin{pmatrix} 2 & 5 & 1 \\ 1 & -2 & 1 \\ 0 & 3 & 1 \end{pmatrix}$

풀이 (1) $C_{11} = \begin{vmatrix} 1 & 1 \\ 2 & 1 \end{vmatrix} = -1,\ C_{12} = -\begin{vmatrix} 0 & 1 \\ 1 & 1 \end{vmatrix} = 1,\ C_{13} = \begin{vmatrix} 0 & 1 \\ 1 & 2 \end{vmatrix} = -1$

$C_{21} = -\begin{vmatrix} 1 & 2 \\ 2 & 1 \end{vmatrix} = 3,\ C_{22} = \begin{vmatrix} 2 & 2 \\ 1 & 1 \end{vmatrix} = 0,\ C_{23} = -\begin{vmatrix} 2 & 1 \\ 1 & 2 \end{vmatrix} = -3$

$C_{31} = \begin{vmatrix} 1 & 2 \\ 1 & 1 \end{vmatrix} = -1,\ C_{32} = -\begin{vmatrix} 2 & 2 \\ 0 & 1 \end{vmatrix} = -2,\ C_{33} = \begin{vmatrix} 2 & 1 \\ 0 & 1 \end{vmatrix} = 2$

이므로

$$adj\ A = \begin{pmatrix} -1 & 3 & -1 \\ 1 & 0 & -2 \\ -1 & -3 & 2 \end{pmatrix}$$

이다. 또, $\det(A) = -3$ 이므로 $A^{-1} = -\frac{1}{3}\begin{pmatrix} -1 & 3 & -1 \\ 1 & 0 & -2 \\ -1 & -3 & 2 \end{pmatrix}$ 이다.

(2) $C_{11} = \begin{vmatrix} -2 & 1 \\ 3 & 1 \end{vmatrix} = -5,\ C_{12} = -\begin{vmatrix} 1 & 1 \\ 0 & 1 \end{vmatrix} = -1,\ C_{13} = \begin{vmatrix} 1 & -2 \\ 0 & 3 \end{vmatrix} = 3$

$C_{21} = -\begin{vmatrix} 5 & 1 \\ 3 & 1 \end{vmatrix} = -2,\ C_{22} = \begin{vmatrix} 2 & 1 \\ 0 & 1 \end{vmatrix} = 2,\ C_{23} = -\begin{vmatrix} 2 & 5 \\ 0 & 3 \end{vmatrix} = -6$

$C_{31} = \begin{vmatrix} 5 & 1 \\ -2 & 1 \end{vmatrix} = 7,\ C_{32} = -\begin{vmatrix} 2 & 1 \\ 1 & 1 \end{vmatrix} = -1,\ C_{33} = \begin{vmatrix} 2 & 5 \\ 1 & -2 \end{vmatrix} = -9$

이므로

$$adj\ B = \begin{pmatrix} -5 & -2 & 7 \\ -1 & 2 & -1 \\ 3 & -6 & -9 \end{pmatrix}$$

이다.

또, $\det(B) = -12$ 이므로 $B^{-1} = -\frac{1}{12}\begin{pmatrix} -5 & -2 & 7 \\ -1 & 2 & -1 \\ 3 & -6 & -9 \end{pmatrix}$ 이다.

문제 4.20

수반행렬을 이용하여 $A = \begin{pmatrix} 1 & 2 & -1 \\ 1 & 1 & 1 \\ 2 & 1 & -1 \end{pmatrix}$ 의 역행렬을 구하여라.

정리 22

n차 정사각행렬 A가 정칙행렬이면

$$\det(adj\,A) = \det(A)^{n-1} \text{ 즉, } |adj\ A| = |A|^{n-1}$$

이다.

증명

$$A \cdot adj\,A = \begin{pmatrix} \det(A) & 0 & \cdots & 0 \\ 0 & \det(A) & \cdots & 0 \\ \vdots & \vdots & & \vdots \\ 0 & 0 & \cdots & \det(A) \end{pmatrix} = \det(A)\,I$$

이므로

$$\begin{aligned} \det(A)\det(adj\,A) &= \det(A \cdot adj\,A)) = \det(\det(A)\,I) = \det(A)^n \det(I) \\ &= \det(A)^n \end{aligned}$$

이다. 따라서 $\det(adj\,A) = \det(A)^{n-1}$이다.

예제 4.49

3차 정사각행렬 A에 대하여 $\det(A) = 5$일 때 A의 수반행렬의 행렬식을 구하여라.

풀이 $\det(A) = 5$ 이므로 $\det(adj\,A) = \det(A)^2 = 25$ 이다.

예제 4.50

행렬 $A = \begin{pmatrix} 1 & 4 & 2 & 0 \\ 0 & 8 & 2 & 0 \\ 0 & 5 & 1 & 0 \\ 3 & 5 & 1 & 2 \end{pmatrix}$에 대하여 A의 수반행렬의 행렬식을 구하여라.

풀이 $\det(A) = \begin{vmatrix} 1 & 4 & 2 & 0 \\ 0 & 8 & 2 & 0 \\ 0 & 5 & 1 & 0 \\ 3 & 5 & 1 & 2 \end{vmatrix} = 2\begin{vmatrix} 1 & 4 & 2 \\ 0 & 8 & 2 \\ 0 & 5 & 1 \end{vmatrix} = 2\begin{vmatrix} 8 & 2 \\ 5 & 1 \end{vmatrix} = -4$ 이므로

$\det(adj\,A) = \det(A)^3 = -64$ 이다.

정리 23

n차 정사각행렬 A와 B가 정칙행렬이면

$$(adj\ B)(adj\ A) = adj\ AB$$

이다.

증명 A와 B가 정칙행렬이므로 $(AB)^{-1}$이 존재하고

$$(adj\ B)(adj\ A) = (\det(B)B^{-1})(\det(A)A^{-1}) = (\det(A)\det(B))(B^{-1}A^{-1})$$
$$= \det(AB)\ (AB)^{-1} = adj\ AB$$

이다.

정리 24

n차 정사각행렬 A가 정칙행렬이면

$$\det(A^{-1}) = \frac{1}{\det(A)}$$

이다.

증명 $A^{-1}A = I$이므로 $\det(A^{-1})\det(A) = \det(A^{-1}A) = \det(I) = 1$이다.

$\det(A) \neq 0$이므로 양변을 $\det(A)$로 나누면 $\det(A^{-1}) = \dfrac{1}{\det(A)}$이다.

예제 4.51

행렬 $A = \begin{pmatrix} 2 & 9 \\ 1 & 3 \end{pmatrix}$의 행렬식을 이용하여 A의 역행렬 A^{-1}의 행렬식을 구하여라.

풀이 $\det(A) = \begin{vmatrix} 2 & 9 \\ 1 & 3 \end{vmatrix} = -3$이므로 $\det(A^{-1}) = \dfrac{1}{\det(A)} = -\dfrac{1}{3}$ 이다.

문제 4.21

행렬 $A = \begin{pmatrix} 2 & 1 & 2 \\ 0 & 3 & 1 \\ 0 & 0 & 1 \end{pmatrix}$, $B = \begin{pmatrix} 2 & 0 & 0 \\ 4 & 1 & 0 \\ 5 & 3 & 1 \end{pmatrix}$에 대하여 행렬 $A^2(B^{-1})^2$의 행렬식을 구하여라.

행렬식을 이용하면 n개의 미지수와 n개의 일차방정식으로 이루어진 연립일차방정식을 보다 체계적으로 풀 수 있으며, 이에 대한 방법을 소개한다.

정리 25

크래머(Cramer) 법칙

$A\mathbf{x}=\mathbf{b}$는 n개의 미지수와 n개의 일차방정식으로 이루어진 연립일차방정식이다. $\det(A)\neq 0$이면 이 연립일차방정식의 유일한 해를 가지고 이 해는

$$x_j=\frac{\det(A_j)}{\det(A)}\quad (j=1,\ 2,\ \cdots,n)$$

이다. 여기서 A_j는 A의 j번째 열을 $\mathbf{b}$로 교체하여 얻은 행렬이다.

증명 $\det(A)\neq 0$이면 A는 정칙행렬이고 $\mathbf{x}=A^{-1}\mathbf{b}$는 연립일차방정식 $A\mathbf{x}=\mathbf{b}$의 유일한 해이다. 이때 해는

$$\mathbf{x}=A^{-1}\mathbf{b}=\frac{1}{\det(A)}(adj\,A)\,\mathbf{b}=\frac{1}{\det(A)}\begin{pmatrix}C_{11} & C_{21} & \cdots & C_{n1}\\ C_{12} & C_{22} & \cdots & C_{n2}\\ \vdots & \vdots & & \vdots\\ C_{1n} & C_{2n} & \cdots & C_{nn}\end{pmatrix}\begin{pmatrix}b_1\\ b_2\\ \vdots\\ b_n\end{pmatrix}$$

이고

$$\mathbf{x}=\frac{1}{\det(A)}\begin{pmatrix}b_1C_{11}+b_2C_{21}+\cdots+b_nC_{n1}\\ b_1C_{12}+b_2C_{22}+\cdots+b_nC_{n2}\\ \vdots\\ b_1C_{1n}+b_2C_{2n}+\cdots+b_nC_{nn}\end{pmatrix}$$

이다. 따라서

$$x_j=\frac{b_1C_{1j}+b_2C_{2j}+\cdots+b_nC_{nj}}{\det(A)}=\frac{\det(A_j)}{\det(A)}$$

이다. 여기서 $A_j=\begin{pmatrix}a_{11} & a_{12} & \cdots & a_{1j-1} & b_1 & a_{1j+1} & \cdots & a_{1n}\\ a_{21} & a_{22} & \cdots & a_{2j-1} & b_2 & a_{2j+1} & \cdots & a_{2n}\\ \vdots & \vdots & \vdots & \vdots & \vdots & \vdots & \vdots & \vdots\\ a_{n1} & a_{n2} & \cdots & a_{nj-1} & b_n & a_{nj+1} & \cdots & a_{nn}\end{pmatrix}$이다.

예제 4.52

크래머 법칙을 이용하여 다음 연립일차방정식의 해를 구하여라.

$$\begin{cases} x_1 \quad\quad\quad + 2x_3 = 1 \\ -3x_1 + 4x_2 + 6x_3 = 1 \\ -x_1 - 2x_2 + 3x_3 = 2 \end{cases}$$

풀이 $A = \begin{pmatrix} 1 & 0 & 2 \\ -3 & 4 & 6 \\ -1 & -2 & 3 \end{pmatrix}$이고 $\det(A) = \begin{vmatrix} 1 & 0 & 2 \\ -3 & 4 & 6 \\ -1 & -2 & 3 \end{vmatrix} = 44$이다.

$A_1 = \begin{pmatrix} 1 & 0 & 2 \\ 1 & 4 & 6 \\ 2 & -2 & 3 \end{pmatrix}$이고 $\det(A_1) = \begin{vmatrix} 1 & 0 & 2 \\ 1 & 4 & 6 \\ 2 & -2 & 3 \end{vmatrix} = 4$이다.

$A_2 = \begin{pmatrix} 1 & 1 & 2 \\ -3 & 1 & 6 \\ -1 & 2 & 3 \end{pmatrix}$이고 $\det(A_2) = \begin{vmatrix} 1 & 1 & 2 \\ -3 & 1 & 6 \\ -1 & 2 & 3 \end{vmatrix} = -16$이다.

$A_3 = \begin{pmatrix} 1 & 0 & 1 \\ -3 & 4 & 1 \\ -1 & -2 & 2 \end{pmatrix}$이고 $\det(A_3) = \begin{vmatrix} 1 & 0 & 1 \\ -3 & 4 & 1 \\ -1 & -2 & 2 \end{vmatrix} = 20$이다.

따라서, 크래머 법칙에 의하여

$$x_1 = \frac{\det(A_1)}{\det(A)} = \frac{4}{44} = \frac{1}{11},\ x_2 = \frac{\det(A_2)}{\det(A)} = -\frac{16}{44} = -\frac{4}{11},$$

$$x_3 = \frac{\det(A_3)}{\det(A)} = \frac{20}{44} = \frac{5}{11}$$

이다.

문제 4.22

크래머 법칙을 이용하여 다음 연립일차방정식의 해를 구하여라.

$$\begin{cases} 2x_1 + x_2 + 3x_3 = 4 \\ x_1 - 2x_2 - 5x_3 = 3 \\ 3x_1 + 2x_2 - 2x_3 = -2 \end{cases}$$

평면 위에 n 개의 점 (x_1, y_1), (x_2, y_2), $\cdots$, (x_n, y_n)이 주어졌을 때, 이 점들을 지나는 $n-1$차 다항식 $p(x) = a_0 + a_1x + a_2x^2 + \cdots + a_{n-1}x^{n-1}$을 결정하는 과정을 다항식 곡선 적합(Polynomial curve fitting)이라고 한다. 만일 x_1, x_2, x_3, $\cdots$, x_n이 서로

다른 값이면 곡선의 그래프가 주어진 n개의 점 $(x_1, y_1), \cdots, (x_n, y_n)$을 지나는 차수가 $n-1$ 이하인 다항식이 유일하게 존재한다는 것을 증명할 수 있다. 다항식 $p(x)$의 n개의 계수를 결정하기 위하여 주어진 n개의 각 점을 다항식에 대입하면 $a_0, a_1, a_2, \cdots, a_{n-1}$을 미지수로 하는 다음 연립일차방정식

$$\begin{cases} a_0 + a_1 x_1 + a_2 x_1^2 + \cdots + a_{n-1} x_1^{n-1} = y_1 \\ a_0 + a_1 x_2 + a_2 x_2^2 + \cdots + a_{n-1} x_2^{n-1} = y_2 \\ \qquad\qquad\qquad \cdots \\ a_0 + a_1 x_n + a_2 x_n^2 + \cdots + a_{n-1} x_n^{n-1} = y_n \end{cases}$$

을 얻는다. 이 연립일차방정식의 계수행렬의 행렬식은

$$\begin{vmatrix} 1 & x_1 & x_1^2 & \cdots & x_1^{n-1} \\ 1 & x_2 & x_2^2 & \cdots & x_2^{n-1} \\ \vdots & \vdots & \vdots & \ddots & \vdots \\ 1 & x_n & x_n^2 & \cdots & x_n^{n-1} \end{vmatrix} = \Pi_{1 \le i < j \le n} (x_j - x_i)$$

이고, 이때 $x_1, x_2, x_3, \cdots, x_n$이 서로 다른 값이므로 위 행렬식 값은 0이 아니다. 즉, 주어진 연립일차방정식은 항상 유일한 해를 가진다.

이와 같은 다항식 보간법, 최소제곱문제에 사용되는 행렬식

$$\begin{vmatrix} 1 & x_1 & x_1^2 & \cdots & x_1^{n-1} \\ 1 & x_2 & x_2^2 & \cdots & x_2^{n-1} \\ \vdots & \vdots & \vdots & \ddots & \vdots \\ 1 & x_n & x_n^2 & \cdots & x_n^{n-1} \end{vmatrix} = \Pi_{1 \le i < j \le n} (x_j - x_i)$$

을 Vandermonde 행렬식이라고 한다.

예를 들어, $n=3$일 때 $\Pi_{1 \le i < j \le 3} (x_j - x_i) = (x_3 - x_2)(x_3 - x_1)(x_2 - x_1)$이다.

예제 4.53

행렬 $\begin{pmatrix} 1 & a & a^2 \\ 1 & b & b^2 \\ 1 & c & c^2 \end{pmatrix}$의 행렬식을 구하여라.

풀이 위 Vandermonde 행렬식에 $x_1 = a, x_2 = b, x_3 = c$ 를 대입하면

$$\begin{vmatrix} 1 & a & a^2 \\ 1 & b & b^2 \\ 1 & c & c^2 \end{vmatrix} = (c-b)(c-a)(b-a) = (a-b)(b-c)(c-a)$$

이다.

문제 4.23

행렬식 $\begin{vmatrix} 1 & 1 & 1 & 1 \\ a & b & c & d \\ a^2 & b^2 & c^2 & d^2 \\ a^3 & b^3 & c^3 & d^3 \end{vmatrix}$ 을 구하여라.

연습문제

01 다음 연립일차방정식을 행렬의 방정식으로 나타내어라.

(1) $\begin{cases} x_1 + 2x_2 - 3x_3 = 9 \\ 2x_1 - x_2 + x_3 = 0 \\ 4x_1 - x_2 + x_3 = 4 \end{cases}$ (2) $\begin{cases} x_1 + 2x_2 = -1 \\ 2x_1 + x_2 + x_3 = 1 \\ -x_1 + x_2 - x_3 = -1 \end{cases}$

(3) $\begin{cases} x_1 + x_2 + x_3 + x_4 = 2 \\ x_1 + x_2 + 3x_3 + 3x_4 = 1 \\ x_1 + x_2 + 2x_3 + 3x_4 = 3 \\ x_1 + 3x_2 + 3x_3 + 3x_4 = 4 \end{cases}$ (4) $\begin{cases} x_1 + x_2 + x_3 + x_4 = 1 \\ x_1 + 2x_2 + 2x_3 + 2x_4 = 1 \\ x_1 + 2x_2 + 3x_3 + 3x_4 = 0 \\ x_1 + 2x_2 + 3x_3 + 4x_4 = 1 \end{cases}$

02 다음 행렬의 방정식을 연립일차방정식으로 나타내어라.

(1) $\begin{pmatrix} 1 & -1 & 1 \\ 2 & -3 & 0 \\ 5 & -4 & 4 \end{pmatrix}\begin{pmatrix} x_1 \\ x_2 \\ x_3 \end{pmatrix} = \begin{pmatrix} 1 \\ 2 \\ 3 \end{pmatrix}$ (2) $\begin{pmatrix} -1 & 2 & 3 \\ 2 & 2 & 3 \\ 2 & 2 & 4 \\ -1 & 1 & 5 \end{pmatrix}\begin{pmatrix} x_1 \\ x_2 \\ x_3 \end{pmatrix} = \begin{pmatrix} 1 \\ 2 \\ 1 \\ 0 \end{pmatrix}$

03 다음 행렬 A에 대하여 LU 분해를 이용하여 연립일차방정식 $A\mathrm{x} = \mathrm{b}$의 해를 구하여라.

(1) $A = \begin{pmatrix} 3 & 1 \\ 8 & 5 \end{pmatrix}$, $\mathrm{b} = \begin{pmatrix} 3 \\ 9 \end{pmatrix}$ (2) $A = \begin{pmatrix} 1 & 0 & 2 \\ 2 & -1 & 3 \\ 4 & 1 & 8 \end{pmatrix}$, $\mathrm{b} = \begin{pmatrix} 1 \\ 2 \\ 3 \end{pmatrix}$

04 다음 행렬의 역행렬을 구하고 각 행렬을 기본행렬의 곱으로 나타내어라.

(1) $\begin{pmatrix} 2 & -3 & 4 \\ 1 & 2 & 1 \\ 3 & -5 & 6 \end{pmatrix}$ (2) $\begin{pmatrix} 1 & 0 & 2 \\ 2 & -1 & 3 \\ 4 & 1 & 8 \end{pmatrix}$ (3) $\begin{pmatrix} 3 & 0 & 4 \\ -2 & 1 & 1 \\ 1 & -2 & -1 \end{pmatrix}$

05 Gauss 소거법을 이용하여 다음 행렬의 역행렬을 구하여라.

(1) $\begin{pmatrix} 1 & 0 & 0 & 0 \\ 2 & 2 & 0 & 0 \\ 3 & 3 & 3 & 0 \\ 4 & 4 & 4 & 4 \end{pmatrix}$　(2) $\begin{pmatrix} 1 & 0 & 0 & 0 \\ 0 & 1 & 0 & 0 \\ 0 & 0 & 1 & 0 \\ a & b & c & d \end{pmatrix} (d \neq 0)$　(3) $\begin{pmatrix} 0 & 0 & 0 & 1 \\ 0 & 0 & 1 & 1 \\ 0 & 1 & 1 & 1 \\ 1 & 1 & 1 & 1 \end{pmatrix}$

06 다음 행렬의 역행렬을 이용하여 $\mathrm{b} = \begin{pmatrix} 1 \\ -2 \\ 3 \end{pmatrix}$에 대하여 연립일차방정식 $A\mathrm{x} = \mathrm{b}$의 해를 구하여라.

(1) $A = \begin{pmatrix} 2 & -3 & 4 \\ 1 & 2 & 1 \\ 3 & -5 & 6 \end{pmatrix}$　(2) $A = \begin{pmatrix} 1 & 0 & 2 \\ 2 & -1 & 3 \\ 4 & 1 & 8 \end{pmatrix}$　(3) $A = \begin{pmatrix} 3 & 0 & 4 \\ -2 & 1 & 1 \\ 1 & -2 & -1 \end{pmatrix}$

07 다음 행렬식의 값을 구하여라.

(1) $\begin{vmatrix} 1 & 2 \\ 2 & 7 \end{vmatrix}$　(2) $\begin{vmatrix} 6 & 2 \\ 4 & -1 \end{vmatrix}$

(3) $\begin{vmatrix} 1 & 3 \\ 5 & -2 \end{vmatrix}$　(4) $\begin{vmatrix} 5 & 0 & 0 \\ 2 & 2 & 0 \\ 8 & 3 & 4 \end{vmatrix}$

08 다음 행렬식의 값을 구하여라.

(1) $\begin{vmatrix} 7 & 1 & 3 \\ 0 & 2 & 1 \\ 0 & 2 & 2 \end{vmatrix}$　(2) $\begin{vmatrix} 3 & 1 & 2 \\ -3 & -1 & -2 \\ 2 & -1 & 5 \end{vmatrix}$

(3) $\begin{vmatrix} 1 & 1 & -1 \\ 3 & 2 & 1 \\ 3 & -1 & 2 \end{vmatrix}$　(4) $\begin{vmatrix} 5 & 1 & 2 \\ -2 & 2 & -1 \\ 3 & 2 & -1 \end{vmatrix}$

09 다음 행렬식의 값을 구하여라.

(1) $\begin{vmatrix} 1 & 2 & 2 & 5 \\ 1 & 1 & 3 & 2 \\ -1 & 2 & 3 & -4 \\ 2 & -3 & 2 & 3 \end{vmatrix}$　(2) $\begin{vmatrix} 4 & 1 & -1 & 2 \\ -1 & 4 & 3 & -2 \\ 3 & 1 & 2 & 1 \\ 1 & 0 & 2 & 1 \end{vmatrix}$

(3) $\begin{vmatrix} 5 & 0 & 1 & 2 \\ 0 & 2 & -1 & 1 \\ 3 & 0 & 2 & -1 \\ 2 & 1 & 0 & 1 \end{vmatrix}$　(4) $\begin{vmatrix} 1 & 1 & 1 & 2 \\ 0 & 0 & -1 & 1 \\ 3 & 2 & 2 & -1 \\ 1 & 0 & 3 & -2 \end{vmatrix}$

10 다음 행렬식의 값을 구하여라.

(1) $\begin{vmatrix} 1 & 1 & 1 \\ a & b & c \\ a^2 & b^2 & c^2 \end{vmatrix}$ (2) $\begin{vmatrix} x & x^2 & x^3 \\ y & y^2 & y^3 \\ z & z^2 & z^3 \end{vmatrix}$

(3) $\begin{vmatrix} 1 & a & a^2 & a^3 \\ 1 & b & b^2 & b^3 \\ 0 & 0 & 0 & 1 \\ 1 & c & c^2 & c^3 \end{vmatrix}$ (4) $\begin{vmatrix} 1 & x & x^2 \\ 3 & y+2x & y^2+2x^2 \\ 0 & z-x & z^2-x^2 \end{vmatrix}$

11 다음 행렬식의 값이 0 이 되는 실수 x 를 모두 구하여라.

(1) $\begin{vmatrix} 2 & 2-x \\ x-1 & -3 \end{vmatrix}$ (2) $\begin{vmatrix} 2-x & 3 & 2 \\ 0 & 1-x & -1 \\ 0 & 0 & 3-x \end{vmatrix}$

(3) $\begin{vmatrix} 3-x & 2 & 3 \\ 1 & 4-x & 1 \\ 2 & 4 & 1+x \end{vmatrix}$ (4) $\begin{vmatrix} x-4 & 0 & 0 \\ 0 & x & 2 \\ 0 & 3 & x-1 \end{vmatrix}$

12 $\begin{vmatrix} a & d & g \\ b & e & h \\ c & f & i \end{vmatrix} = 4$일 때, 다음 행렬식의 값을 각각 구하여라.

(1) $\begin{vmatrix} a & 3d & g \\ b & 3e & h \\ c & 3f & i \end{vmatrix}$ (2) $\begin{vmatrix} c & f & i \\ b & e & h \\ a & d & g \end{vmatrix}$

(3) $\begin{vmatrix} a & d & g \\ 4b & 4e & 4h \\ -c & -f & -i \end{vmatrix}$ (4) $\begin{vmatrix} a & d & g-2d \\ b & e & h-2e \\ c & f & i-2f \end{vmatrix}$

13 다음 행렬이 특이행렬이 되도록 하는 실수 λ 를 모두 구하여라.

(1) $\begin{pmatrix} 1 & 2 & -2 \\ 1 & \lambda & 1 \\ 3 & \lambda & -1 \end{pmatrix}$ (2) $\begin{pmatrix} 2-\lambda & 1 & 0 \\ 2 & 3-\lambda & 1 \\ 0 & 0 & 3-\lambda \end{pmatrix}$

14 3 × 3 행렬 A 가 다음과 같이 두 행렬의 곱으로 표현될 때, det(A)를 구하여라.

$$A = \begin{pmatrix} 2 & 0 & 0 \\ 1 & 4 & 0 \\ -1 & -1 & 3 \end{pmatrix} \begin{pmatrix} 3 & 1 & -1 \\ 0 & -2 & -1 \\ 0 & 0 & 1 \end{pmatrix}$$

15 다음 행렬의 행렬식값을 계산하고, 행렬이 정칙인지 아닌지를 판정하여라.

(1) $\begin{pmatrix} 3 & 4 \\ 6 & 8 \end{pmatrix}$ (2) $\begin{pmatrix} 2 & 5 \\ 3 & 7 \end{pmatrix}$

(3) $\begin{pmatrix} 1 & 0 & 2 \\ 0 & 2 & 1 \\ 1 & 3 & 2 \end{pmatrix}$ (4) $\begin{pmatrix} 1 & 4 & 1 \\ 0 & 3 & 1 \\ 0 & 6 & 2 \end{pmatrix}$

16 행렬 $A = \begin{pmatrix} 1 & 3 & 5 \\ -1 & 2 & 1 \\ 1 & -1 & -2 \end{pmatrix}$에 대해서

(1) C_{21}, C_{22}, C_{23}을 구하여라.

(2) 제2행에 대한 행렬식의 전개를 이용하여 $\det(A)$를 구하여라.

17 행렬 $A = \begin{pmatrix} 1 & 1 & -1 \\ 1 & 2 & 1 \\ 4 & 1 & -1 \end{pmatrix}$에 대하여

(1) A의 행렬식의 값을 계산하여라.

(2) $(adj\,A)$와 $A\,(adj\,A)$를 계산하여라.

18 수반행렬을 이용하여 다음 행렬의 역행렬을 구하여라.

(1) $\begin{pmatrix} 1 & 2 \\ 2 & 5 \end{pmatrix}$ (2) $\begin{pmatrix} 4 & 1 \\ 5 & 2 \end{pmatrix}$

(3) $\begin{pmatrix} 1 & 1 & 2 \\ 0 & -2 & 2 \\ 1 & 2 & 3 \end{pmatrix}$ (4) $\begin{pmatrix} 1 & 2 & 1 \\ 2 & 1 & 1 \\ -3 & 2 & -1 \end{pmatrix}$

19 Cramer 공식을 이용하여 다음 연립일차방정식을 풀어라.

(1) $\begin{cases} x + 3y = 2 \\ 2x + 7y = 3 \end{cases}$ (2) $\begin{cases} 3x + 5y = 4 \\ 2x + 3y = 1 \end{cases}$

(3) $\begin{cases} x + y + 2z = 2 \\ \quad - 2y + 2z = 4 \\ x + 2y + 3z = -2 \end{cases}$ (4) $\begin{cases} x + y + 2z + w = 5 \\ \quad - z + w = 0 \\ 3x + 2y + 2z + w = 2 \\ x + 3z - 2w = 4 \end{cases}$

20 다음 연립일차방정식이 $x = y = z = 0$ 이외의 해를 갖도록 상수 k를 결정하여라.

$$\begin{cases} kx + y + z = 0 \\ x + ky + z = 0 \\ x + y + kz = 0 \end{cases}$$

21 세 점 (x_1, y_1), (x_2, y_2), (x_3, y_3)가 동일직선 상에 놓이기 위한 필요충분조건은

$$\begin{vmatrix} x_1 & y_1 & 1 \\ x_2 & y_2 & 1 \\ x_3 & y_3 & 1 \end{vmatrix} = 0$$

임을 보여라.

22 3×3 행렬 A에 대하여 $\det(A) = 4$일 때, 다음 행렬식들을 구하여라.

(1) $\det(-A)$ (2) $\det(A^{-1})$

(3) $\det(3A^T)$ (4) $\det(-4A^{-1})$

(5) $\det(-adj\,A)$ (6) $\det(adj\,A^2)$

23 4×4 행렬 A에 대하여 $\det(A) = -3$일 때, 다음 행렬식들을 구하여라.

(1) $\det(2A)$ (2) $\det(-3A^{-1})$

(3) $\det((3A)^{-1})$ (4) $\det(A^4)$

24 4×4 행렬 A, B에 대하여 $\det(A) = 2$, $\det(B) = -1$일 때,
$\det((adj\,A \cdot adj\,B)^{-1})$의 값을 구하여라.

25 $A = \begin{pmatrix} 1 & 0 & 7 \\ 1 & 1 & 7 \\ 7 & 1 & 2 \end{pmatrix}$일 때, $A(adj\,A)$의 대각성분의 합을 구하여라.

26 2×2 행렬과 3×3 행렬의 행렬식에 대한 기하학적 해석에 대하여 알아보자.

(1) 두 벡터 $\mathbf{u} = \begin{pmatrix} u_1 \\ u_2 \end{pmatrix}$와 $\mathbf{v} = \begin{pmatrix} v_1 \\ v_2 \end{pmatrix}$에 의해 결정되는 평행사변형의 넓이 S는

$$S = \left| \det \begin{pmatrix} u_1 & v_1 \\ u_2 & v_2 \end{pmatrix} \right|$$

임을 보여라.

(2) 세 벡터 $\mathbf{u} = \begin{pmatrix} u_1 \\ u_2 \\ u_3 \end{pmatrix}$, $\mathbf{v} = \begin{pmatrix} v_1 \\ v_2 \\ v_3 \end{pmatrix}$, $\mathbf{w} = \begin{pmatrix} w_1 \\ w_2 \\ w_3 \end{pmatrix}$에 의해 결정되는 평행육면체의 부피 V는

$$V = \left| \det \begin{pmatrix} u_1 & v_1 & w_1 \\ u_2 & v_2 & w_2 \\ u_3 & v_3 & w_3 \end{pmatrix} \right|$$

임을 보여라.

27 (1) 다음 삼각형

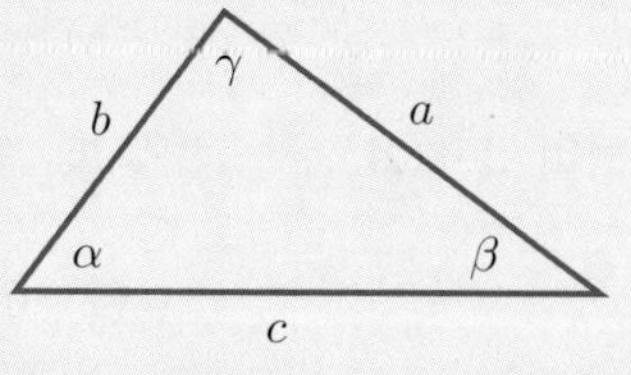

에 삼각함수를 사용하여

$$b\cos\gamma + c\cos\beta = a, \quad c\cos\alpha + a\cos\gamma = b, \quad a\cos\beta + b\cos\alpha = c$$

임을 보이고, Cramer 공식을 이용하여

$$\cos\alpha = \frac{b^2 + c^2 - a^2}{2bc}$$

임을 보여라.

(2) Cramer 공식을 이용하여 $\cos\beta$와 $\cos\gamma$에 대한 유사한 공식을 구하여라.

5장

벡터공간의 기본개념

전형적인 벡터공간인 $\mathbb{R}^n$과 그 부분공간을 중심으로 행렬과 함수의 벡터공간 등, $\mathbb{R}^n$의 스칼라 배와 덧셈에 대한 주요 연산 법칙을 따르는 벡터공간의 개념과 그 구조를 이해함으로써, 여러 가지 실제 문제에 관한 체계적이고 효과적인 해법을 얻을 수 있다. 이번 장에서는 벡터공간과 부분공간의 정의와 함께 일차독립과 일차종속, 기저와 차원, 행공간, 열공간 등 벡터공간에 대한 여러 가지 기본개념과 주요한 성질을 소개한다.

01 벡터공간

정의 1

벡터공간

V를 덧셈과 스칼라 배가 정의되는 공집합이 아닌 집합이라 하자. V에 대한 임의의 원소 $\mathbf{u}, \mathbf{v}, \mathbf{w}$와 임의의 스칼라 k, l에 대하여 다음의 모든 공리가 만족될 때, V를 벡터공간(vector space)이라고 한다.

① $\mathbf{u}, \mathbf{v} \in V$ 이면 $\mathbf{u}+\mathbf{v} \in V$이다.

② $\mathbf{u}+\mathbf{v} = \mathbf{v}+\mathbf{u}$ (덧셈에 대한 교환법칙)

③ $(\mathbf{u}+\mathbf{v})+\mathbf{w} = \mathbf{u}+(\mathbf{v}+\mathbf{w})$(덧셈에 대한 결합법칙)

④ 임의의 $\mathbf{u} \in V$에 대해 $\mathbf{0} \in V$가 존재하여 $\mathbf{u}+\mathbf{0} = \mathbf{0}+\mathbf{u} = \mathbf{u}$가 성립한다(덧셈에 대한 항등원).

⑤ 임의의 $\mathbf{u} \in V$에 대해 $-\mathbf{u} \in \mathrm{V}$ 가 존재하여 $\mathbf{u}+(-\mathbf{u}) = (-\mathbf{u})+\mathbf{u} = \mathbf{0}$가 성립한다(덧셈에 대한 역원).

⑥ $\mathbf{u} \in \mathrm{V}$이면 $k\mathbf{u} \in V$이다.

⑦ $k(\mathbf{u}+\mathbf{v}) = k\mathbf{u}+k\mathbf{v}$ (스칼라 배에 대한 분배법칙)

⑧ $(k+l)\mathbf{u} = k\mathbf{u}+l\mathbf{u}$ 이다.

⑨ $k(l\mathbf{u}) = (kl)\mathbf{u}$ 이다.

⑩ $1\mathbf{u} = \mathbf{u}$ 이다.

다음 정리는 벡터공간의 정의로부터 유도되는 벡터공간의 기본성질이다.

정리 1

벡터공간의 기본성질

V가 벡터공간이고 $\mathbf{u} \in V$이면

(1) $\mathbf{0}$은 유일하다.

(2) $0\mathbf{u} = \mathbf{0}$ 이다.

(3) $\mathbf{u}+\mathbf{v} = \mathbf{0}$ 이면 $\mathbf{v} = -\mathbf{u}$ 이다.

(4) $(-1)\mathbf{u} = -\mathbf{u}$ 이다.

(5) 모든 스칼라 k에 대하여 $k\mathbf{0} = \mathbf{0}$ 이다.

(6) $k\mathbf{u} = \mathbf{0}$ 이면 $k=0$ 또는 $\mathbf{u} = \mathbf{0}$ 이다.

증명 (1) V에 대한 임의의 벡터 $\mathbf{u}$에 관하여 $\mathbf{u}+\mathbf{0}' = \mathbf{0}'+\mathbf{u} = \mathbf{u}$를 만족하는 $\mathbf{0}$이 아닌 $\mathbf{0}'$이 존재한다면 공리 ③, ④에 의하여

$$\mathbf{0}=\mathbf{0}+\mathbf{0}=(\mathbf{0}+\mathbf{0})+\mathbf{0}'=\mathbf{0}+(\mathbf{0}+\mathbf{0}')=\mathbf{0}+\mathbf{0}'=\mathbf{0}' \Leftrightarrow \mathbf{0}=\mathbf{0}'$$

이다.

(2) 공리 ⑧, ⑩에 의하여

$$\mathbf{u} = 1\mathbf{u} = (1+0)\mathbf{u} = 1\mathbf{u}+0\mathbf{u} = \mathbf{u}+0\mathbf{u}$$

이고 공리 ③에 의하여

$$-\mathbf{u}+\mathbf{u} = -\mathbf{u}+(\mathbf{u}+0\mathbf{u}) = (-\mathbf{u}+\mathbf{u})+0\mathbf{u}$$

가 성립하므로 공리 ④, ⑤에 의해 $\mathbf{0} = \mathbf{0}+0\mathbf{u} = 0\mathbf{u}$ 이다.

(3) $\mathbf{u}+\mathbf{v} = \mathbf{0}$이면 공리 ③, ④, ⑤에 의하여

$$\mathbf{v} = \mathbf{0}+\mathbf{v} = (-\mathbf{u}+\mathbf{u})+\mathbf{v} = -\mathbf{u}+(\mathbf{u}+\mathbf{v}) = -\mathbf{u}+\mathbf{0} = -\mathbf{u}$$

이다.

(4) $\mathbf{0} = 0\mathbf{u} = (1+(-1))\mathbf{u} = 1\mathbf{u}+(-1)\mathbf{u} = \mathbf{u}+(-1)\mathbf{u}$ 이므로 (3)에 의하여

$$(-1)\mathbf{u} = -\mathbf{u}$$

이다.

(5) 공리 ④, ⑦에 의해

$$k\mathbf{0} = k(\mathbf{0}+\mathbf{0}) = k\mathbf{0}+k\mathbf{0} \Leftrightarrow k\mathbf{0}+(-k\mathbf{0}) = k\mathbf{0}$$

이고 공리 ⑤에 의하여 $k\mathbf{0} = \mathbf{0}$ 이다.

(6) 실수 $k \neq 0$라 가정하면 실수 k^{-1}가 존재한다. $k\mathbf{u} = \mathbf{0}$ 이면 $k^{-1}(k\mathbf{u}) = k^{-1}\mathbf{0}$ 이고 (5)와 공리 ⑨에 의해 $1\mathbf{u} = \mathbf{0}$ 이고 공리 ⑩에 의해 $\mathbf{u} = \mathbf{0}$ 이다.

예제 5.1

영벡터공간(zero vector space)

V는 단일 원소 0만 구성된 공간으로 모든 스칼라 k에 대하여

$$0+0=0,\ k0=0$$

으로 정의하면 이 공간 V는 벡터공간의 공리가 만족되는 것을 쉽게 확인할 수 있다. 이 공간 V를 영벡터공간이라고 한다.

예제 5.2

유클리드 벡터공간 $\mathbb{R}^n$

$V=\mathbb{R}^n$이고 보통 n차원 유클리드 벡터에 대한 덧셈과 스칼라 배를

$$\mathrm{u}+\mathrm{v}=(u_1, u_2, \cdots, u_n)+(v_1, v_2, \cdots, v_n)=(u_1+v_1, u_2+v_2, \cdots, u_n+v_n),$$
$$k\mathrm{u}=(ku_1, ku_2, \cdots, ku_n)$$

으로 정의하면, 공간 V는 벡터공간의 공리가 만족됨을 쉽게 확인할 수 있다.

예제 5.3

행렬의 벡터공간 $\mathrm{M}_{m\times n}(\mathbb{R})$

$V=\mathrm{M}_{m\times n}(\mathbb{R})$은 실수 성분을 가지는 모든 $m\times n$ 행렬의 집합이다. $\mathrm{M}_{m\times n}(\mathbb{R})$의 임의의 두 원소 $A=(a_{ij})$, $B=(b_{ij})$와 스칼라 k에 대하여

$$A+B=(a_{ij}+b_{ij}),\ kA=(ka_{ij})$$

으로 정의한다면, 이때 공간 V가 벡터공간임을 증명하여라.

풀이 $A, B, C\in V$이고 임의의 스칼라 k, l에 대하여

① $A+B=(a_{ij}+b_{ij})\in V$

② $A+B=(a_{ij}+b_{ij})=(b_{ij}+a_{ij})=B+A$

③ $(A+B)+C=(a_{ij}+b_{ij})+(c_{ij})=(a_{ij})+(b_{ij}+c_{ij})=A+(B+C)$

④ $A+O=(a_{ij}+0)=(a_{ij})=A$

⑤ $A+(-A)=a_{ij}+(-a_{ij})=O$

⑥ $kA=(ka_{ij})\in V$

⑦ $k(A+B)=k(a_{ij}+b_{ij})=k(a_{ij})+k(b_{ij})=kA+kB$

⑧ $(k+l)A=(k+l)(a_{ij})=k(a_{ij})+l(a_{ij})=kA+lA$

⑨ $(kl)A=kl(a_{ij})=k(l(a_{ij}))=k(lA)$

⑩ $1A=1(a_{ij})=(a_{ij})=A$

행렬의 성분이 실수가 아니라 자연수인 경우는 벡터공간이 되지 않는다.

예제 5.4

실함수의 벡터공간 F

$V=\mathrm{F}$ 를 구간 $(-\infty,\infty)$에서 정의된 실함수 집합이라 하고 임의의 함수 f, g 와 임의의 스칼라 k에 대하여

$$(f+g)(x)=f(x)+g(x),\ \ (kf)(x)=kf(x)$$

라 정의한다면, 이때, 공간 V가 벡터공간임을 증명하여라.

풀이 공리 ①, ⑥: 이 공간의 덧셈과 스칼라 배의 정의에 의해, 구간 $(-\infty,\infty)$에서 정의된 두 함수의 합과 스칼라 배는 다시 구간 $(-\infty,\infty)$로 정의되는 함수가 되고 덧셈과 스칼라 배에 대해 닫혀있다.

공리 ④: 함수 $\mathbf{0}(x)$를 구간 $(-\infty,\infty)$ 내의 모든 실수 x에 대해 0의 값을 가지는 함수라 하면 $(f+\mathbf{0})(x)=f(x)+0=f(x)$가 성립한다. 기하학적으로 이 함수는 x축과 일치하는 직선이다.

공리 ⑤: 함수 $(-f)(x)=-f(x)$로 정의하면 $(f+(-f))(x)=f(x)-f(x)=0=\mathbf{0}(x)$이다. 기하학적으로 이 함수는 x축에 대칭인 함수이다. 나머지 공리들은 실수의 성질에 의해 증명할 수 있다.

예제 5.5

V가 양의 실수 집합이고 덧셈과 스칼라 배를

$$\mathrm{u}+\mathrm{v} = \mathrm{uv},\ k\mathrm{u} = \mathrm{u}^k$$

으로 정의할 때, V가 벡터공간임을 보여라.

풀이 공리 ④, ⑤, ⑦만 보이고 나머지는 확인해보기 바란다.

④ 이 공간에서 영벡터는 숫자 1이다(즉, $\mathbf{0}=1$).

$$\mathrm{u}+1=\mathrm{u}\cdot 1=\mathrm{u}$$

⑤ 이 공간에서 벡터 u의 음벡터는 u의 역수이다(즉, $-\mathrm{u}=\frac{1}{\mathrm{u}}$).

$$\mathrm{u}+\frac{1}{\mathrm{u}}=\mathrm{u}\left(\frac{1}{\mathrm{u}}\right)=1=\mathbf{0}$$

⑦ $k(\mathrm{u}+\mathrm{v})=(\mathrm{uv})^k=\mathrm{u}^k\mathrm{v}^k=(k\mathrm{u})+(k\mathrm{v})$

예제 5.6

$V=\mathbb{R}^2$이고 임의의 두 벡터 $\mathrm{u}=(u_1, u_2), \mathrm{v}=(v_1, v_2)\in V$와 스칼라 k에 대하여 덧셈과 스칼라 배를 아래와 같이 정의할 때,

$$\mathrm{u}+\mathrm{v} = (u_1+v_1,\ u_2+v_2),\ k\mathrm{u} = (ku_1,\ 0)$$

공간 V가 벡터공간이 아님을 증명하여라.

풀이 $1\mathrm{u} = 1(u_1, u_2) = (1u_1, 0) = (u_1, 0) \neq \mathrm{u}$

문제 5.1

다음 집합이 벡터공간인지 아닌지를 판단하여라.

(1) 좌표평면에서 제1사분면에 있는 벡터들의 집합

(2) $\mathbb{R}^2$에서 원점을 지나는 직선 위의 점들의 집합

02 부분공간

벡터공간의 부분이며 자체적으로 덧셈과 스칼라 배에 관한 중요한 구조적인 성질을 갖는 대수적 체계인 부분공간에 대하여 알아보자.

정의 2

부분공간

벡터공간 V의 공집합이 아닌 부분집합 S가 V에서 정의된 덧셈과 스칼라 배에 대하여 닫혀있고, 그 자체로 벡터공간이 될 경우 S를 V의 **부분공간**(subspace)이라고 한다. 임의의 벡터공간 V에 대해 $\{0\}$과 V 자신은 V의 부분공간이고 V 자신을 제외한 다른 부분공간들을 V의 **진부분공간**(proper subspace)이라 한다.

집합 S가 벡터공간임을 보이기 위해서는 벡터공간의 10가지 공리가 성립됨을 증명해야 한다. 그러나 S가 벡터공간 V의 부분집합이라면 교환법칙, 결합법칙, 분배법칙은 항상 성립하므로 S가 덧셈과 스칼라 배에 대해 닫혀있음을 보여야 한다. 왜냐하면 S의 두 벡터를 더하거나 S의 한 벡터에 스칼라를 곱하면 S에 속하지 않을 수도 있기 때문이다. 또한, S가 부분공간임을 보이기 위해서는 S에 대하여 벡터공간의 공리 ④와 공리 ⑤가 성립함을 보여야 한다. 그러나 다음 정리에 의하여 S에서 공리 ①과 공리 ⑥이 성립하면 공리 ④와 공리 ⑤가 모두 성립하게 된다.

정리 2

벡터공간 V의 공집합이 아닌 부분집합 S가 부분공간이 되기 위한 필요충분조건은 다음 2가지 조건을 만족하는 것이다.

(1) 만약 $\mathrm{u}, \mathrm{v} \in S$이면 $\mathrm{u}+\mathrm{v} \in S$이다.

(2) k가 임의의 스칼라이고 $\mathrm{u} \in S$이면 $k\mathrm{u} \in S$이다.

증명 ($\Rightarrow$) S가 V의 부분공간이면 S에서 모든 벡터공간의 공리가 성립하므로 (1)과 (2)는 성립한다.

(⇐) (1), (2)가 성립하면 공리 ①과 공리 ⑥이 성립하고 벡터공간 V로부터 덧셈에 대한 교환법칙, 결합법칙, 스칼라 배에 대한 분배법칙, 결합법칙은 항상 성립하므로 공리 ②, ③, ⑦, ⑧, ⑨, ⑩은 성립한다.

S는 공집합이 아니므로 $\mathbf{u} \in S$인 $\mathbf{u}$가 V에 존재하고 정리 1의 (2)에 의해 $0\mathbf{u} = \mathbf{0}$이다. (2)에 의하여 $0\mathbf{u} = \mathbf{0} \in S$이므로 이것은 S가 벡터공간 공리 ④를 만족함을 의미한다. 임의의 $\mathbf{u} \in S$에 대하여 $\mathbf{u}$는 V의 원소이고 정리 1의 (4)에 의해 $(-1)\mathbf{u} = -\mathbf{u}$이다. (2)로부터 $-\mathbf{u} \in S$이므로 공리 ⑤가 만족한다.

예제 5.7

다음 부분집합이 벡터공간 $\mathbb{R}^2$의 부분공간인지 아닌지 판단하여라.

(1) $S = \left\{ \begin{pmatrix} x_1 \\ 0 \end{pmatrix} \middle| \, x_1 \in \mathbb{R} \right\}$

(2) $T = \left\{ \begin{pmatrix} x_1 \\ x_2 \end{pmatrix} \middle| \, x_1, x_2 \in \mathbb{R}^+ \right\}$

풀이 (1) 임의의 $\mathbf{u} = \begin{pmatrix} u_1 \\ 0 \end{pmatrix}$, $\mathbf{v} = \begin{pmatrix} v_1 \\ 0 \end{pmatrix} \in S$와 스칼라 k에 대하여

$$\mathbf{u}+\mathbf{v} = \begin{pmatrix} u_1 \\ 0 \end{pmatrix} + \begin{pmatrix} v_1 \\ 0 \end{pmatrix} = \begin{pmatrix} u_1+v_1 \\ 0 \end{pmatrix} \in S \text{이고 } k\mathbf{u} = \begin{pmatrix} ku_1 \\ 0 \end{pmatrix} \in S$$

이므로 S는 $\mathbb{R}^2$의 부분공간이다.

(2) 임의의 $\mathbf{u} = \begin{pmatrix} u_1 \\ u_2 \end{pmatrix} \in T$와 스칼라 -2에 대하여 $-2\mathbf{u} = \begin{pmatrix} -2u_1 \\ -2u_2 \end{pmatrix} \notin T$이므로 T는 $\mathbb{R}^2$의 부분공간이 아니다.

예제 5.8

다음 부분집합이 벡터공간 $\mathbb{R}^3$의 부분공간인지 아닌지 판단하여라.

(1) $S = \left\{ \begin{pmatrix} x_1 \\ x_2 \\ x_3 \end{pmatrix} \middle| \, x_1 = x_2, \ x_3 \in \mathbb{R} \right\}$

(2) $T = \left\{ \begin{pmatrix} x_1 \\ 1 \\ x_3 \end{pmatrix} \middle| \, x_1, x_3 \in \mathbb{R} \right\}$

풀이 (1) 임의의 $\mathbf{u}=\begin{pmatrix} u_1 \\ u_1 \\ u_3 \end{pmatrix}$, $\mathbf{v}=\begin{pmatrix} v_1 \\ v_1 \\ v_3 \end{pmatrix} \in S$와 스칼라 k에 대하여

$$\mathbf{u}+\mathbf{v}=\begin{pmatrix} u_1 \\ u_1 \\ u_3 \end{pmatrix}+\begin{pmatrix} v_1 \\ v_1 \\ v_3 \end{pmatrix}=\begin{pmatrix} u_1+v_1 \\ u_1+v_1 \\ u_3+v_3 \end{pmatrix} \in S \text{이고 } k\mathbf{u}=\begin{pmatrix} ku_1 \\ ku_1 \\ ku_3 \end{pmatrix} \in S$$

이므로 S는 $\mathbb{R}^3$의 부분공간이다.

(2) 임의의 $\mathbf{u}=\begin{pmatrix} u_1 \\ 1 \\ u_3 \end{pmatrix}$, $\mathbf{v}=\begin{pmatrix} v_1 \\ 1 \\ v_3 \end{pmatrix} \in T$에 대하여

$$\mathbf{u}+\mathbf{v}=\begin{pmatrix} u_1 \\ 1 \\ u_3 \end{pmatrix}+\begin{pmatrix} v_1 \\ 1 \\ v_3 \end{pmatrix}=\begin{pmatrix} u_1+v_1 \\ 2 \\ u_3+v_3 \end{pmatrix} \notin T$$

이므로 T는 $\mathbb{R}^3$의 부분공간이 아니다.

예제 5.9

다음 부분집합이 벡터공간 $M_{2\times 2}(\mathbb{R})$의 부분공간인지 아닌지 판단하여라.

(1) $S=\{A=(a_{ij})\in M_{2\times 2}(\mathbb{R}) \mid a_{11}=a_{22}\}$

(2) $T=\{A=(a_{ij})\in M_{2\times 2}(\mathbb{R}) \mid \det(A)\neq 0\}$

풀이 (1) 임의의 $A=\begin{pmatrix} a_{11} & a_{12} \\ a_{21} & a_{11} \end{pmatrix}$, $B=\begin{pmatrix} b_{11} & b_{12} \\ b_{21} & b_{11} \end{pmatrix} \in S$와 스칼라 k에 대하여

$$A+B=\begin{pmatrix} a_{11}+b_{11} & a_{12}+b_{12} \\ a_{21}+b_{21} & a_{11}+b_{11} \end{pmatrix} \in S \text{이고 } kA=\begin{pmatrix} ka_{11} & ka_{12} \\ ka_{21} & ka_{11} \end{pmatrix} \in S$$

이므로 S는 $M_{2\times 2}(\mathbb{R})$의 부분공간이다.

(2) $A=\begin{pmatrix} 1 & 0 \\ 0 & 1 \end{pmatrix}$, $B=\begin{pmatrix} -1 & 0 \\ 0 & -1 \end{pmatrix} \in T$에 대하여

$$A+B=\begin{pmatrix} 0 & 0 \\ 0 & 0 \end{pmatrix} \notin T \quad (\det(A+B)=0)$$

이므로 T는 $M_{2\times 2}(\mathbb{R})$의 부분공간이 아니다.

예제 5.10

다음 부분집합이 벡터공간 $C(-\infty,\infty)$(모든 실수에서 연속인 실함수들의 집합)의 부분공간인지 아닌지 판단하여라.

(1) $S=\{f\in C(-\infty,\infty)\mid f(-x)=-f(x)\}$

(2) $T=\{f\in C(-\infty,\infty)\mid f$는 일대일함수가 아니다$\}$

풀이 (1) 임의의 $f,g\in S$와 스칼라 k에 대하여

$$(f+g)(-x)=f(-x)+g(-x)=-f(x)-g(x)=-(f+g)(x)$$
$$(kf)(-x)=kf(-x)=-kf(x)=-(kf)(x)$$

이므로 S는 $C(-\infty,\infty)$의 부분공간이다.

(2) $f(x)=-|x|,\ g(x)=|x|+x\in T$에 대하여

$$(f+g)(x)=f(x)+g(x)=-|x|+|x|+x=x\notin T$$

이므로 T는 $C(-\infty,\infty)$의 부분공간이 아니다.

예제 5.11

다음 부분집합이 벡터공간 P_2(2차 이하의 실수 계수 다항식 전체의 집합)의 부분공간인지 아닌지 판단하여라.

(1) $S=\left\{p(x)=a_0+a_1x+a_2x^2\in P_2 \;\middle|\; a_1=a_2\right\}$

(2) $T=\left\{p(x)=a_0+a_1x+a_2x^2\in P_2 \;\middle|\; a_0=2\right\}$

풀이 (1) 임의의 $p(x)=a_0+a_1x+a_1x^2,\ q(x)=b_0+b_1x+b_1x^2\in S$와 스칼라 k에 대하여

$$p(x)+q(x)=(a_0+b_0)+(a_1+b_1)x+(a_1+b_1)x^2\in S$$

이고

$$kp(x)=ka_0+ka_1x+ka_1x^2\in S$$

이므로 S는 P_2의 부분공간이다.

(2) $p(x)=2+x+x^2,\ q(x)=2+3x+2x^2\in T$에 대하여

$$p(x)+q(x)=4+4x+3x^2\notin T$$

이므로 T는 P_2의 부분공간이 아니다.

문제 5.2

다음 집합이 $\mathbb{R}^2$ 또는 $\mathbb{R}^3$ 의 부분공간이 되는지 판단하여라.

(1) $S = \left\{ \begin{pmatrix} x_1 \\ x_2 \end{pmatrix} \in \mathbb{R}^2 \;\middle|\; x_1 x_2 = 0 \right\}$

(2) $S = \left\{ \begin{pmatrix} x_1 \\ x_2 \end{pmatrix} \in \mathbb{R}^2 \;\middle|\; x_2 = 4x_1 \right\}$

(3) $S = \left\{ \begin{pmatrix} x_1 \\ x_2 \\ x_3 \end{pmatrix} \in \mathbb{R}^3 \;\middle|\; x_1 + x_2 = 1 \right\}$

(4) $S = \left\{ \begin{pmatrix} x_1 \\ x_2 \\ x_3 \end{pmatrix} \in \mathbb{R}^3 \;\middle|\; x_3 = 0 \right\}$

정리 3

S와 T가 벡터공간 V의 부분공간이면 이들의 교집합 $S \cap T$도 V의 부분공간이다.

증명 S와 T가 벡터공간 V의 부분공간이므로 $\mathbf{0} \in S$, $\mathbf{0} \in T$이고 $\mathbf{0} \in S \cap T$이다.

(1) 임의의 $\mathbf{u}, \mathbf{v} \in S \cap T$이면 $\mathbf{u}, \mathbf{v} \in S$이고 $\mathbf{u}, \mathbf{v} \in T$이므로 $\mathbf{u}+\mathbf{v} \in S$이고 $\mathbf{u}+\mathbf{v} \in T$ 이다. 즉, $\mathbf{u}+\mathbf{v} \in S \cap T$이다.

(2) 임의의 $\mathbf{u} \in S \cap T$와 스칼라 k에 대하여 $k\mathbf{u} \in S$, $k\mathbf{u} \in T$이므로 $k\mathbf{u} \in S \cap T$이다.

정리 2의 (1), (2)를 모두 만족하므로 $S \cap T$는 V의 부분공간이다.

두 부분공간 S와 T의 합집합 $S \cup T$는 부분공간이 아니다. 예를 들어,

$$S = \{ p(x) = a_0 + a_1 x + a_2 x^2 \in P_2 \mid a_0 = 0 \}$$

$$T = \{ p(x) = a_0 + a_1 x + a_2 x^2 \in P_2 \mid a_1 = 0 \}$$

라 한다면,

$$p(x) = 0 + x + x^2 \in S \cup T,\; q(x) = 1 + 0x + x^2 \in S \cup T$$

에 대하여

$$p(x) + q(x) = 1 + x + 2x^2 \notin S \cup T$$

이므로 $S \cup T$는 부분공간이 아니다.

03 일차독립과 일차종속

벡터공간의 구조를 이해하는 데 중요한 벡터들의 생성, 일차독립, 일차종속을 살펴보자.

정의 3

일차결합과 생성

(1) 벡터공간 V의 원소인 벡터 $\mathrm{v}_1, \mathrm{v}_2, \cdots, \mathrm{v}_n$과 임의의 스칼라 $k_1, k_2, \cdots, k_n$에 대하여

$$k_1\mathrm{v}_1 + k_2\mathrm{v}_2 + \cdots + k_n\mathrm{v}_n$$

을 벡터 $\mathrm{v}_1, \mathrm{v}_2, \cdots, \mathrm{v}_n$의 일차결합(linear combination)이라 한다.

(2) 벡터 $\mathrm{v}_1, \mathrm{v}_2, \cdots, \mathrm{v}_n$의 일차결합을 전부 모은 집합은 $\mathrm{v}_1, \mathrm{v}_2, \cdots, \mathrm{v}_n$으로 생성(span)되는 부분공간이라 하고

$$\mathrm{Span}(\mathrm{v}_1, \mathrm{v}_2, \cdots, \mathrm{v}_n) = \{k_1\mathrm{v}_1 + k_2\mathrm{v}_2 + \cdots + k_n\mathrm{v}_n \mid k_1, k_2, \cdots, k_n : \text{스칼라}\}$$

으로 표시한다.

정리 4

벡터 $\mathrm{v}_1, \mathrm{v}_2, \cdots, \mathrm{v}_n$가 벡터공간 V의 원소이면 $\mathrm{Span}(\mathrm{v}_1, \mathrm{v}_2, \cdots, \mathrm{v}_n)$은 벡터공간 V의 부분공간이다.

증명 $\mathrm{v}_1, \mathrm{v}_2, \cdots, \mathrm{v}_n \in V$이고 $i = 1, 2, \cdots, n$에 대하여 k_i, l_i, m이 스칼라일 때,

$$\mathrm{u} = k_1\mathrm{v}_1 + k_2\mathrm{v}_2 + \cdots + k_n\mathrm{v}_n,\ \mathrm{v} = l_1\mathrm{v}_1 + l_2\mathrm{v}_2 + \cdots + l_n\mathrm{v}_n$$

라고 하자.

(1) $\mathrm{u} + \mathrm{v} = (k_1 + l_1)\mathrm{v}_1 + (k_2 + l_2)\mathrm{v}_2 + \cdots + (k_n + l_n)\mathrm{v}_n \in \mathrm{Span}(\mathrm{v}_1, \mathrm{v}_2, \cdots, \mathrm{v}_n)$

(2) $m\mathrm{u} = (mk_1)\mathrm{v}_1 + (mk_2)\mathrm{v}_2 + \cdots + (mk_n)\mathrm{v}_n \in \mathrm{Span}(\mathrm{v}_1, \mathrm{v}_2, \cdots, \mathrm{v}_n)$ 이므로

$\mathrm{Span}(\mathrm{v}_1, \mathrm{v}_2, \cdots, \mathrm{v}_n)$은 벡터공간 V의 부분공간이다.

예제 5.12

기본 단위벡터 $\mathbf{e}_1 = \begin{pmatrix} 1 \\ 0 \\ \vdots \\ 0 \end{pmatrix}$, $\mathbf{e}_2 = \begin{pmatrix} 0 \\ 1 \\ \vdots \\ 0 \end{pmatrix}$, $\cdots$,$\mathbf{e}_n = \begin{pmatrix} 0 \\ 0 \\ \vdots \\ 1 \end{pmatrix}$이 벡터공간 $\mathbb{R}^n$을 생성함을 증명하여라.

풀이 임의의 벡터 $\mathbf{v} = (a_1, a_2, \cdots, a_n) \in \mathbb{R}^n$에 대하여 $\mathbf{v} = a_1\mathbf{e}_1 + a_2\mathbf{e}_2 + \cdots + a_n\mathbf{e}_n$ 이므로 벡터 $\mathbf{e}_1, \mathbf{e}_2, \cdots, \mathbf{e}_n$은 $\mathbb{R}^n$을 생성한다.

예제 5.13

다항식 $1, x, x^2, \cdots, x^n$은 벡터공간 P_n(n차 이하 실수 계수 다항식 전체의 집합)을 생성함을 증명하여라.

풀이 임의의 다항식 $p(x) = a_0 + a_1x + \cdots + a_nx^n \in P_n$은 $1, x, x^2, \cdots, x^n$의 일차결합이므로 다항식 $1, x, x^2, \cdots, x^n$은 벡터공간 P_n을 생성한다.

정의 4

생성집합(spanning set)

벡터 $\mathbf{v}_1, \mathbf{v}_2, \cdots, \mathbf{v}_n$의 일차결합으로 벡터공간 V의 임의의 벡터를 나타낼 수 있을 때, 집합 $\{\mathbf{v}_1, \mathbf{v}_2, \cdots, \mathbf{v}_n\}$을 V의 생성집합이라고 하고 $\mathrm{Span}(\mathbf{v}_1, \mathbf{v}_2, \cdots, \mathbf{v}_n) = V$로 표시한다.

예제 5.14

다음 집합이 벡터공간 $\mathbb{R}^3$의 생성집합인지 판별하여라.

(1) $\left\{ \mathbf{v}_1 = \begin{pmatrix} 1 \\ 0 \\ 0 \end{pmatrix}, \mathbf{v}_2 = \begin{pmatrix} 0 \\ 1 \\ 0 \end{pmatrix}, \mathbf{v}_3 = \begin{pmatrix} 1 \\ 1 \\ 1 \end{pmatrix} \right\}$

(2) $\left\{ \mathbf{v}_1 = \begin{pmatrix} 3 \\ 3 \\ 6 \end{pmatrix}, \mathbf{v}_2 = \begin{pmatrix} 1 \\ 0 \\ 1 \end{pmatrix}, \mathbf{v}_3 = \begin{pmatrix} 2 \\ 1 \\ 3 \end{pmatrix} \right\}$

풀이 (1) 임의의 $\mathbf{a} = \begin{pmatrix} a_1 \\ a_2 \\ a_3 \end{pmatrix} \in \mathbb{R}^3$에 대하여 $\mathbf{a} = \begin{pmatrix} a_1 \\ a_2 \\ a_3 \end{pmatrix} = k_1\mathbf{v}_1 + k_2\mathbf{v}_2 + k_3\mathbf{v}_3$으로 나타낼 수 있을지를 살펴보자. 즉,

$$\begin{pmatrix} a_1 \\ a_2 \\ a_3 \end{pmatrix} = k_1\begin{pmatrix} 1 \\ 0 \\ 0 \end{pmatrix} + k_2\begin{pmatrix} 0 \\ 1 \\ 0 \end{pmatrix} + k_3\begin{pmatrix} 1 \\ 1 \\ 1 \end{pmatrix}$$

을 만족하는 스칼라 k_1, k_2, k_3가 유일하게 존재하는지 살펴보면 된다. 연립일차방정식

$$\begin{cases} k_1 \qquad + k_3 = a_1 \\ \qquad k_2 + k_3 = a_2 \\ \qquad\qquad k_3 = a_3 \end{cases}$$

에 대한 계수행렬 A의 행렬식을 구해보면

$$\det(A) = \begin{vmatrix} 1 & 0 & 1 \\ 0 & 1 & 1 \\ 0 & 0 & 1 \end{vmatrix} = 1 \neq 0$$

이므로 유일한 해 k_1, k_2, k_3을 가지므로 $\{\mathbf{v}_1, \mathbf{v}_2, \mathbf{v}_3\}$은 생성집합이다.

(2) 임의의 $\mathbf{a} = \begin{pmatrix} a_1 \\ a_2 \\ a_3 \end{pmatrix} \in \mathbb{R}^3$에 대하여 $\mathbf{a} = \begin{pmatrix} a_1 \\ a_2 \\ a_3 \end{pmatrix} = k_1\mathbf{v}_1 + k_2\mathbf{v}_2 + k_3\mathbf{v}_3$로 나타낼 수 있을지를 살펴보자. 즉,

$$\begin{pmatrix} a_1 \\ a_2 \\ a_3 \end{pmatrix} = k_1\begin{pmatrix} 3 \\ 3 \\ 6 \end{pmatrix} + k_2\begin{pmatrix} 1 \\ 0 \\ 1 \end{pmatrix} + k_3\begin{pmatrix} 2 \\ 1 \\ 3 \end{pmatrix}$$

을 만족하는 스칼라 k_1, k_2, k_3가 유일하게 존재하는지 살펴보면 된다. 연립일차방정식

$$\begin{cases} 3k_1 + k_2 + 2k_3 = a_1 \\ 3k_1 \qquad + \ k_3 = a_2 \\ 6k_1 + k_2 + 3k_3 = a_3 \end{cases}$$

에 대한 계수행렬 A의 행렬식을 구해보면

$$\det(A) = \begin{vmatrix} 3 & 1 & 2 \\ 3 & 0 & 1 \\ 6 & 1 & 3 \end{vmatrix} = \begin{vmatrix} 3 & 1 & 2 \\ 0 & -1 & -1 \\ 0 & -1 & -1 \end{vmatrix} = 0$$

이므로 $\{\mathbf{v}_1, \mathbf{v}_2, \mathbf{v}_3\}$은 생성집합이 아니다.

예제 5.15

$\{1+x,\ x-x^2,\ 3x^2+c\}$가 벡터공간 P_2의 생성집합이 되도록 실수 c의 조건을 구하여라.

풀이 임의의 $p(x)=a_0+a_1x+a_2x^2 \in P_2$에 대하여

$$p(x)=a_0+a_1x+a_2x^2=k_1(1+x)+k_2(x-x^2)+k_3(3x^2+c)$$

를 만족하는 스칼라 k_1, k_2, k_3가 유일하게 존재하면 된다. 연립일차방정식

$$\begin{cases} k_1 \qquad + ck_3 = a_0 \\ k_1 + k_2 \qquad = a_1 \\ \quad - k_2 + 3k_3 = a_2 \end{cases}$$

에 대한 계수행렬 A의 행렬식을 구해보면

$$\det(A)=\begin{vmatrix} 1 & 0 & c \\ 1 & 1 & 0 \\ 0 & -1 & 3 \end{vmatrix}=3-c$$

이다. $c \neq 3$이면 $\det(A) \neq 0$이고 $\{1+x,\ x-x^2,\ 3x^2+c\}$는 생성집합이 된다.

정리 5

(1) 벡터 $\mathrm{v}_1, \mathrm{v}_2, \cdots, \mathrm{v}_n$이 벡터공간 V를 생성하고 이 중 하나의 벡터가 나머지 $n-1$개 벡터의 일차결합으로 표현되면 $n-1$개 벡터 또한 V를 생성한다.

(2) n개의 벡터 $\mathrm{v}_1, \mathrm{v}_2, \cdots, \mathrm{v}_n$에 대하여 한 벡터를 나머지 $n-1$개 벡터의 일차결합으로 표현하기 위한 필요충분조건은 동시에는 0이 아닌 스칼라 $k_1, k_2, \cdots, k_n$이 존재하여 $k_1\mathrm{v}_1+k_2\mathrm{v}_2+\cdots+k_n\mathrm{v}_n=0$이 성립하는 것이다.

증명 (1) $\mathrm{v}_n=l_1\mathrm{v}_1+l_2\mathrm{v}_2+\cdots+l_{n-1}\mathrm{v}_{n-1}$이라 하자. $\mathrm{v}_1, \mathrm{v}_2, \cdots, \mathrm{v}_n$이 벡터공간 V를 생성하므로 임의의 $\mathrm{v} \in V$은 적당한 스칼라 $k_1, k_1, \cdots, k_n$이 존재하여

$$\begin{aligned} \mathrm{v} &= k_1\mathrm{v}_1+k_2\mathrm{v}_2+\cdots+k_n\mathrm{v}_n \\ &= k_1\mathrm{v}_1+k_2\mathrm{v}_2+\cdots+k_{n-1}\mathrm{v}_{n-1}+k_n(l_1\mathrm{v}_1+l_2\mathrm{v}_2+\cdots+l_{n-1}\mathrm{v}_{n-1}) \\ &= (k_1+k_nl_1)\mathrm{v}_1+(k_2+k_nl_2)\mathrm{v}_2+\cdots+(k_{n-1}+k_nl_{n-1})\mathrm{v}_{n-1} \end{aligned}$$

이므로 $\{\mathrm{v}_1, \mathrm{v}_2, \cdots, \mathrm{v}_{n-1}\}$은 V를 생성한다.

(2) ($\Rightarrow$) 동시에는 0이 아닌 스칼라 $l_1, \cdots, l_{n-1}$에 대하여

$\mathbf{v}_n = l_1\mathbf{v}_1 + l_2\mathbf{v}_2 + \cdots + l_{n-1}\mathbf{v}_{n-1}$ 이라 하자.

$l_1\mathbf{v}_1 + l_2\mathbf{v}_2 + \cdots + l_{n-1}\mathbf{v}_{n-1} - \mathbf{v}_n = 0$ 이므로 $k_i = l_i \ (i = 1, 2, \cdots, n-1)$, $k_n = -1$ 로 두면 동시에는 0이 아닌 스칼라 $k_1, k_2, \cdots, k_n$ 이 존재하여 $k_1\mathbf{v}_1 + k_2\mathbf{v}_2 + \cdots + k_n\mathbf{v}_n = 0$ 이 성립한다.

($\Leftarrow$) 동시에 0이 아닌 스칼라 $k_1, k_2, \cdots, k_n$ 이 존재하여

$$k_1\mathbf{v}_1 + k_2\mathbf{v}_2 + \cdots + k_n\mathbf{v}_n = 0$$

이 성립한다고 하자. 여기서 0이 아닌 스칼라를 k_n이라고 하면

$$\mathbf{v}_n = \left(-\frac{k_1}{k_n}\right)\mathbf{v}_1 + \left(-\frac{k_2}{k_n}\right)\mathbf{v}_2 + \cdots + \left(-\frac{k_{n-1}}{k_n}\right)\mathbf{v}_{n-1}$$

이므로 $\mathbf{v}_n$ 은 $\mathbf{v}_1, \mathbf{v}_2, \cdots, \mathbf{v}_{n-1}$ 의 일차결합으로 나타내어진다.

정의 5

일차독립(linearly independent)과 일차종속(linearly dependent)

(1) $\{\mathbf{v}_1, \mathbf{v}_2, \cdots, \mathbf{v}_n\}$ 이 벡터공간 V의 공집합이 아닌 벡터집합일 때, 동시에는 0이 아닌 스칼라 $k_1, k_2, \cdots, k_n$ 이 존재하여

$$k_1\mathbf{v}_1 + k_2\mathbf{v}_2 + \cdots + k_n\mathbf{v}_n = 0$$

이면 벡터 $\mathbf{v}_1, \mathbf{v}_2, \cdots, \mathbf{v}_n$은 일차종속이라고 한다.

(2) $\{\mathbf{v}_1, \mathbf{v}_2, \cdots, \mathbf{v}_n\}$ 이 벡터공간 V의 공집합이 아닌 벡터집합이고,

$$k_1\mathbf{v}_1 + k_2\mathbf{v}_2 + \cdots + k_n\mathbf{v}_n = 0$$

의 해가 오직

$$k_1 = k_2 = \cdots = k_n = 0$$

일 때, 벡터 $\mathbf{v}_1, \mathbf{v}_2, \cdots, \mathbf{v}_n$은 일차독립이라고 한다.

예제 5.16

벡터공간 $\mathbb{R}^3$에서 벡터 $\mathbf{v}_1 = \begin{pmatrix}1\\0\\1\end{pmatrix}$, $\mathbf{v}_2 = \begin{pmatrix}0\\1\\1\end{pmatrix}$, $\mathbf{v}_3 = \begin{pmatrix}1\\1\\1\end{pmatrix}$가 일차독립인지 일차종속인지 판별하여라.

풀이 $k_1\mathbf{v}_1 + k_2\mathbf{v}_2 + k_3\mathbf{v}_3 = k_1\begin{pmatrix}1\\0\\1\end{pmatrix} + k_2\begin{pmatrix}0\\1\\1\end{pmatrix} + k_3\begin{pmatrix}1\\1\\1\end{pmatrix} = \begin{pmatrix}k_1 \quad + k_3\\ k_2 + k_3\\ k_1 + k_2 + k_3\end{pmatrix} = \begin{pmatrix}0\\0\\0\end{pmatrix}$이면

$k_1 = k_2 = k_3 = 0$이므로 벡터 $\mathbf{v}_1, \mathbf{v}_2, \mathbf{v}_3$는 일차독립이다.

예제 5.17

벡터공간 P_2에서 $p_1(x) = 1 - x$, $p_2(x) = 5 + 3x - 2x^2$, $p_3(x) = 1 + 3x - x^2$이 일차독립인지 일차종속인지 판별하여라.

풀이 $k_1p_1(x) + k_2p_2(x) + k_3p_3(x) = k_1(1 - x) + k_2(5 + 3x - 2x^2) + k_3(1 + 3x - x^2)$

$= (k_1 + 5k_2 + k_3) + (-k_1 + 3k_2 + 3k_3)x + (-2k_2 - k_3)x^2 = 0$이다. 연립일차방정식

$$\begin{cases} k_1 + 5k_2 + k_3 = 0 \\ -k_1 + 3k_2 + 3k_3 = 0 \\ -2k_2 - k_3 = 0 \end{cases}$$

에 대한 계수행렬 A의 행렬식을 구해보면

$$\det(A) = \begin{vmatrix} 1 & 5 & 1 \\ -1 & 3 & 3 \\ 0 & -2 & -1 \end{vmatrix} = 0$$

이고 이 연립일차방정식은 자명하지 않은 해를 가지므로 벡터 $p_1(x)$, $p_2(x)$, $p_3(x)$는 일차종속이다.

예제 5.18

벡터공간 $\mathrm{M}_{2\times 2}(\mathbb{R})$에서 벡터 $A_1=\begin{pmatrix}0&1\\1&0\end{pmatrix}$, $A_2=\begin{pmatrix}1&1\\1&0\end{pmatrix}$, $A_3=\begin{pmatrix}0&1\\1&1\end{pmatrix}$이 일차독립인지 일차종속인지 판별하여라.

풀이 $k_1A_1+k_2A_2+k_3A_3=k_1\begin{pmatrix}0&1\\1&0\end{pmatrix}+k_2\begin{pmatrix}1&1\\1&0\end{pmatrix}+k_3\begin{pmatrix}0&1\\1&1\end{pmatrix}$

$=\begin{pmatrix}k_2&k_1+k_2+k_3\\k_1+k_2+k_3&k_3\end{pmatrix}=\begin{pmatrix}0&0\\0&0\end{pmatrix}$

이므로 $k_1=k_2=k_3=0$이므로 벡터 A_1, A_2, A_3는 일차독립이다.

문제 5.3

다음 벡터들이 일차종속인지 일차독립인지를 판별하여라.

(1) 벡터공간 $\mathbb{R}^3$에서 벡터 $\mathbf{v}_1=\begin{pmatrix}2\\-3\\4\end{pmatrix}$, $\mathbf{v}_2=\begin{pmatrix}-1\\3\\-5\end{pmatrix}$, $\mathbf{v}_3=\begin{pmatrix}1\\0\\-1\end{pmatrix}$

(2) 벡터공간 P_2에서 $p_1(x)=1+x$, $p_2(x)=-x$, $p_3(x)=3-2x$

정리 6

벡터공간 $\mathbb{R}^n$에서의 일차독립

벡터공간 $\mathbb{R}^n$의 n개의 벡터 $\mathbf{v}_1=\begin{pmatrix}v_{11}\\v_{21}\\\vdots\\v_{n1}\end{pmatrix}$, $\mathbf{v}_2=\begin{pmatrix}v_{12}\\v_{22}\\\vdots\\v_{n2}\end{pmatrix}$, $\cdots$, $\mathbf{v}_n=\begin{pmatrix}v_{1n}\\v_{2n}\\\vdots\\v_{nn}\end{pmatrix}$에 대하여 벡터 $\mathbf{v}_1, \mathbf{v}_2, \cdots, \mathbf{v}_n$은 일차독립이 되기 위한 필요충분조건은 행렬 $A=(\mathbf{v}_1, \mathbf{v}_2, \cdots, \mathbf{v}_n)$가 가역이다.

증명 ($\Rightarrow$) 벡터 $\mathbf{v}_1, \mathbf{v}_2, \cdots, \mathbf{v}_n$은 일차독립이므로 $\mathbf{k}=\begin{pmatrix}k_1\\k_2\\\vdots\\k_n\end{pmatrix}$라 두면 $A\mathbf{k}=\mathbf{0}$일 때, $\mathbf{k}=\mathbf{0}$인 유일해를 가지기 때문에 $A=(\mathbf{v}_1, \mathbf{v}_2, \cdots, \mathbf{v}_n)$는 가역이다.

($\Leftarrow$) $A=(\mathbf{v}_1, \mathbf{v}_2, \cdots, \mathbf{v}_n)$가 가역이므로 A^{-1}이 존재하여 $AA^{-1}=A^{-1}A=I$이다. 이때, $k_1\mathbf{v}_1+k_2\mathbf{v}_2+\cdots+k_n\mathbf{v}_n=\mathbf{0}$이면 연립일차방정식

$$\begin{aligned} k_1v_{11}+k_2v_{12}+\cdots+k_nv_{1n}&=0\\ k_1v_{21}+k_2v_{22}+\cdots+k_nv_{2n}&=0\\ &\vdots\\ k_1v_{n1}+k_2v_{n2}+\cdots+k_nv_{nn}&=0 \end{aligned}$$

과 동치이고 $A\mathbf{k}=\mathbf{0}$ 이 성립한다. $AA^{-1}=A^{-1}A=I$ 이므로

$$A^{-1}A\mathbf{k}=A^{-1}\mathbf{0}$$

이므로 $\mathbf{k}=\mathbf{0}$ 이다. 따라서 $k_1=k_2=\cdots=k_n=0$ 가 성립하고 벡터 $\mathrm{v}_1,\mathrm{v}_2,\cdots,\mathrm{v}_n$ 은 일차독립이다.

예제 5.19

벡터공간 $\mathbb{R}^4$ 에서 벡터 $\mathrm{v}_1=\begin{pmatrix}1\\0\\1\\1\end{pmatrix}$, $\mathrm{v}_2=\begin{pmatrix}2\\1\\1\\0\end{pmatrix}$, $\mathrm{v}_3=\begin{pmatrix}-1\\1\\2\\3\end{pmatrix}$, $\mathrm{v}_4=\begin{pmatrix}1\\2\\-1\\0\end{pmatrix}$ 이 일차독립인지 일차종속인지 판별하여라.

풀이 $\begin{vmatrix}1&2&-1&1\\0&1&1&2\\1&1&2&-1\\1&0&3&0\end{vmatrix}=12\neq 0$ 이므로 벡터 $\mathrm{v}_1,\mathrm{v}_2,\mathrm{v}_3,\mathrm{v}_4$ 는 일차독립이다.

문제 5.4

벡터공간 $\mathbb{R}^3$ 에서 벡터 $\begin{pmatrix}\cos\theta\\\sin\theta\\0\end{pmatrix}$, $\begin{pmatrix}-\sin\theta\\\cos\theta\\0\end{pmatrix}$, $\begin{pmatrix}0\\0\\1\end{pmatrix}$ 이 일차독립인지 일차종속인지 판별하여라.

함수의 집합이 일차독립인지 일차종속인지 판별하는 일반적인 방법은 없다. 그러나 특별한 조건을 가지는 함수에 관해서는 판단할 수 있는 정리가 존재한다.

정의 6

론스키안(론스키 행렬식)

$n-1$ 계 도함수를 가지는 함수 $f_1(x), f_2(x), \cdots, f_n(x)$ 에 대하여 행렬식

$$W[f_1(x), f_2(x), \cdots, f_n(x)] = \begin{vmatrix} f_1(x) & f_2(x) & \cdots & f_n(x) \\ f_1'(x) & f_2'(x) & \cdots & f_n'(x) \\ \vdots & \vdots & & \vdots \\ f_1^{(n-1)}(x) & f_2^{(n-1)}(x) & \cdots & f_n^{(n-1)}(x) \end{vmatrix}$$

을 함수 $f_1(x), f_2(x), \cdots, f_n(x)$ 의 론스키안(론스키 행렬식)이라고 한다.

정리 7

$n-1$ 계 도함수를 가지는 함수 $f_1(x), f_2(x), \cdots, f_n(x)$ 에 대하여

$$W[f_1(x_0), f_2(x_0), \cdots, f_n(x_0)] \neq 0$$

이 성립하는 점 $x_0 \in \mathbb{R}$ 이 존재하면 $f_1(x), f_2(x), \cdots, f_n(x)$ 는 일차독립이다.

증명 $f_1(x), f_2(x), \cdots, f_n(x)$ 가 일차종속이면 동시에 0이 아닌 $k_1, k_2, \cdots, k_n$ 이 존재하여 모든 $x \in \mathbb{R}$ 에 대하여

$$k_1 f_1(x) + k_2 f_2(x) + \cdots + k_n f_n(x) = 0$$

이 방정식을 순차적으로 $n-1$번 미분하면 다음 연립방정식을 얻는다.

$$\begin{aligned} k_1 f_1(x) + k_2 f_2(x) + \cdots + k_n f_n(x) &= 0 \\ k_1 f_1'(x) + k_2 f_2'(x) + \cdots + k_n f_n'(x) &= 0 \\ &\vdots \\ k_1 f_1^{(n-1)}(x) + k_2 f_2^{(n-1)}(x) + \cdots + k_n f_n^{(n-1)}(x) &= 0 \end{aligned}$$

따라서 $f_1(x), f_2(x), \cdots, f_n(x)$ 의 일차종속은 연립방정식

$$\begin{pmatrix} f_1(x) & f_2(x) & \cdots & f_n(x) \\ f_1'(x) & f_2'(x) & \cdots & f_n'(x) \\ \vdots & \vdots & & \vdots \\ f_1^{(n-1)}(x) & f_2^{(n-1)}(x) & \cdots & f_n^{(n-1)}(x) \end{pmatrix} \begin{pmatrix} k_1 \\ k_2 \\ \vdots \\ k_n \end{pmatrix} = \begin{pmatrix} 0 \\ 0 \\ \vdots \\ 0 \end{pmatrix}$$

이 모든 $x \in \mathbb{R}$에 대하여 자명하지 않은 해를 가짐을 의미하고 이것은 행렬식

$$W[f_1(x), f_2(x), \cdots, f_n(x)] = \begin{vmatrix} f_1(x) & f_2(x) & \cdots & f_n(x) \\ f_1{}'(x) & f_2{}'(x) & \cdots & f_n{}'(x) \\ \vdots & \vdots & & \vdots \\ f_1^{(n-1)}(x) & f_2^{(n-1)}(x) & \cdots & f_n^{(n-1)}(x) \end{vmatrix}$$

가 모든 $x \in \mathbb{R}$ 에 대하여 0임을 의미한다. 따라서 $W[f_1(x_0), f_2(x_0), \cdots, f_n(x_0)] \neq 0$가 성립하는 점 $x_0 \in \mathbb{R}$ 이 존재하면 $f_1(x), f_2(x), \cdots, f_n(x)$ 은 일차독립이다.

예제 5.20

x, $\cos x$가 일차독립인지 판별하여라.

풀이 $W[x, \cos x] = \begin{vmatrix} x & \cos x \\ 1 & -\sin x \end{vmatrix} = -x\sin x - \cos x \neq 0$ 이므로 x, $\cos x$는 일차독립이다.

예제 5.21

1, e^x, e^{3x} 이 일차독립인지 판별하여라.

풀이 $W[1, e^x, e^{3x}] = \begin{vmatrix} 1 & e^x & e^{3x} \\ 0 & e^x & 3e^{3x} \\ 0 & e^x & 9e^{3x} \end{vmatrix} = 6e^{4x} \neq 0$ 이므로 1, e^x, e^{3x}은 일차독립이다.

문제 5.5

x, $\sin x$, e^x 이 일차독립인지 판별하여라.

04 기저와 차원

벡터공간 V는 대부분 무수히 많은 벡터로 이루어져 있는데, 벡터공간의 바탕을 이루는 대표 벡터의 모임인 기저와 벡터공간의 차원을 살펴보자.

정의 7

기저

벡터공간 V의 원소 $\mathrm{v}_1, \mathrm{v}_2, \cdots, \mathrm{v}_n$이 다음 두 조건을 만족할 때, 집합 $\{\mathrm{v}_1, \mathrm{v}_2, \cdots, \mathrm{v}_n\}$을 V의 기저(basis)라고 한다.

(1) $\mathrm{v}_1, \mathrm{v}_2, \cdots, \mathrm{v}_n$은 V를 생성한다.

(2) $\mathrm{v}_1, \mathrm{v}_2, \cdots, \mathrm{v}_n$은 일차독립이다.

예제 5.22

집합 $\left\{\mathrm{v}_1 = \begin{pmatrix}0\\1\\1\end{pmatrix}, \mathrm{v}_2 = \begin{pmatrix}1\\0\\1\end{pmatrix}, \mathrm{v}_3 = \begin{pmatrix}1\\1\\0\end{pmatrix}\right\}$이 벡터공간 $\mathbb{R}^3$의 기저임을 보여라.

풀이 (1) $\mathrm{Span}(\mathrm{v}_1, \mathrm{v}_2, \mathrm{v}_3) \subseteq \mathbb{R}^3$은 명백하다. $\mathbb{R}^3 \subseteq \mathrm{Span}(\mathrm{v}_1, \mathrm{v}_2, \mathrm{v}_3)$ 임을 보이자.

벡터공간 $\mathbb{R}^3$의 임의의 벡터 $\mathbf{a} = \begin{pmatrix}a_1\\a_2\\a_3\end{pmatrix}$에 대하여 $\begin{pmatrix}a_1\\a_2\\a_3\end{pmatrix} = k_1\begin{pmatrix}0\\1\\1\end{pmatrix} + k_2\begin{pmatrix}1\\0\\1\end{pmatrix} + k_3\begin{pmatrix}1\\1\\0\end{pmatrix}$을 만족하는 스칼라 k_1, k_2, k_3가 유일하게 존재하는지 살펴보면 된다. 이 연립일차 방정식

$$\begin{cases} \quad\;\; k_2 + k_3 = a_1 \\ k_1 \quad\;\; + k_3 = a_2 \\ k_1 + k_2 \quad\;\; = a_3 \end{cases}$$

에 대한 계수행렬 A의 행렬식을 구해보면

$$\det(A) = \begin{vmatrix} 0 & 1 & 1 \\ 1 & 0 & 1 \\ 1 & 1 & 0 \end{vmatrix} = 2 \neq 0$$

이므로 유일한 해 k_1, k_2, k_3를 가진다. 따라서 $\mathbb{R}^3 \subseteq \mathrm{Span}(\mathrm{v}_1, \mathrm{v}_2, \mathrm{v}_3)$이다.

(2) $k_1\mathbf{v}_1 + k_2\mathbf{v}_2 + k_3\mathbf{v}_3 = k_1\begin{pmatrix}0\\1\\1\end{pmatrix} + k_2\begin{pmatrix}1\\0\\1\end{pmatrix} + k_3\begin{pmatrix}1\\1\\0\end{pmatrix} = \begin{pmatrix}k_2+k_3\\k_1+k_3\\k_1+k_2\end{pmatrix} = \begin{pmatrix}0\\0\\0\end{pmatrix}$ 이면

$k_1 = k_2 = k_3 = 0$ 이므로 $\mathbf{v}_1, \mathbf{v}_2, \mathbf{v}_3$ 는 일차독립이다.

따라서 (1), (2)에 의해 집합 $\left\{\mathbf{v}_1 = \begin{pmatrix}0\\1\\1\end{pmatrix}, \mathbf{v}_2 = \begin{pmatrix}1\\0\\1\end{pmatrix}, \mathbf{v}_3 = \begin{pmatrix}1\\1\\0\end{pmatrix}\right\}$은 벡터공간 $\mathbb{R}^3$의 기저이다.

문제 5.6

집합 $\left\{\mathbf{v}_1 = \begin{pmatrix}1\\1\\1\end{pmatrix}, \mathbf{v}_2 = \begin{pmatrix}1\\0\\0\end{pmatrix}, \mathbf{v}_3 = \begin{pmatrix}1\\1\\0\end{pmatrix}\right\}$이 벡터공간 $\mathbb{R}^3$의 기저임을 보여라.

$\mathbb{R}^3$에서 $\mathbf{e}_1 = \begin{pmatrix}1\\0\\0\end{pmatrix}, \mathbf{e}_2 = \begin{pmatrix}0\\1\\0\end{pmatrix}, \mathbf{e}_3 = \begin{pmatrix}0\\0\\1\end{pmatrix}$은 일차독립이고 $\mathbb{R}^3$을 생성하므로 $\mathbb{R}^3$의 기저이다. 이처럼 기저는 여러 가지가 있을 수 있으나, 그 기저를 이루는 벡터의 개수는 항상 일정한 것을 알 수 있다. 다음과 같이 벡터공간 V에 대한 차원의 개념을 정의할 수 있다.

정의 8

차원

벡터공간 V가 n개의 벡터로 구성되는 기저를 가지면 V의 차원(dimension)은 n이고 $\dim V = n$이라 표기한다. V를 생성하는 유한집합이 존재하지 않을 때, V를 무한차원 벡터공간이라 하고 영벡터공간의 차원은 0차원으로 정의한다.

예제 5.23

집합 $\left\{\mathbf{e}_1 = \begin{pmatrix}1\\0\\0\\\vdots\\0\end{pmatrix}, \mathbf{e}_2 = \begin{pmatrix}0\\1\\0\\\vdots\\0\end{pmatrix}, \cdots, \mathbf{e}_n = \begin{pmatrix}0\\0\\0\\\vdots\\1\end{pmatrix}\right\}$은 $\mathbb{R}^n$의 임의의 벡터를 생성하고 일차독립이므로 벡터공간 $\mathbb{R}^n$의 기저가 된다. 이것을 $\mathbb{R}^n$의 표준기저라고 하고 $\mathbb{R}^n$의 차원은 $\dim\mathbb{R}^n = n$이다.

예제 5.24

집합 $\left\{A_1 = \begin{pmatrix} 0 & 1 \\ 1 & 0 \end{pmatrix}, A_2 = \begin{pmatrix} 1 & 2 \\ 1 & 0 \end{pmatrix}, A_3 = \begin{pmatrix} 0 & 1 \\ 1 & 4 \end{pmatrix}, A_4 = \begin{pmatrix} 1 & 1 \\ 1 & 0 \end{pmatrix}\right\}$이 벡터공간 $\mathrm{M}_{2\times 2}(\mathbb{R})$의 기저임을 보여라.

풀이 (1) 벡터공간 $\mathrm{M}_{2\times 2}(\mathbb{R})$ 의 임의의 원소 $\begin{pmatrix} a_{11} & a_{12} \\ a_{21} & a_{22} \end{pmatrix}$에 대하여

$$\begin{pmatrix} a_{11} & a_{12} \\ a_{21} & a_{22} \end{pmatrix} = k_1A_1 + k_2A_2 + k_3A_3 + k_4A_4 = k_1\begin{pmatrix} 0 & 1 \\ 1 & 0 \end{pmatrix} + k_2\begin{pmatrix} 1 & 2 \\ 1 & 0 \end{pmatrix} + k_3\begin{pmatrix} 0 & 1 \\ 1 & 4 \end{pmatrix} + k_4\begin{pmatrix} 1 & 1 \\ 1 & 0 \end{pmatrix}$$
$$= \begin{pmatrix} k_2 + k_4 & k_1 + 2k_2 + k_3 + k_4 \\ k_1 + k_2 + k_3 + k_4 & 4k_3 \end{pmatrix}$$

을 만족하는 유일한 해 k_1, k_2, k_3, k_4를 가지므로 집합 $\{A_1, A_2, A_3, A_4\}$는 $\mathrm{M}_{2\times 2}(\mathbb{R})$ 의 생성집합이다.

(2) $k_1A_1 + k_2A_2 + k_3A_3 + k_4A_4 = k_1\begin{pmatrix} 0 & 1 \\ 1 & 0 \end{pmatrix} + k_2\begin{pmatrix} 1 & 2 \\ 1 & 0 \end{pmatrix} + k_3\begin{pmatrix} 0 & 1 \\ 1 & 4 \end{pmatrix} + k_4\begin{pmatrix} 1 & 1 \\ 1 & 0 \end{pmatrix}$

$$= \begin{pmatrix} k_2 + k_4 & k_1 + 2k_2 + k_3 + k_4 \\ k_1 + k_2 + k_3 + k_4 & 4k_3 \end{pmatrix} = \begin{pmatrix} 0 & 0 \\ 0 & 0 \end{pmatrix}$$

을 만족하는 유일한 해는 $k_1 = k_2 = k_3 = k_4 = 0$이므로 A_1, A_2, A_3, A_4는 일차독립이다.

따라서 (1), (2)에 의해 집합 $\left\{A_1 = \begin{pmatrix} 0 & 1 \\ 1 & 0 \end{pmatrix}, A_2 = \begin{pmatrix} 1 & 2 \\ 1 & 0 \end{pmatrix}, A_3 = \begin{pmatrix} 0 & 1 \\ 1 & 4 \end{pmatrix}, A_4 = \begin{pmatrix} 1 & 1 \\ 1 & 0 \end{pmatrix}\right\}$은 벡터공간 $\mathrm{M}_{2\times 2}(\mathbb{R})$ 의 기저이다.

예제 5.25

벡터공간 $\mathrm{M}_{m\times n}(\mathbb{R})$의 기저와 차원을 구하여라.

풀이 i행과 j열 성분만 1이고 다른 모든 성분이 모두 0인 행렬을 E_{ij}라 하자. 예를 들어, $E_{11} = \begin{pmatrix} 1 & 0 & \cdots & 0 \\ 0 & 0 & \cdots & 0 \\ 0 & 0 & \cdots & 0 \end{pmatrix}$이다. $E_{11}, E_{12}, \cdots, E_{mn}$은 자명하게 일차독립이다. 벡터공간 $\mathrm{M}_{m\times n}(\mathbb{R})$ 의 임의의 원소는

$$A = \begin{pmatrix} a_{11} & a_{12} & \cdots & a_{1n} \\ a_{21} & a_{22} & \cdots & a_{2n} \\ \vdots & \vdots & \cdots & \vdots \\ a_{m1} & a_{m2} & \cdots & a_{mn} \end{pmatrix}, \quad a_{ij} \in \mathbb{R},\ 1 \le i \le m,\ 1 \le j \le n$$

이고

$$A=\begin{pmatrix} a_{11} & a_{12} & \cdots & a_{1n} \\ a_{21} & a_{22} & \cdots & a_{2n} \\ \vdots & \vdots & \cdots & \vdots \\ a_{m1} & a_{m2} & \cdots & a_{mn} \end{pmatrix} = a_{11}E_{11}+a_{12}E_{12}+\cdots+a_{mn}E_{mn}$$

이므로 $\{E_{11}, E_{12}, \cdots, E_{mn}\}$ 은 $\mathrm{M}_{m\times n}(\mathbb{R})$ 의 기저이다. 이를 $\mathrm{M}_{m\times n}(\mathbb{R})$ 의 표준기저라 부른다. $\mathrm{M}_{m\times n}(\mathbb{R})$ 의 차원은 mn 이다.

예제 5.26

집합 $\{x^2+1,\ x^2+2x,\ x^2+x+4\}$ 이 벡터공간 P_2의 기저임을 보여라.

풀이 (1) 벡터공간 P_2 의 임의의 원소 $p(x)=a_0+a_1x+a_2x^2$ 에 대하여

$$\begin{aligned} a_0+a_1x+a_2x^2 &= k_1(x^2+1)+k_2(x^2+2x)+k_3(x^2+x+4) \\ &= (k_1+4k_3)+(2k_2+k_3)x+(k_1+k_2+k_3)x^2 \end{aligned}$$

을 만족하는 유일한 해 k_1, k_2, k_3 을 가지므로 $\{x^2+1, x^2+2x, x^2+x+4\}$는 벡터공간 P_2 의 생성집합이다.

(2) $k_1(x^2+1)+k_2(x^2+2x)+k_3(x^2+x+4)=(k_1+4k_3)+(2k_2+k_3)x+(k_1+k_2+k_3)x^2=0$이면 $k_1=k_2=k_3=0$이므로 x^2+1, x^2+2x, x^2+x+4는 일차독립이다.

따라서 (1), (2)에 의하여 집합 $\{x^2+1, x^2+2x, x^2+x+4\}$이 벡터공간 P_2의 기저이다.

예제 5.27

집합 $\{1, x, x^2, \cdots, x^n\}$이 벡터공간 P_n의 기저임을 보여라.

풀이 벡터공간 P_n (n차 이하의 모든 다항식들의 집합)에 대한 임의의 원소는

$$p(x)=a_0+a_1x+a_2x^2+\cdots+a_nx^n,\ a_i\in\mathbb{R},\ 0\le i\le n$$

이므로 $\{1, x, x^2, \cdots, x^n\}$는 P_n의 기저이다. 이 집합 $\{1, x, x^2, \cdots, x^n\}$을 P_n의 표준기저라 한다. P_n의 차원은 $n+1$이다.

문제 5.7

다음에 주어진 벡터의 집합이 기저인지 아닌지 설명하여라.

(1) P_2 에서 $\{x,\ 1+x+x^2\}$

(2) $\mathbb{R}^2$ 에서 $\left\{\mathrm{v}_1 = \begin{pmatrix}1\\0\end{pmatrix},\ \mathrm{v}_2 = \begin{pmatrix}1\\2\end{pmatrix},\ \mathrm{v}_3 = \begin{pmatrix}2\\3\end{pmatrix}\right\}$

정리 8

기저 표현의 유일성

$\{\mathrm{v}_1, \mathrm{v}_2, \cdots, \mathrm{v}_n\}$ 이 벡터공간 V의 기저이면 임의의 벡터 $\mathrm{v} \in V$는 기저의 집합 원소들의 일차결합으로 유일하게 표현할 수 있다. 즉,

$$\mathrm{v} = k_1\mathrm{v}_1 + k_2\mathrm{v}_2 + \cdots + k_n\mathrm{v}_n$$

을 만족하는 스칼라 $k_1, k_2, \cdots, k_n$ 이 유일하게 존재한다.

증명 임의의 벡터 v 의 표현이 유일하지 않다고 하자. 즉,

$$\mathrm{v} = k_1\mathrm{v}_1 + k_2\mathrm{v}_2 + \cdots + k_n\mathrm{v}_n \text{이고 } \mathrm{v} = l_1\mathrm{v}_1 + l_2\mathrm{v}_2 + \cdots + l_n\mathrm{v}_n$$

이라고 하면

$$0 = (k_1 - l_1)\mathrm{v}_1 + (k_2 - l_2)\mathrm{v}_2 + \cdots + (k_n - l_n)\mathrm{v}_n$$

이고 $\mathrm{v}_1, \mathrm{v}_2, \cdots, \mathrm{v}_n$ 이 일차독립이므로 $k_1 - l_1 = k_2 - l_2 = \cdots = k_n - l_n = 0$ 이다. 따라서, $k_1 = l_1,\ k_2 = l_2, \cdots, k_n = l_n$ 이고 두 표현은 동일하다.

예제 5.28

벡터공간 $\mathbb{R}^3$의 원소 $\mathrm{v} = \begin{pmatrix}4\\-8\\4\end{pmatrix}$을

(1) $\left\{\mathrm{v}_1 = \begin{pmatrix}0\\1\\1\end{pmatrix},\ \mathrm{v}_2 = \begin{pmatrix}1\\0\\1\end{pmatrix},\ \mathrm{v}_3 = \begin{pmatrix}1\\1\\0\end{pmatrix}\right\}$로 표현하여라.

(2) $\left\{\mathrm{v}_1 = \begin{pmatrix}1\\0\\1\end{pmatrix},\ \mathrm{v}_2 = \begin{pmatrix}0\\1\\0\end{pmatrix},\ \mathrm{v}_3 = \begin{pmatrix}2\\0\\2\end{pmatrix}\right\}$로 표현하여라.

풀이 (1) $\mathbf{v} = \begin{pmatrix} 4 \\ -8 \\ 4 \end{pmatrix} = (-4)\begin{pmatrix} 0 \\ 1 \\ 1 \end{pmatrix} + 8\begin{pmatrix} 1 \\ 0 \\ 1 \end{pmatrix} + (-4)\begin{pmatrix} 1 \\ 1 \\ 0 \end{pmatrix}$이다.

$\left\{\mathbf{v}_1 = \begin{pmatrix} 0 \\ 1 \\ 1 \end{pmatrix}, \mathbf{v}_2 = \begin{pmatrix} 1 \\ 0 \\ 1 \end{pmatrix}, \mathbf{v}_3 = \begin{pmatrix} 1 \\ 1 \\ 0 \end{pmatrix}\right\}$은 벡터공간 $\mathbb{R}^3$의 기저이므로 유일한 표현을 가진다.

(2) $\mathbf{v} = \begin{pmatrix} 4 \\ -8 \\ 4 \end{pmatrix} = 4\begin{pmatrix} 1 \\ 0 \\ 1 \end{pmatrix} + (-8)\begin{pmatrix} 0 \\ 1 \\ 0 \end{pmatrix} + 0\begin{pmatrix} 2 \\ 0 \\ 2 \end{pmatrix} = 0\begin{pmatrix} 1 \\ 0 \\ 1 \end{pmatrix} + (-8)\begin{pmatrix} 0 \\ 1 \\ 0 \end{pmatrix} + 2\begin{pmatrix} 2 \\ 0 \\ 2 \end{pmatrix} = \cdots$

$\left\{\mathbf{v}_1 = \begin{pmatrix} 1 \\ 0 \\ 1 \end{pmatrix}, \mathbf{v}_2 = \begin{pmatrix} 0 \\ 1 \\ 0 \end{pmatrix}, \mathbf{v}_3 = \begin{pmatrix} 2 \\ 0 \\ 2 \end{pmatrix}\right\}$은 벡터공간 $\mathbb{R}^3$의 기저가 아니므로 유일하게 표현되지 않는다.

정의 9

순서기저

기저 $\{\mathbf{v}_1, \mathbf{v}_2, \cdots, \mathbf{v}_n\}$에서 원소의 순서를 차례대로 $\mathbf{v}_1, \mathbf{v}_2, \cdots, \mathbf{v}_n$과 같이 정한 것을 순서기저(ordered basis)라고 한다.

정의 10

좌표벡터

$S = \{\mathbf{v}_1, \mathbf{v}_2, \cdots, \mathbf{v}_n\}$가 벡터공간 V의 순서기저이고 임의의 벡터 $\mathbf{v} \in V$가 스칼라 k_1, $k_2, \cdots, k_n$에 대하여 $\mathbf{v} = k_1\mathbf{v}_1 + k_2\mathbf{v}_2 + \cdots + k_n\mathbf{v}_n$으로 표현될 때, 스칼라 $k_1, k_2, \cdots, k_n$을 순서기저 S에 대한 $\mathbf{v}$의 좌표(coordinate of $\mathbf{v}$ relative S)라 하고, 이들 좌표로 구성된 $\mathbb{R}^n$ 벡터

$$[\mathbf{v}]_S = \begin{pmatrix} k_1 \\ k_2 \\ \vdots \\ k_n \end{pmatrix}$$

을 순서기저 S에 대한 $\mathbf{v}$의 좌표벡터(coordinate vector of $\mathbf{v}$ relative S)라 한다.

예제 5.29

(1) 벡터공간 $\mathbb{R}^n$의 순서기저 $S = \{\mathrm{e}_1, \mathrm{e}_2, \cdots, \mathrm{e}_n\}$에 대하여 임의의 원소

$$\mathrm{a} = \begin{pmatrix} a_1 \\ a_2 \\ \vdots \\ a_n \end{pmatrix} \in \mathbb{R}^n$$ 의 좌표벡터를 구하여라.

(2) 벡터공간 $\mathrm{M}_{m\times n}(\mathbb{R})$ 순서기저 $S = \{E_{11}, E_{12}, \cdots, E_{mn}\}$에 대하여 임의의 원소

$$A = \begin{pmatrix} a_{11} & a_{12} & \cdots & a_{1n} \\ a_{21} & a_{22} & \cdots & a_{2n} \\ \vdots & \vdots & \cdots & \vdots \\ a_{m1} & a_{m2} & \cdots & a_{mn} \end{pmatrix} \in \mathrm{M}_{m\times n}(\mathbb{R})$$ 의 좌표벡터를 구하여라.

(3) 벡터공간 P_n의 순서기저 $S = \{1, x, x^2, \cdots, x^n\}$에 대하여 임의의 원소 $p(x) = a_0 + a_1x + a_2x^2 + \cdots + a_nx^n \in P_n$의 좌표벡터를 구하여라.

풀이 (1) $\mathrm{a} = a_1\mathrm{e}_1 + a_2\mathrm{e}_2 + \cdots + a_n\mathrm{e}_n$이므로 $[\mathrm{a}]_S = \begin{pmatrix} a_1 \\ a_2 \\ \vdots \\ a_n \end{pmatrix}$이다.

(2) $A = \begin{pmatrix} a_{11} & a_{12} & \cdots & a_{1n} \\ a_{21} & a_{22} & \cdots & a_{2n} \\ \vdots & \vdots & \cdots & \vdots \\ a_{m1} & a_{m2} & \cdots & a_{mn} \end{pmatrix} = a_{11}E_{11} + a_{12}E_{12} + \cdots + a_{mn}E_{mn}$ 이므로 $[A]_S = \begin{pmatrix} a_{11} \\ a_{12} \\ \vdots \\ a_{mn} \end{pmatrix}$ 이다.

(3) $p(x) = a_0 + a_1x + a_2x^2 + \cdots + a_nx^n$ 이므로 $[p(x)]_S = \begin{pmatrix} a_0 \\ a_1 \\ \vdots \\ a_n \end{pmatrix}$이다.

예제 5.30

$\mathbb{R}^3$의 순서기저 $S = \left\{\mathrm{v}_1 = \begin{pmatrix} 1 \\ 2 \\ 1 \end{pmatrix}, \mathrm{v}_2 = \begin{pmatrix} 3 \\ 3 \\ 4 \end{pmatrix}, \mathrm{v}_3 = \begin{pmatrix} 2 \\ 9 \\ 0 \end{pmatrix}\right\}$에 대하여

(1) $\mathrm{v} = \begin{pmatrix} 5 \\ -1 \\ 8 \end{pmatrix}$의 좌표벡터를 구하여라.

(2) $[\mathrm{v}]_S = \begin{pmatrix} 1 \\ -2 \\ 3 \end{pmatrix}$인 $\mathbb{R}^3$의 벡터 v를 구하여라.

풀이 (1) $\mathrm{v} = \begin{pmatrix} 5 \\ -1 \\ 8 \end{pmatrix} = k_1 \begin{pmatrix} 1 \\ 2 \\ 1 \end{pmatrix} + k_2 \begin{pmatrix} 3 \\ 3 \\ 4 \end{pmatrix} + k_3 \begin{pmatrix} 2 \\ 9 \\ 0 \end{pmatrix}$일 때, $k_1 = -20,\ k_2 = 7,\ k_3 = 2$이므로

$[\mathrm{v}]_S = \begin{pmatrix} -20 \\ 7 \\ 2 \end{pmatrix}$이다.

(2) $\mathrm{v} = \mathrm{v}_1 - 2\mathrm{v}_2 + 3\mathrm{v}_3 = \begin{pmatrix} 1 \\ 2 \\ 1 \end{pmatrix} + \begin{pmatrix} -6 \\ -6 \\ -8 \end{pmatrix} + \begin{pmatrix} 6 \\ 27 \\ 0 \end{pmatrix} = \begin{pmatrix} 1 \\ 23 \\ -7 \end{pmatrix}$이다.

문제 5.8

다음에 주어진 벡터공간 V에 대하여 벡터 v의 순서기저 E에 대한 좌표벡터 $[\mathrm{v}]_E$를 구하여라.

(1) $V = \mathbb{R}^2,\ E = \left(\begin{pmatrix} 1 \\ -2 \end{pmatrix}, \begin{pmatrix} -1 \\ 1 \end{pmatrix} \right),\ \mathrm{v} = \begin{pmatrix} 3 \\ -4 \end{pmatrix}$

(2) $V = P_2,\ E = (x-1,\ x^2+1,\ x^2-x+1),\ \mathrm{v} = -3x^2 + x - 5$

이제, 벡터공간의 차원과 일차독립에 관한 성질을 증명없이 정리할 것이다.

정리 9

벡터공간 V가 n차원일 때

(1) n개의 일차독립인 벡터는 벡터공간 V를 생성한다.

(2) 벡터공간 V를 생성하는 임의의 n개 벡터는 일차독립이다.

예제 5.31

$\left\{ \mathrm{v}_1 = \begin{pmatrix} -3 \\ 7 \end{pmatrix},\ \mathrm{v}_2 = \begin{pmatrix} 1 \\ 1 \end{pmatrix} \right\}$가 벡터공간 $\mathbb{R}^2$의 기저임을 보여라.

풀이 $\dim(\mathbb{R}^2) = 2$이므로 $\mathrm{v}_1, \mathrm{v}_2$가 일차독립임을 보이면 된다.

$$k_1\mathrm{v}_1 + k_2\mathrm{v}_2 = k_1 \begin{pmatrix} -3 \\ 7 \end{pmatrix} + k_2 \begin{pmatrix} 1 \\ 1 \end{pmatrix} = \begin{pmatrix} 0 \\ 0 \end{pmatrix} \Leftrightarrow \begin{pmatrix} -3 & 1 \\ 7 & 1 \end{pmatrix} \begin{pmatrix} k_1 \\ k_2 \end{pmatrix} = \begin{pmatrix} 0 \\ 0 \end{pmatrix}$$

이고 $\begin{vmatrix} -3 & 7 \\ 1 & 1 \end{vmatrix} = -10 \neq 0$이므로 $k_1 = k_2 = 0$이다. 따라서 $\mathrm{v}_1, \mathrm{v}_2$가 일차독립이고 $\mathbb{R}^2$의 기저이다.

정리 10

벡터공간 V가 n차원일 때

(1) n보다 적은 개수의 벡터는 벡터공간 V를 생성하지 못한다.

(2) n보다 적은 개수의 일차독립인 벡터로 이루어진 부분집합은 벡터공간 V의 기저가 되도록 확장할 수 있다.

예제 5.32

$\left\{\mathbf{v}_1 = \begin{pmatrix} -1 \\ 1 \end{pmatrix}\right\}$가 벡터공간 $\mathbb{R}^2$의 기저가 되도록 확장하여라.

풀이 $\dim(\mathbb{R}^2) = 2$이므로 하나의 벡터로 이루어진 $\left\{\mathbf{v}_1 = \begin{pmatrix} -1 \\ 1 \end{pmatrix}\right\}$은 $\mathbb{R}^2$의 기저가 될 수 없다. 따라서, $\mathbf{v}_1$과 일차 독립이 되는 벡터 하나를 추가하면 $\mathbb{R}^2$의 기저가 되도록 확장할 수 있다. $\mathbf{v}_2 = \begin{pmatrix} 1 \\ 1 \end{pmatrix}$가 추가하는 벡터라면

$$k_1\mathbf{v}_1 + k_2\mathbf{v}_2 = k_1\begin{pmatrix} -1 \\ 1 \end{pmatrix} + k_2\begin{pmatrix} 1 \\ 1 \end{pmatrix} = \begin{pmatrix} 0 \\ 0 \end{pmatrix} \Leftrightarrow \begin{pmatrix} -1 & 1 \\ 1 & 1 \end{pmatrix}\begin{pmatrix} k_1 \\ k_2 \end{pmatrix} = \begin{pmatrix} 0 \\ 0 \end{pmatrix}$$

이고 $\begin{vmatrix} -1 & 1 \\ 1 & 1 \end{vmatrix} = -2 \neq 0$이므로 $\mathbf{v}_1, \mathbf{v}_2$가 일차독립이고 $\left\{\mathbf{v}_1 = \begin{pmatrix} -1 \\ 1 \end{pmatrix}, \mathbf{v}_2 = \begin{pmatrix} 1 \\ 1 \end{pmatrix}\right\}$는 $\mathbb{R}^2$의 기저가 될 수 있다.

문제 5.9

$\{1,\ x+1,\ x^2+1\}$가 벡터공간 P_2의 기저임을 보여라.

05 행공간, 열공간, 영공간

이 절에서는 행렬과 연관된 벡터공간을 공부하고 연립일차방정식의 해와 그 계수행렬 사이에 관계를 이해하고 해가 존재하기 위한 필요충분조건을 살펴볼 것이다.

정의 11

행공간, 열공간, 영공간

A가 $m \times n$ 행렬일 때

(1) A의 행벡터 $\text{row}_i(A)$ $(1 \le i \le m)$에 의하여 생성된 부분공간

$$\text{Span}(\text{row}_1(A), \text{row}_2(A), \cdots, \text{row}_m(A))$$

을 A의 행공간(row space)이라 한다.

(2) A의 열벡터 $\text{col}_j(A)$ $(1 \le j \le n)$에 의하여 생성된 부분공간

$$\text{Span}(\text{col}_1(A), \text{col}_2(A), \cdots, \text{col}_n(A))$$

을 A의 열공간(column space)이라 한다.

(3) $A\mathbf{x} = \mathbf{0}$의 모든 해집합 $N(A) = \{\, \mathbf{x} \in \mathbb{R}^n \mid A\mathbf{x} = \mathbf{0} \,\}$을 A의 영공간(null space)이라 한다.

예제 5.33

$A = \begin{pmatrix} 1 & 4 & 2 \\ 3 & 1 & 5 \\ 1 & 0 & 1 \end{pmatrix}$의 행공간과 열공간을 표시하여라.

풀이 행공간은 $\text{Span}(\,(1,4,2),\ (3,1,5),\ (1,0,1)\,)$이고 열공간은 $\text{Span}\left(\begin{pmatrix} 1 \\ 3 \\ 1 \end{pmatrix}, \begin{pmatrix} 4 \\ 1 \\ 0 \end{pmatrix}, \begin{pmatrix} 2 \\ 5 \\ 1 \end{pmatrix}\right)$이다.

예제 5.34

$A = \begin{pmatrix} 1 & -2 & 3 \\ -2 & 4 & -6 \\ 3 & -6 & 9 \end{pmatrix}$일 때, 영공간 $N(A)$를 구하여라.

풀이 A에 대한 영공간은 $A\mathbf{x} = \mathbf{0}$의 해집합이므로 $A\mathbf{x} = \begin{pmatrix} 1 & -2 & 3 \\ -2 & 4 & -6 \\ 3 & -6 & 9 \end{pmatrix}\begin{pmatrix} x_1 \\ x_2 \\ x_3 \end{pmatrix} = \begin{pmatrix} 0 \\ 0 \\ 0 \end{pmatrix}$를 생각하자. Gauss–Jordan 소거법에 의하여

$$\left(\begin{array}{ccc|c} 1 & -2 & 3 & 0 \\ -2 & 4 & -6 & 0 \\ 3 & -6 & 9 & 0 \end{array}\right) \rightarrow \left(\begin{array}{ccc|c} 1 & -2 & 3 & 0 \\ 0 & 0 & 0 & 0 \\ 0 & 0 & 0 & 0 \end{array}\right)$$

$x_2 = \alpha$, $x_3 = \beta$ 라 두면 $x_1 = 2\alpha - 3\beta$ 이다. 따라서

$$\mathbf{x} = \begin{pmatrix} 2\alpha - 3\beta \\ \alpha \\ \beta \end{pmatrix} = \alpha \begin{pmatrix} 2 \\ 1 \\ 0 \end{pmatrix} + \beta \begin{pmatrix} -3 \\ 0 \\ 1 \end{pmatrix}$$

이다. 여기서 α, β 는 임의의 실수이다. 즉

$$N(A) = \left\{ \alpha \begin{pmatrix} 2 \\ 1 \\ 0 \end{pmatrix} + \beta \begin{pmatrix} -3 \\ 0 \\ 1 \end{pmatrix} \middle| \alpha, \beta \in \mathbb{R} \right\}$$

예제 5.35

$m \times n$ 행렬 A 의 영공간 $N(A)$ 은 $\mathbb{R}^n$ 의 부분공간임을 보여라.

풀이 (1) $\mathbf{x}, \mathbf{y} \in N(A)$ 이면 $A\mathbf{x} = \mathbf{0}$, $A\mathbf{y} = \mathbf{0}$ 이고 $A(\mathbf{x}+\mathbf{y}) = A\mathbf{x} + A\mathbf{y} = \mathbf{0}$ 이므로 $\mathbf{x}+\mathbf{y} \in N(A)$ 이다.

(2) $\mathbf{x} \in N(A)$ 이면 $A\mathbf{x} = \mathbf{0}$ 이고 k 가 임의의 스칼라이면 $A(k\mathbf{x}) = kA\mathbf{x} = \mathbf{0}$ 이므로 $k\mathbf{x} \in N(A)$ 이다.

따라서, $N(A)$ 는 $\mathbb{R}^n$ 의 부분공간이다.

정리 11

$m \times n$ 행렬 A 의 열공간은 $\{ A\mathbf{x} \mid \mathbf{x} \in \mathbb{R}^n \}$ 이다.

증명 $m \times n$ 행렬 A 의 열벡터를 차례로 $A_1, A_2, \cdots, A_n$ 이라 할 때, 임의의 스칼라 $x_1, x_2, \cdots, x_n$ 에 대하여 열공간의 원소는

$$x_1 A_1 + x_2 A_2 + \cdots + x_n A_n$$

이다. 여기서 $\mathbf{x} = \begin{pmatrix} x_1 \\ x_2 \\ \vdots \\ x_n \end{pmatrix}$ 이라 두면

$$x_1 A_1 + x_2 A_2 + \cdots + x_n A_n = A\mathbf{x}$$

이다.

행렬의 기본변환에 의하여 한 행렬의 열공간과 행공간이 어떻게 변하는지 살펴보자. 예를 들어, 행렬

$$A=\begin{pmatrix}1&0&0\\3&1&0\\4&2&0\end{pmatrix}$$

의 행공간을 구해보자. A를 기본 행변환하여 다음 행렬 U를 얻는다.

$$A=\begin{pmatrix}1&0&0\\3&1&0\\4&2&0\end{pmatrix}\to\begin{pmatrix}1&0&0\\0&1&0\\4&2&0\end{pmatrix}=U$$

이때, U의 두 번째 행벡터는 A의 첫 번째와 두 번째 행벡터의 일차결합

$$(0,1,0)=-3(1,0,0)+(3,1,0)$$

이므로 A의 행공간에 속하고, 역으로 A의 두 번째 행벡터는 U의 첫 번째와 두 번째 행벡터의 일차결합

$$(3,1,0)=3(1,0,0)+(0,1,0)$$

이므로 U의 행공간에 속한다. 따라서, A와 U의 행공간은 같고, 이것은 행렬 A의 행공간은 적용된 기본 행변환에 의하여 바뀌지 않는다는 것을 의미한다. 따라서 다음의 정리가 성립한다.

정리 12

행동치인 두 행렬의 행공간은 같다.

한편, 행렬 A^T을 기본 행변환하여 얻은 행렬을 B^T이라 하면 앞에서 살펴본 것과 같이 A^T과 B^T의 행공간은 서로 같다. 즉, A와 B의 열공간은 서로 같다.

예제 5.36

행렬 $A = \begin{pmatrix} 1 & 2 \\ 3 & 0 \\ 2 & 4 \end{pmatrix}$의 행공간, 열공간을 구하여라.

풀이 (1) A 의 행공간을 찾기 위해 기약 행사다리꼴 행렬로 변형하면

$$A = \begin{pmatrix} 1 & 2 \\ 3 & 0 \\ 2 & 4 \end{pmatrix} \to \begin{pmatrix} 1 & 2 \\ 3 & 0 \\ 0 & 0 \end{pmatrix} \to \begin{pmatrix} 1 & 2 \\ 0 & -6 \\ 0 & 0 \end{pmatrix} \to \begin{pmatrix} 1 & 2 \\ 0 & 1 \\ 0 & 0 \end{pmatrix} \to \begin{pmatrix} 1 & 0 \\ 0 & 1 \\ 0 & 0 \end{pmatrix}$$

이므로 A 의 행공간은 $\text{Span}((1,0),\ (0,1)) = \{(\alpha,\beta) \mid \alpha, \beta \in \mathbb{R}\}$ 이다.

(2) A 의 열공간을 찾기 위해서 A^T의 기약 행사다리꼴 행렬로 변형하면

$$A^T = \begin{pmatrix} 1 & 3 & 2 \\ 2 & 0 & 4 \end{pmatrix} \to \begin{pmatrix} 1 & 3 & 2 \\ 0 & -6 & 0 \end{pmatrix} \to \begin{pmatrix} 1 & 3 & 2 \\ 0 & 1 & 0 \end{pmatrix} \to \begin{pmatrix} 1 & 0 & 2 \\ 0 & 1 & 0 \end{pmatrix}$$

이므로 A 의 열공간은 $\text{Span}\left(\begin{pmatrix} 1 \\ 0 \\ 2 \end{pmatrix}, \begin{pmatrix} 0 \\ 1 \\ 0 \end{pmatrix}\right) = \left\{\begin{pmatrix} \alpha \\ \beta \\ 2\alpha \end{pmatrix} \middle| \alpha, \beta \in \mathbb{R}\right\}$ 인 $\mathbb{R}^3$의 2차원 부분공간이다.

예제 5.37

행렬 $A = \begin{pmatrix} 1 & -2 & 1 \\ 2 & -3 & 1 \\ 1 & 1 & -2 \end{pmatrix}$에 대한 영공간의 기저와 차원을 구하여라.

풀이 A에 대한 영공간은 $A\mathbf{x} = \mathbf{0}$ 의 해집합이므로 $A\mathbf{x} = \begin{pmatrix} 1 & -2 & 1 \\ 2 & -3 & 1 \\ 1 & 1 & -2 \end{pmatrix}\begin{pmatrix} x_1 \\ x_2 \\ x_3 \end{pmatrix} = \begin{pmatrix} 0 \\ 0 \\ 0 \end{pmatrix}$ 를 생각하자. Gauss–Jordan 소거법에 의하여

$$\left(\begin{array}{ccc|c} 1 & -2 & 1 & 0 \\ 2 & -3 & 1 & 0 \\ 1 & 1 & -2 & 0 \end{array}\right) \to \left(\begin{array}{ccc|c} 1 & 0 & -1 & 0 \\ 0 & 1 & -1 & 0 \\ 0 & 0 & 0 & 0 \end{array}\right)$$

$x_3 = \alpha$라 두면 $x_1 = \alpha$, $x_2 = \alpha$ 이다. 따라서

$$\mathbf{x} = \alpha\begin{pmatrix} 1 \\ 1 \\ 1 \end{pmatrix}$$

이며, 여기서 α 는 임의의 실수이다. 이때, A 의 영공간의 기저는 $\left\{\begin{pmatrix} 1 \\ 1 \\ 1 \end{pmatrix}\right\}$ 이고 1차원이다.

문제 5.10

행렬 $A=\begin{pmatrix}1 & -2 & 2\\ 2 & -3 & 1\\ 1 & 1 & -7\end{pmatrix}$의 행공간, 열공간, 영공간을 구하여라.

예제 5.36에서 주어진 행렬의 행공간의 차원과 열공간의 차원이 같음을 관찰하였다. 사실, 기약 행사다리꼴의 경우 그 행공간의 차원과 열공간의 차원은 선행하는 원소의 개수와 같으므로 다음의 정리를 쉽게 알 수 있다.

정리 13

A가 $m\times n$ 행렬일 때, 행공간의 차원과 열공간의 차원은 같다.

한 행렬에 대한 행공간의 차원과 열공간의 차원은 같은 수이고 이것은 행렬의 성질을 나타내는 주요한 지표이므로 다음과 같이 정의된다.

정의 12

행렬의 계수와 퇴화차수

(1) 행렬 A에 대한 행공간의 차원을 A의 계수(rank)라 하고 $\mathrm{rank}(A)$로 표기한다.

(2) 행렬 A에 대한 영공간의 차원을 A의 퇴화차수(nullity)라 하고 $\mathrm{nullity}(A)$로 표기한다.

예제 5.38

행렬 $A=\begin{pmatrix}1 & 4 & 2\\ 3 & 1 & -5\\ -2 & 3 & 7\\ -7 & 5 & 19\end{pmatrix}$의 계수를 구하여라.

풀이 기본행 변환을 이용하여 행사다리꼴 행렬로 변형하면

$$\begin{pmatrix}1 & 4 & 2\\ 3 & 1 & -5\\ -2 & 3 & 7\\ -7 & 5 & 19\end{pmatrix}\to\begin{pmatrix}1 & 4 & 2\\ 0 & -11 & -11\\ -2 & 3 & 7\\ -7 & 5 & 19\end{pmatrix}\to\begin{pmatrix}1 & 4 & 2\\ 0 & -11 & -11\\ 0 & 11 & 11\\ -7 & 5 & 19\end{pmatrix}\to\begin{pmatrix}1 & 4 & 2\\ 0 & -11 & -11\\ 0 & 11 & 11\\ 0 & 33 & 33\end{pmatrix}$$

$\to\begin{pmatrix}1 & 4 & 2\\ 0 & 1 & 1\\ 0 & 0 & 0\\ 0 & 0 & 0\end{pmatrix}$이다. 따라서 $\mathrm{rank}(A)=2$이다.

A 의 행사다리꼴 행렬을 U 라 하면 연립방정식 $A\mathbf{x}=\mathbf{0}$ 과 $U\mathbf{x}=\mathbf{0}$ 은 동치이다. A 의 계수가 r 이면 $U\mathbf{x}=\mathbf{0}$ 은 r 개의 선행변수와 $n-r$ 개의 자유변수를 포함하게 되고, 영공간의 차원은 자유변수의 개수 $n-r$ 이므로 다음과 같은 정리가 성립한다.

정리 14

A 가 $m\times n$ 행렬일 때, $\text{rank}(A)+\text{nullity}(A)=n$ 이다.

예제 5.39

행렬 $A=\begin{pmatrix}1&2&-1&1\\2&4&-3&1\\1&2&3&5\end{pmatrix}$ 에 대하여

(1) 행공간의 기저와 차원을 구하여라.

(2) 영공간의 기저와 차원을 구하여라.

(3) 열공간의 기저와 차원을 구하여라.

(4) $\text{rank}(A)+\text{nullity}(A)=n$ 임을 보여라.

풀이 기본 행변환을 이용하여 행사다리꼴 행렬로 변형하면

$$A=\begin{pmatrix}1&2&-1&1\\2&4&-3&1\\1&2&3&5\end{pmatrix}\to\begin{pmatrix}1&2&-1&1\\0&0&-1&-1\\0&0&4&4\end{pmatrix}\to\begin{pmatrix}1&2&-1&1\\0&0&-1&-1\\0&0&0&0\end{pmatrix}\to\begin{pmatrix}1&2&-1&1\\0&0&1&1\\0&0&0&0\end{pmatrix}$$

$$\to\begin{pmatrix}1&2&0&2\\0&0&1&1\\0&0&0&0\end{pmatrix}$$ 이다.

(1) 행공간의 기저는 $\{(1,2,0,2),\ (0,0,1,1)\}$ 이고 차원은 $\text{rank}(A)=2$ 이다. 행공간은 $\mathbb{R}^4$ 의 2차원 부분공간이다.

(2) $A\mathbf{x}=\mathbf{0}$ 을 만족하는 $\mathbf{x}=\begin{pmatrix}x_1\\x_2\\x_3\\x_4\end{pmatrix}$ 를 구해보면 $x_1+2x_2+2x_4=0,\ x_3+x_4=0$ 이고 $x_2=\alpha,\ x_4=\beta$ 라 두면 $x_1=-2\alpha-2\beta,\ x_3=-\beta$ 이다. 따라서

$$\mathbf{x}=\begin{pmatrix}x_1\\x_2\\x_3\\x_4\end{pmatrix}=\left\{\alpha\begin{pmatrix}-2\\1\\0\\0\end{pmatrix}+\beta\begin{pmatrix}-2\\0\\-1\\1\end{pmatrix}\ \middle|\ \alpha,\beta\in\mathbb{R}\right\}$$

이므로 영공간의 기저는 $\left\{\begin{pmatrix}-2\\1\\0\\0\end{pmatrix},\begin{pmatrix}-2\\0\\-1\\1\end{pmatrix}\right\}$ 이고 영공간의 차원은 $\text{nullity}(A)=2$

이다. 즉, 영공간은 $\mathbb{R}^4$의 2차원 부분공간이다.

(3) $A^T = \begin{pmatrix} 1 & 2 & 1 \\ 2 & 4 & 2 \\ -1 & -3 & 3 \\ 1 & 1 & 5 \end{pmatrix} \to \begin{pmatrix} 1 & 2 & 1 \\ 0 & 0 & 0 \\ 0 & -1 & 4 \\ 0 & -1 & 4 \end{pmatrix} \to \begin{pmatrix} 1 & 2 & 1 \\ 0 & 1 & -4 \\ 0 & 0 & 0 \\ 0 & 0 & 0 \end{pmatrix} \to \begin{pmatrix} 1 & 0 & 9 \\ 0 & 1 & -4 \\ 0 & 0 & 0 \\ 0 & 0 & 0 \end{pmatrix}$이므로 열공간의 기저는 $\left\{ \begin{pmatrix} 1 \\ 0 \\ 9 \end{pmatrix}, \begin{pmatrix} 0 \\ 1 \\ -4 \end{pmatrix} \right\}$이고 차원은 2차원이다. 열공간은 $\mathbb{R}^3$의 2차원 부분공간이다.

(4) A는 3×4 행렬로 열의 개수가 $n = 4$이다. $\text{rank}(A) = 2$이고 $\text{nullity}(A) = 2$이므로 $\text{rank}(A) + \text{nullity}(A) = 4$가 성립한다.

문제 5.11

행렬 $A = \begin{pmatrix} 1 & 4 & 5 & 6 \\ 3 & -2 & 1 & 4 \\ -1 & 0 & -1 & -2 \\ 2 & 3 & 5 & 7 \end{pmatrix}$에 대하여 $\text{nullity}(A)$를 구하여라.

정리 15

A가 $m \times n$행렬일 때, 연립일차방정식 $A\mathbf{x} = \mathbf{b}$가 해를 가질 필요충분조건은 $\mathbf{b}$가 A의 열공간에 속하는 것이다.

증명 연립일차방정식

$$\begin{pmatrix} a_{11} & a_{12} & \cdots & a_{1n} \\ a_{21} & a_{22} & \cdots & a_{2n} \\ \vdots & \vdots & \cdots & \vdots \\ a_{m1} & a_{m2} & \cdots & a_{mn} \end{pmatrix} \begin{pmatrix} x_1 \\ x_2 \\ \vdots \\ x_n \end{pmatrix} = \begin{pmatrix} b_1 \\ b_2 \\ \vdots \\ b_m \end{pmatrix}$$

은 다음과 같이 쓸 수 있다.

$$x_1 \begin{pmatrix} a_{11} \\ a_{21} \\ \vdots \\ a_{m1} \end{pmatrix} + x_2 \begin{pmatrix} a_{12} \\ a_{22} \\ \vdots \\ a_{m2} \end{pmatrix} + \cdots + x_n \begin{pmatrix} a_{1n} \\ a_{2n} \\ \vdots \\ a_{mn} \end{pmatrix} = \begin{pmatrix} b_1 \\ b_2 \\ \vdots \\ b_m \end{pmatrix}$$

따라서 $A\mathbf{x} = \mathbf{b}$의 해 $\mathbf{x} = \begin{pmatrix} x_1 \\ x_2 \\ \vdots \\ x_n \end{pmatrix}$가 존재하는 것과 $\mathbf{b} = \begin{pmatrix} b_1 \\ b_2 \\ \vdots \\ b_m \end{pmatrix}$가 A의 열공간의 원소인 것은 필요충분조건이다.

정리 16

A가 $n \times n$ 행렬일 때, 임의의 $\mathbf{b} \in \mathbb{R}^n$에 대하여 다음 명제들은 서로 동치이다.

(1) $A\mathbf{x} = \mathbf{b}$가 유일해를 가진다.

(2) $A\mathbf{x} = \mathbf{0}$의 해는 자명해 $\mathbf{x} = \mathbf{0}$ 뿐이다.

(3) A의 열벡터가 일차독립이다.

증명 (1) ⇒ (2)

$\mathbf{b} = \mathbf{0}$인 경우이며 $A\mathbf{x} = \mathbf{0}$은 자명해 $\mathbf{x} = \mathbf{0}$만 갖는다.

(2) ⇒ (3)

$\mathbf{v}_i$를 A의 i번째 열벡터라 하면 $A = (\mathbf{v}_1, \mathbf{v}_2, \cdots, \mathbf{v}_n)$이고 $\mathbf{x} = \begin{pmatrix} x_1 \\ x_2 \\ \vdots \\ x_n \end{pmatrix}$이면 $A\mathbf{x} = \mathbf{0} \Leftrightarrow x_1\mathbf{v}_1 + x_2\mathbf{v}_2 + \cdots + x_n\mathbf{v}_n = \mathbf{0}$이다. $A\mathbf{x} = \mathbf{0}$가 자명해 $\mathbf{x} = \mathbf{0}$만 가지므로 $x_1 = x_2 = \cdots = x_n = 0$이고 열벡터 $\mathbf{v}_1, \mathbf{v}_2, \cdots, \mathbf{v}_n$은 일차독립이다.

(3) ⇒ (1)

$A\mathbf{x} = \mathbf{b}$가 서로 다른 해 $\mathbf{x} = \begin{pmatrix} x_1 \\ x_2 \\ \vdots \\ x_n \end{pmatrix}$, $\mathbf{y} = \begin{pmatrix} y_1 \\ y_2 \\ \vdots \\ y_n \end{pmatrix}$를 갖는다고 하면 $A\mathbf{x} = \mathbf{b}$, $A\mathbf{y} = \mathbf{b}$이고

$$A\mathbf{x} - A\mathbf{y} = (x_1 - y_1)\mathbf{v}_1 + (x_2 - y_2)\mathbf{v}_2 + \cdots + (x_n - y_n)\mathbf{v}_n = \mathbf{0}$$

이다. 행렬 A의 열벡터가 일차독립이므로 $x_1 - y_1 = x_2 - y_2 = \cdots = x_n - y_n = 0$이다. 따라서, $\mathbf{x} - \mathbf{y} = \mathbf{0}$이고 $\mathbf{x} = \mathbf{y}$이다.

예제 5.40

(1) $A = \begin{pmatrix} 1 & 2 & 1 & 1 \\ 2 & 4 & 3 & 1 \\ 1 & 2 & 3 & 5 \\ 1 & 1 & 0 & 1 \end{pmatrix}$를 계수행렬로 가지는 연립일차방정식 $A\mathbf{x} = \mathbf{b}$가 유일해를 가짐을 보여라.

(2) A의 열벡터들의 집합이 벡터공간 $\mathbb{R}^4$의 기저임을 보여라.

풀이 (1) 연립일차방정식 $A\mathbf{x} = \mathbf{b}$ 가 유일해를 가질 조건은 A의 열벡터가 일차독립이다.

$$\begin{vmatrix} 1 & 2 & 1 & 1 \\ 2 & 4 & 3 & 1 \\ 1 & 2 & 3 & 5 \\ 1 & 1 & 0 & 1 \end{vmatrix} = \begin{vmatrix} 1 & 2 & 1 & 1 \\ 0 & 0 & 1 & -1 \\ 0 & 0 & 2 & 4 \\ 0 & -1 & -1 & 0 \end{vmatrix} = \begin{vmatrix} 0 & 1 & -1 \\ 0 & 2 & 4 \\ -1 & -1 & 0 \end{vmatrix} = -\begin{vmatrix} 1 & -1 \\ 2 & 4 \end{vmatrix} = -6 \neq 0$$

이므로 A의 열벡터는 정리 16에 의해서 일차독립이다. 따라서, 연립일차방정식 $A\mathbf{x} = \mathbf{b}$ 가 유일해를 가진다.

(2) 벡터공간 $\mathbb{R}^4$의 차원은 4차원이고 4개의 열벡터 $\begin{pmatrix} 1 \\ 2 \\ 1 \\ 1 \end{pmatrix}, \begin{pmatrix} 2 \\ 4 \\ 2 \\ 1 \end{pmatrix}, \begin{pmatrix} 1 \\ 3 \\ 3 \\ 0 \end{pmatrix}, \begin{pmatrix} 1 \\ 1 \\ 5 \\ 1 \end{pmatrix}$가 일차독립이므로 정리 9로부터 $\left\{\begin{pmatrix} 1 \\ 2 \\ 1 \\ 1 \end{pmatrix}, \begin{pmatrix} 2 \\ 4 \\ 2 \\ 1 \end{pmatrix}, \begin{pmatrix} 1 \\ 3 \\ 3 \\ 0 \end{pmatrix}, \begin{pmatrix} 1 \\ 1 \\ 5 \\ 1 \end{pmatrix}\right\}$은 벡터공간 $\mathbb{R}^4$의 기저이다.

$n \times n$ 행렬 정칙성(가역성)의 동치조건들을 4장의 정리 5에 추가하여 다음과 같이 하나의 정리로 요약한다.

정리 17

A가 $n \times n$ 행렬일 때, 다음 명제들은 동치이다.

(1) A는 정칙행렬이다.

(2) A의 기약행사다리꼴 행렬은 I이다.

(3) A는 I와 행동치이다.

(4) $A\mathbf{x} = \mathbf{0}$는 자명해 $\mathbf{x} = \mathbf{0}$만 가진다.

(5) 임의의 $\mathbf{b} \in \mathbb{R}^n$에 대하여 $A\mathbf{x} = \mathbf{b}$가 유일해 $\mathbf{x} = A^{-1}\mathbf{b}$를 가진다.

(6) $\text{rank}(A) = n$이다.

(7) $\det(A) \neq 0$이다.

예제 5.41

연립일차방정식 $\begin{cases} ax_1 \qquad\quad + bx_3 = 2 \\ ax_1 + ax_2 + 4x_3 = 5 \\ \qquad\quad ax_2 + 2x_3 = b \end{cases}$ 가 유일한 해를 가질 a, b 의 조건을 구하여라.

풀이 연립일차방정식의 해가 유일하게 존재할 조건은 계수 행렬 A 의 행렬식이 0이 아니어야 한다. 따라서,

$$\det(A) = \begin{vmatrix} a & 0 & b \\ a & a & 4 \\ 0 & a & 2 \end{vmatrix} = \begin{vmatrix} a & 0 & b \\ 0 & a & 4-b \\ 0 & a & 2 \end{vmatrix} = \begin{vmatrix} a & 0 & b \\ 0 & a & 4-b \\ 0 & 0 & b-2 \end{vmatrix} = a^2(b-2) \neq 0$$

즉, $a \neq 0$, $b \neq 2$ 이다.

연습문제

01 다음 각각의 S가 $\mathbb{R}^2$ 또는 $\mathbb{R}^3$ 의 부분공간이 되는지 조사하여라.

(1) $S = \left\{ \begin{pmatrix} x_1 \\ x_2 \end{pmatrix} \in \mathbb{R}^2 \;\middle|\; x_1 + x_2 = 0 \right\}$ (2) $S = \left\{ \begin{pmatrix} x_1 \\ 1 \end{pmatrix} \in \mathbb{R}^2 \;\middle|\; x_1 \in \mathbb{R} \right\}$

(3) $S = \left\{ \begin{pmatrix} x_1 \\ x_2 \end{pmatrix} \in \mathbb{R}^2 \;\middle|\; 3x_1 = 2x_2 \right\}$ (4) $S = \left\{ \begin{pmatrix} x_1 \\ x_2 \\ x_3 \end{pmatrix} \in \mathbb{R}^3 \;\middle|\; x_1 \geq 0 \right\}$

(5) $S = \left\{ \begin{pmatrix} x_1 \\ x_2 \\ x_3 \end{pmatrix} \in \mathbb{R}^3 \;\middle|\; x_1 = x_2 = x_3 \right\}$

(6) $S = \left\{ \begin{pmatrix} x_1 \\ x_2 \\ x_3 \end{pmatrix} \in \mathbb{R}^3 \;\middle|\; x_1 + x_2 + x_3 = 1 \right\}$

02 2×2 행렬의 집합인 $S = \{A \in \mathrm{M}_{2\times 2}(\mathbb{R}) \mid \det(A) = 0\}$ 가 벡터공간 $\mathrm{M}_{2\times 2}(\mathbb{R})$ 의 부분공간인지 아닌지를 판단하여라.

03 다음 벡터들이 일차독립인가 일차종속인가를 밝혀라.

(1) $\begin{pmatrix} 1 \\ 1 \end{pmatrix}, \begin{pmatrix} 2 \\ 3 \end{pmatrix}$ (2) $\begin{pmatrix} 3 \\ 1 \end{pmatrix}, \begin{pmatrix} 6 \\ 2 \end{pmatrix}$

(3) $\begin{pmatrix} 0 \\ 1 \\ 1 \end{pmatrix}, \begin{pmatrix} 1 \\ 0 \\ 1 \end{pmatrix}, \begin{pmatrix} 1 \\ 1 \\ 0 \end{pmatrix}$ (4) $\begin{pmatrix} 2 \\ 3 \\ 4 \end{pmatrix}, \begin{pmatrix} 3 \\ 4 \\ 5 \end{pmatrix}, \begin{pmatrix} 4 \\ 5 \\ 6 \end{pmatrix}$

04 $\mathrm{v}_1 = \begin{pmatrix} 1 \\ -1 \\ 2 \end{pmatrix}$, $\mathrm{v}_2 = \begin{pmatrix} 3 \\ 0 \\ 1 \end{pmatrix}$, $\mathrm{v}_3 = \begin{pmatrix} a \\ 0 \\ b \end{pmatrix}$가 일차종속이 되도록 실수 a, b 의 조건을 구하여라.

05 다음 함수들이 일차독립인가 일차종속인가를 밝혀라.

(1) $x-1,\ x^2-1$ (2) $x-1,\ x^2-1,\ x^3-1$

(3) $1,\ x^2,\ x^3+1$ (4) $3,\ x,\ x^2,\ 2x+4$

(5) $\sin x,\ \cos x$ (6) $x,\ e^x,\ e^{2x}$

06 다음 행렬들이 일차독립인가 일차종속인가를 밝혀라.

(1) $\begin{pmatrix} 1 & 2 \\ 3 & 0 \end{pmatrix}, \begin{pmatrix} 1 & -4 \\ 3 & 1 \end{pmatrix}, \begin{pmatrix} 1 & -3 \\ 2 & 1 \end{pmatrix}$ (2) $\begin{pmatrix} 1 & 5 & -3 \\ 7 & -2 & 4 \end{pmatrix}, \begin{pmatrix} 7 & -2 & 4 \\ 1 & 5 & -3 \end{pmatrix}$

07 벡터 $\begin{pmatrix} 1 \\ a \\ a^2 \end{pmatrix}, \begin{pmatrix} 1 \\ b \\ b^2 \end{pmatrix}, \begin{pmatrix} 1 \\ c \\ c^2 \end{pmatrix}$가 일차종속이 되기 위한 실수 $a,\ b,\ c$ 의 조건을 구하여라.

08 $\{x+3,\ x^2-x-1,\ 2x^2+c\}$가 벡터공간 P_2의 생성집합이 되도록 실수 c의 조건을 구하여라.

09 벡터 $\mathrm{v} = \begin{pmatrix} 1 \\ -4 \\ 2 \end{pmatrix}$를 $\mathrm{a} = \begin{pmatrix} 2 \\ 1 \\ 3 \end{pmatrix},\ \mathrm{b} = \begin{pmatrix} -3 \\ 2 \\ -5 \end{pmatrix},\ \mathrm{c} = \begin{pmatrix} 4 \\ 1 \\ 6 \end{pmatrix}$의 일차결합으로 나타내어라.

10 다음 각 식을 $p_1(x) = 1 - x + 3x^2,\ p_2(x) = 2 + x + 4x^2,\ p_3(x) = 3 + 2x + 5x^2$의 일차결합으로 나타내어라.

(1) $2-x+6x^2$ (2) $4+4x+6x^2$

11 다음 집합 중 $\mathbb{R}^3$ 의 기저인 것을 모두 선택하여라.

(1) $\left\{\begin{pmatrix} 1 \\ 0 \\ 1 \end{pmatrix}, \begin{pmatrix} 1 \\ 1 \\ 1 \end{pmatrix}\right\}$ (2) $\left\{\begin{pmatrix} 1 \\ 0 \\ 1 \end{pmatrix}, \begin{pmatrix} 2 \\ 2 \\ 0 \end{pmatrix}, \begin{pmatrix} 3 \\ 3 \\ 3 \end{pmatrix}\right\}$

(3) $\left\{\begin{pmatrix} 1 \\ 0 \\ 1 \end{pmatrix}, \begin{pmatrix} 1 \\ 2 \\ 3 \end{pmatrix}, \begin{pmatrix} 1 \\ 3 \\ 5 \end{pmatrix}, \begin{pmatrix} 3 \\ 2 \\ 0 \end{pmatrix}\right\}$ (4) $\left\{\begin{pmatrix} 1 \\ 1 \\ 2 \end{pmatrix}, \begin{pmatrix} 1 \\ 2 \\ 5 \end{pmatrix}, \begin{pmatrix} 5 \\ 3 \\ 4 \end{pmatrix}\right\}$

12 다음 집합 중 P_2 의 기저인 것을 모두 선택하여라.

(1) $\{x,\ 3x,\ x^2\}$

(2) $\{x,\ 1-x,\ 2x^2\}$

(3) $\{1-2x-2x^2,\ -2+3x-x^2,\ 1-x+5x^2\}$

(4) $\{1+2x-x^2,\ 4-2x+x^2,\ -1+18x-9x^2\}$

13 다음 행렬들에 의하여 생성되는 $\mathrm{M}_{2\times 2}(\mathbb{R})$ 의 부분공간의 차원을 구하여라. 또, 이 행렬들이 $\mathrm{M}_{2\times 2}(\mathbb{R})$ 의 기저를 형성하는가를 조사하여라.

(1) $\begin{pmatrix} 1 & 0 \\ 1 & 1 \end{pmatrix}, \begin{pmatrix} 0 & 1 \\ 0 & 0 \end{pmatrix}$

(2) $\begin{pmatrix} 1 & 0 \\ 0 & 1 \end{pmatrix}, \begin{pmatrix} 0 & 1 \\ 0 & 0 \end{pmatrix}, \begin{pmatrix} 2 & 1 \\ 0 & 2 \end{pmatrix}$

14 $\mathbb{R}^3$ 의 순서기저 $\mathrm{u}_1 = \begin{pmatrix} 1 \\ 1 \\ 0 \end{pmatrix}$, $\mathrm{u}_2 = \begin{pmatrix} 1 \\ 0 \\ 1 \end{pmatrix}$, $\mathrm{u}_3 = \begin{pmatrix} 0 \\ 1 \\ 1 \end{pmatrix}$에 대한 다음 각 벡터의 좌표벡터를 각각 구하여라.

(1) $\mathrm{v} = \begin{pmatrix} -6 \\ 4 \\ 2 \end{pmatrix}$

(2) $\mathrm{v} = \begin{pmatrix} 4 \\ 3 \\ 5 \end{pmatrix}$

(3) $\mathrm{v} = \begin{pmatrix} -1 \\ 5 \\ 4 \end{pmatrix}$

(4) $\mathrm{v} = \begin{pmatrix} 10 \\ 5 \\ -3 \end{pmatrix}$

15 다음 주어진 벡터공간 V에서 벡터 v 의 순서기저 E에 대한 좌표벡터 $[\mathrm{v}]_E$ 를 구하여라.

(1) $V = \mathbb{R}^2,\quad E = \left[\begin{pmatrix} 1 \\ -2 \end{pmatrix}, \begin{pmatrix} -1 \\ 1 \end{pmatrix}\right],\quad \mathrm{v} = \begin{pmatrix} -5 \\ 2 \end{pmatrix}$

(2) $V = \mathbb{R}^3,\quad E = \left[\begin{pmatrix} 1 \\ 2 \\ -1 \end{pmatrix}, \begin{pmatrix} -1 \\ 0 \\ 3 \end{pmatrix}, \begin{pmatrix} 0 \\ 2 \\ 1 \end{pmatrix}\right],\quad \mathrm{v} = \begin{pmatrix} 3 \\ 2 \\ -1 \end{pmatrix}$

(3) $V = P_2,\quad E = [\,x-1,\ x^2+1,\ x^2-x+1\,],\quad \mathrm{v} = -3x^2+2x-7$

(4) $V = \mathrm{M}_{2\times 2}(\mathbb{R}),\quad E = \left[\begin{pmatrix} 1 & 0 \\ 0 & 0 \end{pmatrix}, \begin{pmatrix} 0 & 1 \\ 0 & 0 \end{pmatrix}, \begin{pmatrix} 0 & 0 \\ 1 & 0 \end{pmatrix}, \begin{pmatrix} 0 & 0 \\ 0 & 1 \end{pmatrix}\right]$,

$\mathrm{v} = \begin{pmatrix} 4 & 5 \\ 3 & -2 \end{pmatrix}$

16 다음 벡터 b 가 A 의 열공간에 속하는지를 결정하고, 만약 그렇다면 b 를 A 의 열벡터들의 일차결합으로 나타내어라.

(1) $A = \begin{pmatrix} 3 & 1 \\ 2 & 1 \end{pmatrix}$; $\mathrm{b} = \begin{pmatrix} 1 \\ 2 \end{pmatrix}$ (2) $A = \begin{pmatrix} 5 & 1 \\ -1 & 5 \end{pmatrix}$; $\mathrm{b} = \begin{pmatrix} 1 \\ 0 \end{pmatrix}$

17 다음 행렬 A 의 영공간 $N(A)$ 의 기저를 구하여라.

(1) $A = \begin{pmatrix} 1 & 4 \\ 2 & 4 \end{pmatrix}$ (2) $A = \begin{pmatrix} 1 & 3 & 2 \\ 2 & -1 & -3 \end{pmatrix}$

(3) $A = \begin{pmatrix} 1 & -2 & 9 \\ 2 & -3 & 16 \\ 0 & -7 & 14 \end{pmatrix}$ (4) $A = \begin{pmatrix} 1 & -1 & 0 & 1 \\ 0 & -1 & 1 & 1 \\ 0 & 1 & -1 & 1 \end{pmatrix}$

18 다음 행렬에 대한 행공간의 기저와 열공간의 기저를 각각 구하고, 영공간의 차원을 구하여라.

(1) $\begin{pmatrix} 3 & -4 \\ -6 & 8 \end{pmatrix}$ (2) $\begin{pmatrix} 1 & -2 & 1 \\ 2 & -3 & 1 \\ 1 & 1 & -2 \end{pmatrix}$

(3) $\begin{pmatrix} 1 & 2 & 1 \\ 3 & 5 & 5 \\ -1 & 2 & -2 \end{pmatrix}$ (4) $\begin{pmatrix} 1 & 2 & 3 & 4 \\ 2 & 3 & 4 & 5 \\ 5 & 6 & 7 & 8 \\ 6 & 7 & 8 & 9 \end{pmatrix}$

19 네 벡터 $v_1 = (0, 0, 1, 1, 1)$, $v_2 = (1, 1, -2, 0, -1)$, $v_3 = (-1, -1, 2, -3, 1)$, $v_4 = (2, 2, -1, 0, 1)$가 생성하는 $\mathbb{R}^5$ 의 부분공간의 차원을 구하여라.

20 행렬 $\begin{pmatrix} 1 & 5 & x \\ 2 & 6 & 48 \\ 3 & 7 & 60 \\ 4 & 8 & y \end{pmatrix}$의 계수가 2일 때, $x+y$ 의 값을 구하여라.

21 행렬 $A = \begin{pmatrix} 1 & 8 & 4 & 1 & 2 \\ 1 & 4 & 2 & 1 & 0 \\ 0 & 2 & 1 & 0 & 1 \end{pmatrix}$에 대하여 A 의 계수를 r, A 의 영공간의 차원을 n, A 의 열공간의 차원을 c 라고 할 때, $r+2n+3c$ 의 값을 구하여라.

22 행렬 $A = \begin{pmatrix} 1 & 0 & -1 & -1 \\ 0 & 1 & -2 & 0 \\ 0 & 0 & 0 & 0 \end{pmatrix}$에 대하여 두 벡터 $\begin{pmatrix} a \\ b \\ 1 \\ 0 \end{pmatrix}$와 $\begin{pmatrix} c \\ d \\ 0 \\ 1 \end{pmatrix}$는 A의 영공간의 기저이다. $a+b+c+d$의 값을 구하여라.

23 다음 연립일차방정식이 $x=y=z=0$ 이외의 해를 가지는 a 값을 구하여라.

$$\begin{cases} ax + y - z = x \\ 2x - y + z = 0 \\ x + 2ay + z = -y \end{cases}$$

6장

고윳값과 고유벡터

01 고윳값과 고유벡터

A가 $n \times n$ 행렬이고 $\mathbf{x}$가 $\mathbb{R}^n$의 벡터일 때, 일반적으로 벡터 $\mathbf{x}$와 벡터 $A\mathbf{x}$ 사이의 기하학적 관계는 존재하지 않는다. 그러나 두 벡터가 서로 스칼라 배가 되는 경우가 있다. 이러한 벡터는 선형변환의 해석에서 중요한 역할을 하게 되고 진동, 전기계, 유전학, 화학반응, 경제학 기하학 등 다양한 연구에서 활용된다. 이 절에서는 이러한 벡터를 구하는 방법을 설명한다.

정의 1

A가 $n \times n$ 행렬일 때, $\mathbb{R}^n$에 속하는 $\mathbf{0}$(영벡터)이 아닌 벡터 $\mathbf{x}$와 어떤 스칼라 λ에 대해

$$A\mathbf{x} = \lambda\mathbf{x}$$

이면 스칼라 λ를 A의 고윳값(eigenvalue)이라 하며 $\mathbf{x}$를 λ에 대응하는 고유벡터(eigenvector corresponding to λ)라고 한다.

일반적으로 벡터 $\mathbf{x}$와 정사각행렬 A에 대하여 $A\mathbf{x}$는 $\mathbf{x}$와 크기와 방향이 다르다. 하지만 $\mathbf{x}$가 A의 고유벡터인 경우에는 A의 곱에 의해 $\mathbf{x}$와 평행인 벡터가 된다. 예를 들어, $\mathbb{R}^2$와 $\mathbb{R}^3$에 있어서 A의 곱은 각 고유벡터 $\mathbf{x}$를 원점 위의 $\mathbf{x}$와 같은 직선으로 사상하는 것이다. <그림 6.1>에서 $\mathbf{x}$에 대응하는 고윳값 λ의 부호와 크기에 따라서 선형 연산자 $A\mathbf{x} = \lambda\mathbf{x}$는 $\mathbf{x}$를 λ인 인자만큼 축소 또는 확대하고 λ가 음인 경우에는 $\mathbf{x}$의 방향을 반대로 바꾼다.

예제 6.1

행렬 $A = \begin{pmatrix} 3 & 1 \\ -3 & 7 \end{pmatrix}$에 대하여 벡터 $\mathbf{x} = \begin{pmatrix} 1 \\ 1 \end{pmatrix}$은 고윳값 $\lambda = 4$에 대응되는 고유벡터임을 보여라.

풀이 $A\mathbf{x} = \begin{pmatrix} 3 & 1 \\ -3 & 7 \end{pmatrix}\begin{pmatrix} 1 \\ 1 \end{pmatrix} = \begin{pmatrix} 4 \\ 4 \end{pmatrix} = 4\mathbf{x}$ 이므로 벡터 $\mathbf{x} = \begin{pmatrix} 1 \\ 1 \end{pmatrix}$은 고윳값 $\lambda = 4$에 대응되는

고유벡터이다. 기하학적으로 A의 곱은 벡터 $\mathbf{x}$를 4배만큼 늘린다는 의미이다.

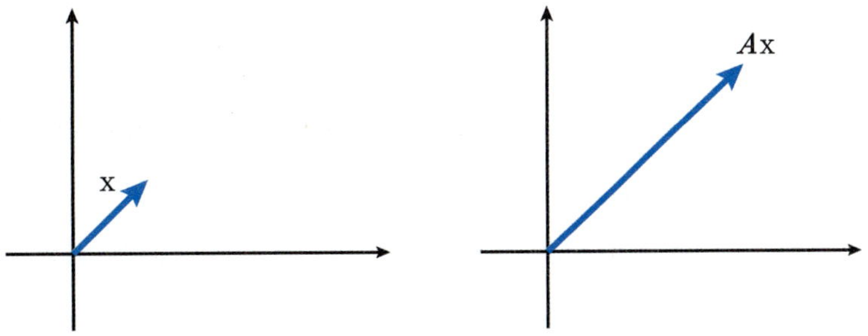

그림 6.1

예제 6.2

행렬 $A=\begin{pmatrix}1 & 3\\ 3 & 1\end{pmatrix}$에 대하여 벡터 $\mathbf{x}=\begin{pmatrix}-1\\ 1\end{pmatrix}$는 고윳값 $\lambda=-2$에 대응되는 고유벡터임을 보여라.

풀이 $A\mathbf{x}=\begin{pmatrix}1 & 3\\ 3 & 1\end{pmatrix}\begin{pmatrix}-1\\ 1\end{pmatrix}=\begin{pmatrix}2\\ -2\end{pmatrix}=-2\mathbf{x}$ 이므로 벡터 $\mathbf{x}=\begin{pmatrix}-1\\ 1\end{pmatrix}$은 고윳값 $\lambda=-2$에 대응되는 고유벡터이다.

예제 6.3

대각행렬 $D=\begin{pmatrix}\lambda_1 & 0 & 0\\ 0 & \lambda_2 & 0\\ 0 & 0 & \lambda_3\end{pmatrix}$의 고윳값을 모두 구하여라.

풀이 먼저 $D\mathbf{e}_1=\lambda_1\mathbf{e}_1$, $D\mathbf{e}_2=\lambda_2\mathbf{e}_2$, $D\mathbf{e}_3=\lambda_3\mathbf{e}_3$ 이므로 $\lambda_1, \lambda_2, \lambda_3$는 D의 고윳값이다. 또한 λ를 임의의 고윳값이라고 하고 $\mathbf{x}=\begin{pmatrix}x_1\\ x_2\\ x_3\end{pmatrix}$를 λ에 대응하는 고유벡터라고 하면 $D\mathbf{x}=\lambda\mathbf{x}$ 이므로

$$D\mathbf{x}=\begin{pmatrix}\lambda_1 & 0 & 0\\ 0 & \lambda_2 & 0\\ 0 & 0 & \lambda_3\end{pmatrix}\begin{pmatrix}x_1\\ x_2\\ x_3\end{pmatrix}=\begin{pmatrix}\lambda_1 x_1\\ \lambda_2 x_2\\ \lambda_3 x_3\end{pmatrix}=\begin{pmatrix}\lambda x_1\\ \lambda x_2\\ \lambda x_3\end{pmatrix}=\lambda\mathbf{x}$$

이다. 따라서 x_1, x_2, x_3 가운데 적어도 하나는 0이 아니므로 $\lambda=\lambda_1$ 또는 $\lambda=\lambda_2$ 또는 $\lambda=\lambda_3$ 이다. 즉, D의 모든 고윳값은 $\lambda_1, \lambda_2, \lambda_3$ 이다.

고윳값과 고유벡터의 계산

대각행렬과 같은 특수한 행렬의 경우 고유벡터를 짐작할 수 있어 고윳값을 쉽게 구할 수 있으나 일반적인 행렬은 고유벡터나 고윳값을 구하기가 쉽지 않다. 지금부터 $n \times n$ 행렬 A의 고윳값과 고유벡터를 구하는 일반적인 방법을 살펴보자.

먼저, $n \times n$ 행렬 A의 고윳값 λ를 구해보면, $A\mathbf{x} = \lambda\mathbf{x}$는 $A\mathbf{x} = \lambda I\mathbf{x}$이고 이는

$$(A - \lambda I)\mathbf{x} = \mathbf{0}$$

으로 쓸 수 있다. 이때, λ가 A의 고윳값이 되기 위해서는 이 방정식이 영벡터가 아닌 해 $\mathbf{x}$를 가져야 한다. 이 방정식이 $\mathbf{0}$이 아닌 해를 갖기 위한 필요충분조건은 $\det(A - \lambda I) = 0$이므로 다음과 같은 결론을 얻을 수 있다.

정의 2

특성방정식, 특성다항식

A가 $n \times n$ 행렬이면 λ가 A의 고윳값일 필요충분조건은

$$\det(A - \lambda I) = 0$$

을 만족하는 것이다. 이 식을 A의 특성방정식(characteristic equation)이라 한다. 행렬식 $\det(A - \lambda I)$를 전개하면 λ에 대한 n차 다항식 $p(\lambda)$가 되고 이 다항식을 A의 특성다항식(characteristic polynomial)이라 한다.

이때, A가 $n \times n$ 행렬이면 A의 특성다항식은 n차이고 λ^n의 계수는 1임을 알 수 있다. 따라서 $n \times n$ 행렬의 특성다항식은

$$p(\lambda) = \lambda^n + c_1\lambda^{n-1} + \cdots + c_n$$

이 되고 n차 다항식은 최대 n개의 서로 다른 해를 가지므로

$$\lambda^n + c_1\lambda^{n-1} + \cdots + c_n = 0$$

은 최대 n개의 서로 다른 해를 갖고 그 결과 $n \times n$ 행렬은 최대 n개의 서로 다른 고윳값을 갖는다. 행렬 자체는 실수의 성분을 갖는 행렬이라도 고윳값은 복소수가 될 수도 있다.

정리 1

A가 $n \times n$ 행렬이면 다음 명제들은 동치이다.

(1) λ가 A의 고윳값이다.

(2) 연립방정식 $(A-\lambda I)\mathbf{x} = \mathbf{0}$ 이 자명하지 않은 해를 갖는다.

(3) λ가 특성방정식 $\det(A-\lambda I) = 0$의 해이다.

(4) $A\mathbf{x} = \lambda\mathbf{x}$를 만족하는 영이 아닌 벡터 $\mathbf{x}$가 존재한다.

행렬의 고윳값에 대응하는 고유벡터를 찾는 문제를 생각해 보자. 행렬 A의 고윳값 λ에 대응하는 고유벡터는 방정식

$$(A - \lambda I)\mathbf{x} = \mathbf{0}$$

을 만족하는 $\mathbf{0}$이 아닌 벡터이므로 고유벡터는 행렬 $A - \lambda I$의 영공간에 속하는 $\mathbf{0}$이 아닌 벡터이다. 이 영공간을 λ에 대응하는 A의 고유공간(eigenspace)이라 한다. 즉, 고윳값 λ에 대한 A의 고유공간은 동차방정식 $(A - \lambda I)\mathbf{x} = \mathbf{0}$ 의 해공간이다.

예제 6.4

행렬 $A = \begin{pmatrix} 1 & 1 \\ 4 & 1 \end{pmatrix}$의 고윳값과 고유벡터를 구하여라.

풀이

$$p(\lambda) = \begin{vmatrix} 1-\lambda & 1 \\ 4 & 1-\lambda \end{vmatrix} = \lambda^2 - 2\lambda - 3 = (\lambda - 3)(\lambda + 1) = 0$$

에서 $\lambda = 3, \lambda = -1$이므로 A 의 고윳값은 $3, -1$이다.

(1) 고윳값 $\lambda = 3$에 대한 고유벡터는 연립일차방정식

$$(A - 3I)\mathbf{x} = \begin{pmatrix} -2 & 1 \\ 4 & -2 \end{pmatrix}\begin{pmatrix} x_1 \\ x_2 \end{pmatrix} = \begin{pmatrix} 0 \\ 0 \end{pmatrix}$$

의 $\mathbf{0}$이 아닌 해이므로 Gauss 소거법을 쓰면

$$\left(\begin{array}{cc|c} -2 & 1 & 0 \\ 4 & -2 & 0 \end{array}\right) \to \left(\begin{array}{cc|c} -2 & 1 & 0 \\ 0 & 0 & 0 \end{array}\right) \to \left(\begin{array}{cc|c} 2 & -1 & 0 \\ 0 & 0 & 0 \end{array}\right)$$

이고, 연립일차방정식 $(A-3I)\mathbf{x}=\mathbf{0}$의 해는

$$\mathbf{x}=\alpha\begin{pmatrix}1\\2\end{pmatrix}\ (\alpha\text{ 는 임의의 상수})$$

이다. 따라서, 고윳값 3에 대한 A 의 고유벡터는

$$\mathbf{x}=\alpha\begin{pmatrix}1\\2\end{pmatrix}\ (\alpha\text{ 는 0 이 아닌 임의의 상수})$$

(2) 고윳값 $\lambda=-1$ 에 대한 고유벡터는 연립일차방정식

$$(A+I)\mathbf{x}=\begin{pmatrix}2&1\\4&2\end{pmatrix}\begin{pmatrix}x_1\\x_2\end{pmatrix}=\begin{pmatrix}0\\0\end{pmatrix}$$

의 $\mathbf{0}$이 아닌 해이므로 Gauss 소거법을 쓰면

$$\left(\begin{array}{cc|c}2&1&0\\4&2&0\end{array}\right)\to\left(\begin{array}{cc|c}2&1&0\\0&0&0\end{array}\right)$$

이다. 이때, 연립일차방정식 $(A+I)\mathbf{x}=\mathbf{0}$ 의 해는

$$\mathbf{x}=\beta\begin{pmatrix}1\\-2\end{pmatrix}\ (\beta\text{ 는 임의의 상수})$$

이다. 따라서, 고윳값 -1에 대한 A 의 고유벡터는

$$\mathbf{x}=\beta\begin{pmatrix}1\\-2\end{pmatrix}\ (\beta\text{ 는 0 이 아닌 임의의 상수})$$

이다.

예제 6.5

행렬 $A=\begin{pmatrix}-2&3\\4&-6\end{pmatrix}$의 고윳값과 고유벡터를 구하여라.

풀이

$$p(\lambda)=\begin{vmatrix}-2-\lambda&3\\4&-6-\lambda\end{vmatrix}=\lambda^2+8\lambda=\lambda(\lambda+8)=0$$

에서 $\lambda=0$, $\lambda=-8$ 이므로 A 의 고윳값은 0, -8 이다.

(1) 고윳값 $\lambda=0$ 에 대한 고유벡터는 방정식

$$(A-0I)\mathbf{x}=\begin{pmatrix}-2&3\\4&-6\end{pmatrix}\begin{pmatrix}x_1\\x_2\end{pmatrix}=\begin{pmatrix}0\\0\end{pmatrix}$$

의 $\mathbf{0}$이 아닌 해이므로 Gauss 소거법을 쓰면

$$\left(\begin{array}{cc|c} -2 & 3 & 0 \\ 4 & -6 & 0 \end{array}\right) \to \left(\begin{array}{cc|c} -2 & 3 & 0 \\ 0 & 0 & 0 \end{array}\right)$$

이다. 이때, 연립일차방정식 $(A-0I)\mathbf{x} = \mathbf{0}$의 해는

$$\mathbf{x} = \alpha\begin{pmatrix} 3 \\ 2 \end{pmatrix} \ (\alpha \text{ 는 임의의 상수})$$

이다. 따라서, 고윳값 0에 대한 A 의 고유벡터는

$$\mathbf{x} = \alpha\begin{pmatrix} 3 \\ 2 \end{pmatrix} \ (\alpha \text{ 는 0이 아닌 임의의 상수}).$$

(2) 고윳값 $\lambda = -8$ 에 대한 고유벡터는

$$(A+8I)\mathbf{x} = \begin{pmatrix} 6 & 3 \\ 4 & 2 \end{pmatrix}\begin{pmatrix} x_1 \\ x_2 \end{pmatrix} = \begin{pmatrix} 0 \\ 0 \end{pmatrix}$$

의 $\mathbf{0}$이 아닌 해이므로 Gauss 소거법을 쓰면

$$\left(\begin{array}{cc|c} 6 & 3 & 0 \\ 4 & 2 & 0 \end{array}\right) \to \left(\begin{array}{cc|c} 2 & 1 & 0 \\ 0 & 0 & 0 \end{array}\right)$$

이다. 이때, 연립일차방정식 $(A+8I)\mathbf{x} = \mathbf{0}$ 의 해는

$$\mathbf{x} = \beta\begin{pmatrix} 1 \\ -2 \end{pmatrix} \ (\beta\text{는 임의의 상수})$$

이다. 따라서, 고윳값 -8에 대한 A의 고유벡터는

$$\mathbf{x} = \beta\begin{pmatrix} 1 \\ -2 \end{pmatrix} \ (\beta\text{는 0 이 아닌 임의의 상수}).$$

예제 6.6

행렬 $A = \begin{pmatrix} 0 & -1 \\ 1 & 0 \end{pmatrix}$ 의 고윳값과 고유벡터를 구하여라.

풀이 $p(\lambda) = \begin{vmatrix} -\lambda & -1 \\ 1 & -\lambda \end{vmatrix} = \lambda^2 + 1 = 0$ 에서 $\lambda = \pm i$ 가 되어 스칼라의 범위를 실수로 한정하면 고윳값이 존재하지 않는다. 따라서, 고유벡터도 존재하지 않는다. 물론 스칼라의 범위를 복소수로 확대하면 $A = \begin{pmatrix} 0 & -1 \\ 1 & 0 \end{pmatrix}$ 는 복소수인 고윳값 i, $-i$ 를 갖는다. 이때, $\begin{pmatrix} i \\ 1 \end{pmatrix}$ 는 고윳값 i 에 대한 고유벡터이고, $\begin{pmatrix} 1 \\ i \end{pmatrix}$ 는 고윳값 $-i$ 에 대한 고유벡터이다.

문제 6.1

다음 행렬의 고윳값과 고유벡터를 구하여라.

(1) $\begin{pmatrix} 2 & 6 \\ 1 & -3 \end{pmatrix}$ (2) $\begin{pmatrix} 1 & 6 \\ 5 & 2 \end{pmatrix}$ (3) $\begin{pmatrix} 3 & 2 \\ 3 & -2 \end{pmatrix}$

예제 6.7

행렬 $A = \begin{pmatrix} 2 & -1 & 4 \\ 0 & 1 & 4 \\ -3 & 3 & -1 \end{pmatrix}$의 고윳값과 고유벡터를 구하여라.

풀이 $p(\lambda) = \begin{vmatrix} 2-\lambda & -1 & 4 \\ 0 & 1-\lambda & 4 \\ -3 & 3 & -1-\lambda \end{vmatrix} = (\lambda+1)(\lambda-1)(\lambda-2) = 0$ 에서 $\lambda = -1$, $\lambda = 1$, $\lambda = 2$이다. 즉, A의 고윳값은 $-1, 1, 2$이다. 이제 각 고윳값에 대응하는 고유벡터를 구해보자.

(1) 고윳값 $\lambda = -1$에 대한 고유벡터는 방정식

$$(A+I)\mathbf{x} = \begin{pmatrix} 3 & -1 & 4 \\ 0 & 2 & 4 \\ 3 & 3 & 0 \end{pmatrix}\begin{pmatrix} x_1 \\ x_2 \\ x_3 \end{pmatrix} = \begin{pmatrix} 0 \\ 0 \\ 0 \end{pmatrix}$$

의 0이 아닌 해이므로 Gauss 소거법을 쓰면

$$\left(\begin{array}{ccc|c} 3 & -1 & 4 & 0 \\ 0 & 2 & 4 & 0 \\ -3 & 3 & 0 & 0 \end{array}\right) \to \left(\begin{array}{ccc|c} 3 & -1 & 4 & 0 \\ 0 & 1 & 2 & 0 \\ 0 & 0 & 0 & 0 \end{array}\right) \to \left(\begin{array}{ccc|c} 1 & 0 & 2 & 0 \\ 0 & 1 & 2 & 0 \\ 0 & 0 & 0 & 0 \end{array}\right)$$

이다. 즉, 연립일차방정식 $(A+I)\mathbf{x} = \mathbf{0}$의 해는

$$\mathbf{x} = \alpha\begin{pmatrix} 2 \\ 2 \\ -1 \end{pmatrix} \quad (\alpha\text{는 임의의 상수})$$

이다. 따라서, 고윳값 $\lambda = -1$에 대한 고유벡터는

$$\alpha\begin{pmatrix} 2 \\ 2 \\ -1 \end{pmatrix} \quad (\alpha\text{ 는 0 이 아닌 임의의 상수}).$$

(2) 고윳값 $\lambda = 1$에 대한 고유벡터는

$$(A-I)\mathbf{x} = \begin{pmatrix} 1 & -1 & 4 \\ 0 & 0 & 4 \\ -3 & 3 & -2 \end{pmatrix}\begin{pmatrix} x_1 \\ x_2 \\ x_3 \end{pmatrix} = \begin{pmatrix} 0 \\ 0 \\ 0 \end{pmatrix}$$

의 $\mathbf{0}$이 아닌 해이므로 Gauss 소거법을 쓰면

$$\left(\begin{array}{ccc|c} 1 & -1 & 4 & 0 \\ 0 & 0 & 4 & 0 \\ -3 & 3 & -2 & 0 \end{array}\right) \rightarrow \left(\begin{array}{ccc|c} 1 & -1 & 0 & 0 \\ 0 & 0 & 1 & 0 \\ 0 & 0 & 0 & 0 \end{array}\right)$$

즉, 연립일차방정식 $(A-I)\mathbf{x} = \mathbf{0}$의 해는

$$\mathbf{x} = \beta\begin{pmatrix} 1 \\ 1 \\ 0 \end{pmatrix} \quad (\beta\text{는 임의의 상수})$$

이다. 따라서, 고윳값 $\lambda = 1$에 대한 고유벡터는

$$\beta\begin{pmatrix} 1 \\ 1 \\ 0 \end{pmatrix} (\beta\text{는 0이 아닌 임의의 상수}).$$

(3) 고윳값 $\lambda = 2$에 대한 고유벡터는

$$(A-2I)\mathbf{x} = \begin{pmatrix} 0 & -1 & 4 \\ 0 & -1 & 4 \\ -3 & 3 & -3 \end{pmatrix}\begin{pmatrix} x_1 \\ x_2 \\ x_3 \end{pmatrix} = \begin{pmatrix} 0 \\ 0 \\ 0 \end{pmatrix}$$

의 $\mathbf{0}$이 아닌 해이므로 Gauss 소거법을 쓰면

$$\left(\begin{array}{ccc|c} 0 & -1 & 4 & 0 \\ 0 & -1 & 4 & 0 \\ -3 & 3 & -3 & 0 \end{array}\right) \rightarrow \left(\begin{array}{ccc|c} 1 & -1 & 1 & 0 \\ 0 & 1 & -4 & 0 \\ 0 & 0 & 0 & 0 \end{array}\right) \rightarrow \left(\begin{array}{ccc|c} 1 & 0 & -3 & 0 \\ 0 & 1 & -4 & 0 \\ 0 & 0 & 0 & 0 \end{array}\right)$$

이다. 즉, 연립일차방정식 $(A-2I)\mathbf{x} = \mathbf{0}$의 해는

$$\mathbf{x} = \gamma\begin{pmatrix} 3 \\ 4 \\ 1 \end{pmatrix} \quad (\gamma\text{는 임의의 상수})$$

이다. 따라서, 고윳값 $\lambda = 2$에 대한 고유벡터는

$$\gamma\begin{pmatrix} 3 \\ 4 \\ 1 \end{pmatrix} \quad (\gamma\text{는 0이 아닌 임의의 상수}).$$

예제 6.8

행렬 $A = \begin{pmatrix} 2 & -3 & 1 \\ 1 & -2 & 1 \\ 1 & -3 & 2 \end{pmatrix}$의 고윳값과 고유공간을 구하여라.

풀이 $p(\lambda) = \begin{vmatrix} 2-\lambda & -3 & 1 \\ 1 & -2-\lambda & 1 \\ 1 & -3 & 2-\lambda \end{vmatrix} = -\lambda(\lambda-1)^2 = 0$ 에서 $\lambda = 0$, $\lambda = 1$ 이다.

즉, A 의 고윳값은 0, 1이다(여기서 1은 중근으로 중복 고윳값이라 한다).

(1) 고윳값 $\lambda = 0$ 에 대한 고유공간은 방정식

$$(A - 0I)\mathbf{x} = \begin{pmatrix} 2 & -3 & 1 \\ 1 & -2 & 1 \\ 1 & -3 & 2 \end{pmatrix}\begin{pmatrix} x_1 \\ x_2 \\ x_3 \end{pmatrix} = \begin{pmatrix} 0 \\ 0 \\ 0 \end{pmatrix}$$

의 해공간이므로 Gauss 소거법을 쓰면

$$\left(\begin{array}{ccc|c} 2 & -3 & 1 & 0 \\ 1 & -2 & 1 & 0 \\ 1 & -3 & 2 & 0 \end{array}\right) \to \left(\begin{array}{ccc|c} 1 & -2 & 1 & 0 \\ 0 & 1 & -1 & 0 \\ 0 & 0 & 0 & 0 \end{array}\right) \to \left(\begin{array}{ccc|c} 1 & 0 & -1 & 0 \\ 0 & 1 & -1 & 0 \\ 0 & 0 & 0 & 0 \end{array}\right)$$

이다. 즉, 연립일차방정식 $(A - 0I)\mathbf{x} = \mathbf{0}$ 의 해는

$$\mathbf{x} = \alpha\begin{pmatrix} 1 \\ 1 \\ 1 \end{pmatrix} \ (\alpha \text{ 는 임의의 상수})$$

이므로 고윳값 $\lambda = 0$ 에 대한 고유공간은 $\begin{pmatrix} 1 \\ 1 \\ 1 \end{pmatrix}$ 에 의하여 생성되는 $\mathbb{R}^3$ 의 부분공간

$\text{Span}\left(\begin{pmatrix} 1 \\ 1 \\ 1 \end{pmatrix}\right)$ 이다.

(2) 고윳값 $\lambda = 1$에 대한 고유공간은 방정식

$$(A - I)\mathbf{x} = \begin{pmatrix} 1 & -3 & 1 \\ 1 & -3 & 1 \\ 1 & -3 & 1 \end{pmatrix}\begin{pmatrix} x_1 \\ x_2 \\ x_3 \end{pmatrix} = \begin{pmatrix} 0 \\ 0 \\ 0 \end{pmatrix}$$

의 해공간이므로 Gauss 소거법을 쓰면

$$\left(\begin{array}{ccc|c} 1 & -3 & 1 & 0 \\ 1 & -3 & 1 & 0 \\ 1 & -3 & 1 & 0 \end{array}\right) \to \left(\begin{array}{ccc|c} 1 & -3 & 1 & 0 \\ 0 & 0 & 0 & 0 \\ 0 & 0 & 0 & 0 \end{array}\right)$$

이다. 즉, 연립일차방정식 $(A - I)\mathbf{x} = \mathbf{0}$ 의 해는

$$\mathbf{x} = \begin{pmatrix} 3\alpha - \beta \\ \alpha \\ \beta \end{pmatrix} = \alpha\begin{pmatrix} 3 \\ 1 \\ 0 \end{pmatrix} + \beta\begin{pmatrix} -1 \\ 0 \\ 1 \end{pmatrix} \ (\alpha,\ \beta \text{ 는 임의의 상수})$$

이다. 따라서, 고윳값 $\lambda = 1$에 대한 고유공간은 서로 일차독립인 두 고유벡터

$$\begin{pmatrix} 3 \\ 1 \\ 0 \end{pmatrix},\ \begin{pmatrix} -1 \\ 0 \\ 1 \end{pmatrix}$$

에 의하여 생성된 $\mathbb{R}^3$ 의 부분공간 $\text{Span}\left(\begin{pmatrix} 3 \\ 1 \\ 0 \end{pmatrix}, \begin{pmatrix} -1 \\ 0 \\ 1 \end{pmatrix}\right)$ 이다.

문제 6.2

다음 행렬의 고윳값과 고유벡터를 구하여라.

(1) $\begin{pmatrix} 3 & -1 & -1 \\ -12 & 0 & 5 \\ 4 & -2 & -1 \end{pmatrix}$ (2) $\begin{pmatrix} 1 & 1 & 2 \\ 1 & 1 & -1 \\ 3 & -3 & 0 \end{pmatrix}$

행렬의 거듭제곱

행렬 A의 고윳값과 고유벡터가 구해지면 A의 임의의 양의 정수의 거듭제곱에 관한 고윳값과 고유벡터는 간단하게 구할 수 있다. λ는 A의 고윳값이고 $\mathbf{x}$가 λ에 대응하는 고유벡터이면

$$A^2\mathbf{x} = A(A\mathbf{x}) = A(\lambda\mathbf{x}) = \lambda(A\mathbf{x}) = \lambda(\lambda\mathbf{x}) = \lambda^2\mathbf{x}$$

이므로 λ^2은 A^2의 고윳값이고 $\mathbf{x}$는 λ^2에 대응하는 고유벡터이다. 따라서, 일반적으로 다음과 같은 사실을 알 수 있다.

정리 2

k는 양의 정수이고 λ가 행렬 A의 고윳값일 때, $\mathbf{x}$가 λ에 대응하는 고유벡터라면 λ^k은 A^k의 고윳값이고 $\mathbf{x}$는 λ^k에 대응하는 고유벡터이다.

예제 6.9

행렬 $A = \begin{pmatrix} 2 & -3 & 1 \\ 1 & -2 & 1 \\ 1 & -3 & 2 \end{pmatrix}$의 거듭제곱 행렬인 $A^k(k \geq 1)$의 고윳값과 고유벡터를 구하여라.

풀이 예제 6.8에서 $A = \begin{pmatrix} 2 & -3 & 1 \\ 1 & -2 & 1 \\ 1 & -3 & 2 \end{pmatrix}$의 고윳값은 $\lambda = 0,\ \lambda = 1$ 임을 구했다. 따라서 정리 2로부터 $\lambda^k = 0^k = 0$과 $\lambda^k = 1^k = 1$은 A^k의 고윳값이고 벡터 $\begin{pmatrix} 1 \\ 1 \\ 1 \end{pmatrix}$는 $\lambda = 0$에 대응하는 행렬 A^k에 고유벡터이다. 그리고 벡터 $\begin{pmatrix} 3 \\ 1 \\ 0 \end{pmatrix}, \begin{pmatrix} -1 \\ 0 \\ 1 \end{pmatrix}$는 $\lambda = 1$에 대응하는 행렬 A^k에 고유벡터이다.

02 행렬의 대각화

행렬의 대각화는 주어진 행렬과 닮은 대각행렬을 구하는 것이다. 이것을 이용하면 행렬의 계산을 보다 쉽게 할 수 있다. 이 절에서는 행렬의 대각화와 이에 필요한 여러 가지 성질을 알아보자. 먼저 행렬의 닮음에 대하여 소개한다.

정의 3

행렬 A와 B를 $n \times n$ 행렬이라 하자.

$$B = SAS^{-1}$$

인 정칙행렬 S가 존재하면, A와 B는 닮은 행렬(similar matrix)이라 한다.

정리 3

두 정사각행렬 A와 B가 닮은 행렬이라면 서로 같은 고윳값을 갖는다.

증명 λ를 A의 임의의 고윳값이라 하고, $\mathbf{x}$를 $A\mathbf{x} = \lambda\mathbf{x}$인 A의 고유벡터라 하자. A와 B가 닮은 행렬이므로 $B = SAS^{-1}$인 정칙행렬 S가 존재하고

$$B(S\mathbf{x}) = (SAS^{-1})S\mathbf{x} = S(A\mathbf{x}) = S(\lambda\mathbf{x}) = \lambda(S\mathbf{x})$$

이다. 따라서 λ는 B의 고윳값이고 $S\mathbf{x}$는 λ에 대응하는 B의 고유벡터이다. 같은 방법으로 B에 대한 임의의 고윳값은 A의 고윳값임을 알 수 있다.

예제 6.10

두 정사각행렬 A와 B가 닮은 행렬이면, A와 B의 특성다항식이 서로 같음을 증명하여라.

풀이 A와 B가 닮은 행렬이므로 $B = SAS^{-1}$인 정칙행렬 S가 존재한다.

$$\begin{aligned} p_B(\lambda) &= \det(B - \lambda I) = \det(SAS^{-1} - \lambda I) = \det\left(S(A - \lambda I)S^{-1}\right) \\ &= \det(S)\det(A - \lambda I)\det(S^{-1}) = \det(A - \lambda I) = p_A(\lambda) \end{aligned}$$

예제 6.11

두 행렬 $A=\begin{pmatrix} 1 & 2 \\ 3 & 4 \end{pmatrix}$와 $B=\begin{pmatrix} -2 & -3 \\ 4 & 5 \end{pmatrix}$가 닮음인지 판단하여라.

풀이 $A=\begin{pmatrix} 1 & 2 \\ 3 & 4 \end{pmatrix}$의 특성방정식은

$$\begin{vmatrix} 1-\lambda & 2 \\ 3 & 4-\lambda \end{vmatrix} = \lambda^2-5\lambda-2=0$$

이고 $B=\begin{pmatrix} -2 & -3 \\ 4 & 5 \end{pmatrix}$의 특성방정식은

$$\begin{vmatrix} -2-\lambda & -3 \\ 4 & 5-\lambda \end{vmatrix} = \lambda^2-3\lambda+2=0$$

이다. 즉, 서로 다른 특성방정식을 가지고 있으므로 행렬 A와 B는 닮은 행렬이 아니다.

문제 6.3

A와 B가 닮은 행렬일 때 다음을 증명하여라.

(1) A^T와 B^T는 닮은 행렬이다.

(2) A와 B가 정칙이면 A^{-1}와 B^{-1}은 닮은 행렬이다.

이제 행렬의 대각화에 대하여 설명할 것이다.

정의 4

행렬의 대각화 가능

가역행렬 P가 존재하여 $P^{-1}AP$가 대각행렬이 되는 정사각행렬 A를 대각화 가능 행렬 또는 대각화 가능이라 한다.

대각화 가능 조건을 알 수 있는 사실을 살펴보자.

정리 4

$n \times n$ 행렬 A에 대하여 다음 두 명제는 동치이다.

(1) A는 대각화 가능이다.

(2) A는 n개의 일차독립인 고유벡터를 갖는다.

증명 (1) ⇒ (2)

A는 대각화 가능 행렬이므로 가역행렬 P가 존재하여

$$P = \begin{pmatrix} p_{11} & p_{12} & \cdots & p_{1n} \\ p_{21} & p_{22} & \cdots & p_{2n} \\ \vdots & \vdots & \cdots & \vdots \\ p_{n1} & p_{n2} & \cdots & p_{nn} \end{pmatrix} = (\mathbf{p}_1, \mathbf{p}_2, \cdots, \mathbf{p}_n)$$

$P^{-1}AP = D$이다. 여기서

$$D = \begin{pmatrix} \lambda_1 & 0 & \cdots & 0 \\ 0 & \lambda_2 & \cdots & 0 \\ \vdots & \vdots & \ddots & \vdots \\ 0 & 0 & \cdots & \lambda_n \end{pmatrix}$$

이므로, 즉 $AP = PD$이다. 행렬의 곱으로부터

$$AP = (A\mathbf{p}_1, A\mathbf{p}_2, \cdots, A\mathbf{p}_n)$$

이고

$$PD = \begin{pmatrix} \lambda_1 p_{11} & \lambda_2 p_{12} & \cdots & \lambda_n p_{1n} \\ \lambda_1 p_{21} & \lambda_2 p_{22} & \cdots & \lambda_n p_{2n} \\ \vdots & \vdots & \cdots & \vdots \\ \lambda_1 p_{n1} & \lambda_2 p_{n2} & \cdots & \lambda_n p_{nn} \end{pmatrix} = (\lambda_1 \mathbf{p}_1, \lambda_2 \mathbf{p}_2, \cdots, \lambda_n \mathbf{p}_n)$$

이다. $AP = PD$이므로

$$A\mathbf{p}_1 = \lambda_1 \mathbf{p}_1, A\mathbf{p}_2 = \lambda_2 \mathbf{p}_2, \cdots, A\mathbf{p}_n = \lambda_n \mathbf{p}_n$$

이다. P가 가역행렬이므로 열벡터는 일차독립이고 모두 $\mathbf{0}$이 아니다. 그러므로 고윳값의 정의에 의해 $\lambda_1, \lambda_2, \cdots, \lambda_n$은 행렬 A의 고윳값이며, $\mathbf{p}_1, \mathbf{p}_2, \cdots, \mathbf{p}_n$은 각 고윳값에 대응하는 일차독립인 고유벡터이다. 그러므로 A는 n개의 일차독립인 고유벡터를 갖는다.

(2) ⇒ (1)

행렬 A가 고윳값 $\lambda_1, \lambda_2, \cdots, \lambda_n$의 일차독립인 고유벡터 $\mathbf{p}_1, \mathbf{p}_2, \cdots, \mathbf{p}_n$을 갖는다고 가정하면

$$A\mathbf{p}_1 = \lambda_1 \mathbf{p}_1, A\mathbf{p}_2 = \lambda_2 \mathbf{p}_2, \cdots, A\mathbf{p}_n = \lambda_n \mathbf{p}_n$$

이다. A의 고유벡터 $\boldsymbol{p}_1, \boldsymbol{p}_2, \cdots, \boldsymbol{p}_n$을 열벡터로 갖는 행렬을

$$P = (\boldsymbol{p}_1, \boldsymbol{p}_2, \cdots, \boldsymbol{p}_n) = \begin{pmatrix} p_{11} & p_{12} & \cdots & p_{1n} \\ p_{21} & p_{22} & \cdots & p_{2n} \\ \vdots & \vdots & \cdots & \vdots \\ p_{n1} & p_{n2} & \cdots & p_{nn} \end{pmatrix}$$

라 두면 $\boldsymbol{p}_1, \boldsymbol{p}_2, \cdots, \boldsymbol{p}_n$은 일차독립이므로 P는 가역행렬이다. 이때, 행렬

$$\begin{aligned} AP &= (A\boldsymbol{p}_1, A\boldsymbol{p}_2, \cdots, A\boldsymbol{p}_n) = (\lambda_1\boldsymbol{p}_1, \lambda_2\boldsymbol{p}_2, \cdots, \lambda_n\boldsymbol{p}_n) \\ &= (\boldsymbol{p}_1, \boldsymbol{p}_2, \cdots, \boldsymbol{p}_n)\begin{pmatrix} \lambda_1 & 0 & \cdots & 0 \\ 0 & \lambda_2 & \cdots & 0 \\ \vdots & \vdots & \ddots & \vdots \\ 0 & 0 & \cdots & \lambda_n \end{pmatrix} \end{aligned}$$

이다. 대각선상의 성분들이 고윳값 $\lambda_1, \lambda_2, \cdots, \lambda_n$인 대각행렬을 D라 두면

$$AP = PD$$

이고

$$P^{-1}AP = D = \begin{pmatrix} \lambda_1 & 0 & \cdots & 0 \\ 0 & \lambda_2 & \cdots & 0 \\ \vdots & \vdots & \ddots & \vdots \\ 0 & 0 & \cdots & \lambda_n \end{pmatrix}$$

이므로 A는 대각화 가능이다.

위 정리로부터 n개의 일차독립인 고유벡터를 가진 A는 대각화 가능임을 알 수 있고 이로부터 A를 대각화하는 방법을 다음과 같이 얻을 수 있다.

대각화 방법

1단계: 행렬 A에 대한 n개의 일차독립인 고유벡터 $\boldsymbol{p}_1, \boldsymbol{p}_2, \cdots, \boldsymbol{p}_n$을 구한다.

2단계: 열벡터 $\boldsymbol{p}_1, \boldsymbol{p}_2, \cdots, \boldsymbol{p}_n$인 행렬 P를 구성한다.

3단계: 행렬 $P^{-1}AP$는 대각선 성분이 행렬 A의 고윳값 $\lambda_1, \lambda_2, \cdots, \lambda_n$인 대각행렬이 된다. 이때, $\boldsymbol{p}_i$는 λ_i $(i=1,2,\cdots,n)$에 대응되는 고유벡터이다.

예제 6.12

행렬 $A = \begin{pmatrix} 1 & 0 \\ 6 & -1 \end{pmatrix}$을 대각화하는 행렬 P를 구하여라.

풀이 1단계: 고유벡터 구하기

$\begin{vmatrix} 1-\lambda & 0 \\ 6 & -1-\lambda \end{vmatrix} = \lambda^2 - 1 = (\lambda+1)(\lambda-1) = 0$ 이므로 고윳값은 $\lambda_1 = -1$, $\lambda_2 = 1$이다. $\lambda_1 = -1$일 때, 대응하는 고유벡터를 구해보면 $\begin{pmatrix} 2 & 0 \\ 6 & 0 \end{pmatrix}\begin{pmatrix} x_1 \\ x_2 \end{pmatrix} = \begin{pmatrix} 0 \\ 0 \end{pmatrix}$이므로 고유공간의 기저는 $\boldsymbol{p}_1 = \begin{pmatrix} 0 \\ 1 \end{pmatrix}$ 이다. $\lambda_2 = 1$ 일 때, 대응하는 고유벡터를 구해보면 $\begin{pmatrix} 0 & 0 \\ 6 & -2 \end{pmatrix}\begin{pmatrix} x_1 \\ x_2 \end{pmatrix} = \begin{pmatrix} 0 \\ 0 \end{pmatrix}$ 이므로 고유공간의 기저는 $\boldsymbol{p}_2 = \begin{pmatrix} 1 \\ 3 \end{pmatrix}$ 이다.

2단계: 일차독립인 고유벡터 2개가 존재하므로 A는 대각화 가능하고 대각화하는 행렬 $P = \begin{pmatrix} 0 & 1 \\ 1 & 3 \end{pmatrix}$이다.

3단계: P의 역행렬은 $P^{-1} = \begin{pmatrix} -3 & 1 \\ 1 & 0 \end{pmatrix}$ 이므로

$$P^{-1}AP = \begin{pmatrix} -3 & 1 \\ 1 & 0 \end{pmatrix}\begin{pmatrix} 1 & 0 \\ 6 & -1 \end{pmatrix}\begin{pmatrix} 0 & 1 \\ 1 & 3 \end{pmatrix} = \begin{pmatrix} -1 & 0 \\ 0 & 1 \end{pmatrix} = \begin{pmatrix} \lambda_1 & 0 \\ 0 & \lambda_2 \end{pmatrix}$$

임을 확인할 수 있다.

예제 6.13

행렬 $A = \begin{pmatrix} 0 & 0 & -2 \\ 1 & 2 & 1 \\ 1 & 0 & 3 \end{pmatrix}$을 대각화하는 행렬 P를 구하여라.

풀이 1단계: 고유벡터 구하기

$\begin{vmatrix} -\lambda & 0 & -2 \\ 1 & 2-\lambda & 1 \\ 1 & 0 & 3-\lambda \end{vmatrix} = -(\lambda-1)(\lambda-2)^2 = 0$ 이므로 고윳값은 $\lambda_1 = 2$, $\lambda_2 = 1$ 이다. $\lambda_1 = 2$일 때, 대응하는 고유벡터를 구해보면 $\begin{pmatrix} -2 & 0 & -2 \\ 1 & 0 & 1 \\ 1 & 0 & 1 \end{pmatrix}\begin{pmatrix} x_1 \\ x_2 \\ x_3 \end{pmatrix} = \begin{pmatrix} 0 \\ 0 \\ 0 \end{pmatrix}$이므로 고유공간의 기저는 $\boldsymbol{p}_1 = \begin{pmatrix} -1 \\ 0 \\ 1 \end{pmatrix}$, $\boldsymbol{p}_2 = \begin{pmatrix} 0 \\ 1 \\ 0 \end{pmatrix}$ 이다. $\lambda_2 = 1$ 일 때, 대응하는

고유벡터를 구해보면 $\begin{pmatrix} -1 & 0 & -2 \\ 1 & 1 & 1 \\ 1 & 0 & 2 \end{pmatrix}\begin{pmatrix} x_1 \\ x_2 \\ x_3 \end{pmatrix} = \begin{pmatrix} 0 \\ 0 \\ 0 \end{pmatrix}$이므로 고유공간의 기저는 $\boldsymbol{p}_3 = \begin{pmatrix} -2 \\ 1 \\ 1 \end{pmatrix}$이다.

2단계: 일차독립인 고유벡터 3개가 존재하므로 A는 대각화 가능하고 대각화하는 행렬 $P = \begin{pmatrix} -1 & 0 & -2 \\ 0 & 1 & 1 \\ 1 & 0 & 1 \end{pmatrix}$이다.

3단계: 검산으로 다음을 확인해 볼 수 있다.

$$P^{-1}AP = \begin{pmatrix} 1 & 0 & 2 \\ 1 & 1 & 1 \\ -1 & 0 & -1 \end{pmatrix}\begin{pmatrix} 0 & 0 & -2 \\ 1 & 2 & 1 \\ 1 & 0 & 3 \end{pmatrix}\begin{pmatrix} -1 & 0 & -2 \\ 0 & 1 & 1 \\ 1 & 0 & 1 \end{pmatrix} = \begin{pmatrix} 2 & 0 & 0 \\ 0 & 2 & 0 \\ 0 & 0 & 1 \end{pmatrix}$$

P에 대한 열의 순서는 존재하지 않는다. $P^{-1}AP$의 i번째 대각성분은 P의 i번째 열벡터에 대한 고윳값이므로 P의 열의 순서를 바꾸면 $P^{-1}AP$의 대각선상의 고윳값의 순서가 바뀌게 된다. 즉, $P = \begin{pmatrix} -1 & -2 & 0 \\ 0 & 1 & 1 \\ 1 & 1 & 0 \end{pmatrix}$로 쓴다면 $P^{-1}AP = \begin{pmatrix} 2 & 0 & 0 \\ 0 & 1 & 0 \\ 0 & 0 & 2 \end{pmatrix}$를 얻게 된다.

예제 6.14

행렬 $A = \begin{pmatrix} 3 & -4 \\ 1 & -1 \end{pmatrix}$은 대각화 불가능함을 보여라.

풀이 $\begin{vmatrix} 3-\lambda & -4 \\ 1 & -1-\lambda \end{vmatrix} = \lambda^2 - 2\lambda + 1 = (\lambda - 1)^2 = 0$이므로 $\lambda = 1$은 유일한 고윳값이다. $\lambda = 1$일 때, 대응하는 고유벡터를 구해보면 $\begin{pmatrix} 2 & -4 \\ 1 & -2 \end{pmatrix}\begin{pmatrix} x_1 \\ x_2 \end{pmatrix} = \begin{pmatrix} 0 \\ 0 \end{pmatrix}$이므로 고유공간의 기저는 $\boldsymbol{p} = \begin{pmatrix} 2 \\ 1 \end{pmatrix}$이다. A는 2차 정사각행렬이고 하나의 고유벡터만 존재하므로 A는 대각화할 수 없다.

예제 6.15

행렬 $A = \begin{pmatrix} -3 & -1 & -2 \\ 1 & -1 & 1 \\ 1 & 1 & 0 \end{pmatrix}$을 대각화 불가능함을 보여라.

풀이 특성방정식

$\begin{vmatrix} -3-\lambda & -1 & -2 \\ 1 & -1-\lambda & 1 \\ 1 & 1 & -\lambda \end{vmatrix} = -(\lambda+1)^2(\lambda+2) = 0$ 이므로 고윳값은 $\lambda_1 = -1$, $\lambda_2 = -2$ 이다.

$\lambda_1 = -1$ 일 때, 대응하는 고유벡터를 구해보면 $\begin{pmatrix} -2 & -1 & -2 \\ 1 & 0 & 1 \\ 1 & 1 & 1 \end{pmatrix}\begin{pmatrix} x_1 \\ x_2 \\ x_3 \end{pmatrix} = \begin{pmatrix} 0 \\ 0 \\ 0 \end{pmatrix}$이므로 고유공간의 기저는 $\boldsymbol{p}_1 = \begin{pmatrix} -1 \\ 0 \\ 1 \end{pmatrix}$ 이다.

$\lambda_2 = -2$ 일 때, 대응하는 고유벡터를 구해보면 $\begin{pmatrix} -1 & -1 & -2 \\ 1 & 1 & 1 \\ 1 & 1 & 2 \end{pmatrix}\begin{pmatrix} x_1 \\ x_2 \\ x_3 \end{pmatrix} = \begin{pmatrix} 0 \\ 0 \\ 0 \end{pmatrix}$ 이므로 고유공간의 기저는 $\boldsymbol{p}_2 = \begin{pmatrix} 1 \\ -1 \\ 0 \end{pmatrix}$임을 알 수 있다. A는 3차 정사각행렬이고 두 개의 고유벡터만 존재하므로 A는 대각화할 수 없다.

문제 6.4

다음 행렬을 대각화하여라.

(1) $\begin{pmatrix} 2 & -3 \\ 2 & -5 \end{pmatrix}$

(2) $\begin{pmatrix} 2 & -1 & 4 \\ 0 & 1 & 4 \\ -3 & 3 & -1 \end{pmatrix}$

정리 5

$\boldsymbol{v}_1, \boldsymbol{v}_2, \cdots, \boldsymbol{v}_k$가 서로 다른 고윳값에 대응하는 행렬 A의 고유벡터이면 $\boldsymbol{v}_1, \boldsymbol{v}_2, \cdots, \boldsymbol{v}_k$는 일차독립이다.

증명 반대로 $\boldsymbol{v}_1, \boldsymbol{v}_2, \cdots, \boldsymbol{v}_k$가 일차종속이라 가정하자.

우선 A의 고유벡터인 $\boldsymbol{v}_1$은 영벡터가 아니므로 단일 벡터 $\boldsymbol{v}_1$은 자명하게 일차독립이다.

이제 m을 $\boldsymbol{v}_1, \boldsymbol{v}_2, \cdots, \boldsymbol{v}_m$이 일차독립인 가장 큰 자연수라고 하면, $\boldsymbol{v}_1, \boldsymbol{v}_2, \cdots, \boldsymbol{v}_k$가 일차종속이라고 가정하였으므로 $1 \leq m < k$를 만족한다. 그러면 $\boldsymbol{v}_1, \boldsymbol{v}_2, \cdots, \boldsymbol{v}_{m+1}$은 일차종속이므로 적어도 하나는 0이 아닌 스칼라 $c_1, c_2, \cdots, c_{m+1}$에 대하여

$$c_1\boldsymbol{v}_1 + c_2\boldsymbol{v}_2 + \cdots + c_m\boldsymbol{v}_m + c_{m+1}\boldsymbol{v}_{m+1} = 0$$

이 성립한다. $A\boldsymbol{v}_i = \lambda_i\boldsymbol{v}_i \ (i = 1, 2, \cdots, m+1)$이므로 위 식의 양변에 A와 λ_{m+1}을 각각 곱하면

$$c_1\lambda_1\boldsymbol{v}_1 + c_2\lambda_2\boldsymbol{v}_2 + \cdots + c_m\lambda_m\boldsymbol{v}_m + c_{m+1}\lambda_{m+1}\boldsymbol{v}_{m+1} = 0$$

이고

$$c_1\lambda_{m+1}\boldsymbol{v}_1 + c_2\lambda_{m+1}\boldsymbol{v}_2 + \cdots + c_m\lambda_{m+1}\boldsymbol{v}_m + c_{m+1}\lambda_{m+1}\boldsymbol{v}_{m+1} = 0$$

이다. 이때, 두 식을 빼면

$$c_1(\lambda_1 - \lambda_{m+1})\boldsymbol{v}_1 + c_2(\lambda_2 - \lambda_{m+1})\boldsymbol{v}_2 + \cdots + c_m(\lambda_m - \lambda_{m+1})\boldsymbol{v}_m = 0$$

이 된다. $\boldsymbol{v}_1, \boldsymbol{v}_2, \cdots, \boldsymbol{v}_m$은 일차독립이므로

$$c_1(\lambda_1 - \lambda_{m+1}) = c_2(\lambda_2 - \lambda_{m+1}) = \cdots = c_m(\lambda_m - \lambda_{m+1}) = 0$$

이다. 이때, $\lambda_1, \lambda_2, \cdots, \lambda_{m+1}$은 서로 다른 값이므로 $i = 1, 2, \cdots, m$에 대하여 $\lambda_i - \lambda_{m+1} \neq 0$이고 따라서, $c_1 = c_2 = \cdots = c_m = 0$이다. 즉, $c_{m+1}\boldsymbol{v}_{m+1} = 0$이고 고유벡터 $\boldsymbol{v}_{m+1} \neq 0$이므로 $c_{m+1} = 0$이다. 이것은 적어도 하나는 0이 아닌 $c_1, c_2, \cdots, c_{m+1}$이라는 가정에 모순이다. 따라서 $\boldsymbol{v}_1, \boldsymbol{v}_2, \cdots, \boldsymbol{v}_k$는 일차독립이다.

정리 5로부터 다음과 같은 중요한 결과를 얻을 수 있다.

정리 6

$n \times n$ 행렬 A가 n개의 서로 다른 고윳값을 가지면 A는 대각화 가능이다.

증명 $\boldsymbol{v}_1, \boldsymbol{v}_2, \cdots, \boldsymbol{v}_n$이 서로 다른 고윳값 $\lambda_1, \lambda_2, \cdots, \lambda_n$에 대응하는 고유벡터라면 정리 5에 의해 $\boldsymbol{v}_1, \boldsymbol{v}_2, \cdots, \boldsymbol{v}_n$는 일차독립이다. 따라서 정리 4에 의해 A는 대각화 가능이다.

단, 정리 6의 역은 성립하지 않는다. 예를 들어, 행렬 $A=\begin{pmatrix} 2 & 0 \\ 0 & 2 \end{pmatrix}$는 유일한 고윳값 $\lambda=2$를 가지고 $P=\begin{pmatrix} 1 & 0 \\ 0 & 1 \end{pmatrix}$이 존재하여 $P^{-1}AP=\begin{pmatrix} 2 & 0 \\ 0 & 2 \end{pmatrix}$이므로 대각화 가능이다. 하지만 2×2 행렬 A의 고윳값은 1개 존재한다.

예제 6.16

행렬 $A=\begin{pmatrix} 1 & -1 & 4 \\ 0 & 3 & 2 \\ 0 & 0 & 5 \end{pmatrix}$가 대각화 가능한지 판별하여라.

풀이 A는 3×3 삼각행렬이고 삼각행렬의 고윳값은 주 대각선상의 성분이다. 따라서 A의 고윳값은 $\lambda_1=1$, $\lambda_2=3$, $\lambda_3=5$ 이고 3개의 서로 다른 고윳값을 가지므로 A는 대각화 가능하다.

행렬의 거듭제곱 계산

여러 가지 응용문제에서 정사각행렬 A의 고차 거듭제곱 계산이 필요한 경우가 많다. A가 대각화 가능한 행렬이라면 A의 고차 거듭제곱을 쉽게 구할 수 있다. 즉, A를 대각화하는 행렬 P가 존재하여

$$P^{-1}AP=\begin{pmatrix} \lambda_1 & 0 & \cdots & 0 \\ 0 & \lambda_2 & \cdots & 0 \\ \vdots & \vdots & \ddots & \vdots \\ 0 & 0 & \cdots & \lambda_n \end{pmatrix}=D$$

이고 이것의 양변을 제곱하고 $(P^{-1}AP)^2=P^{-1}APP^{-1}AP=P^{-1}A^2P$ 임을 이용하면

$$(P^{-1}AP)^2=P^{-1}A^2P=\begin{pmatrix} \lambda_1^2 & 0 & \cdots & 0 \\ 0 & \lambda_2^2 & \cdots & 0 \\ \vdots & \vdots & \ddots & \vdots \\ 0 & 0 & \cdots & \lambda_n^2 \end{pmatrix}=D^2$$

이다. 이것을 일반화하면

$$P^{-1}A^nP = \begin{pmatrix} \lambda_1^n & 0 & \cdots & 0 \\ 0 & \lambda_2^n & \cdots & 0 \\ \vdots & \vdots & \ddots & \vdots \\ 0 & 0 & \cdots & \lambda_n^n \end{pmatrix} = D^n$$

이므로

$$A^n = PD^nP^{-1} = P\begin{pmatrix} \lambda_1^n & 0 & \cdots & 0 \\ 0 & \lambda_2^n & \cdots & 0 \\ \vdots & \vdots & \ddots & \vdots \\ 0 & 0 & \cdots & \lambda_n^n \end{pmatrix}P^{-1}$$

임을 알 수 있다.

예제 6.17

행렬 $A = \begin{pmatrix} 6 & -1 \\ 2 & 3 \end{pmatrix}$의 대각화를 이용하여 A^n(n은 자연수)을 구하여라.

풀이 특성방정식

$$\begin{vmatrix} 6-\lambda & -1 \\ 2 & 3-\lambda \end{vmatrix} = (\lambda-4)(\lambda-5) = 0$$

에 의해 고윳값은 $\lambda_1 = 4$, $\lambda_2 = 5$ 이다. $\lambda_1 = 4$ 에 대한 고유벡터는 $\boldsymbol{p}_1 = \begin{pmatrix} 1 \\ 2 \end{pmatrix}$ 이고 $\lambda_2 = 5$ 에 대한 고유벡터는 $\boldsymbol{p}_2 = \begin{pmatrix} 1 \\ 1 \end{pmatrix}$ 이다. 따라서,

$$P = \begin{pmatrix} 1 & 1 \\ 2 & 1 \end{pmatrix},\ P^{-1} = \begin{pmatrix} -1 & 1 \\ 2 & -1 \end{pmatrix},\ D = \begin{pmatrix} 4 & 0 \\ 0 & 5 \end{pmatrix}$$

이고

$$A^n = PD^nP^{-1} = \begin{pmatrix} 1 & 1 \\ 2 & 1 \end{pmatrix}\begin{pmatrix} 4^n & 0 \\ 0 & 5^n \end{pmatrix}\begin{pmatrix} -1 & 1 \\ 2 & -1 \end{pmatrix} = \begin{pmatrix} -4^n+2\cdot 5^n & 4^n-5^n \\ -2\cdot 4^n+2\cdot 5^n & 2\cdot 4^n-5^n \end{pmatrix}$$

이다.

예제 6.18

행렬 $A=\begin{pmatrix}0&0&1\\0&1&0\\0&0&1\end{pmatrix}$의 대각화를 이용하여 A^n (n은 자연수)을 구하여라.

풀이 특성방정식

$\begin{vmatrix}-\lambda&0&1\\0&1-\lambda&0\\0&0&1-\lambda\end{vmatrix}=-\lambda(\lambda-1)^2=0$ 이므로 고윳값은 $\lambda_1=0$, $\lambda_2=\lambda_3=1$ 이다.

$\lambda_1=0$ 일 때, 대응하는 고유공간의 기저를 구해보면 $\boldsymbol{p}_1=\begin{pmatrix}1\\0\\0\end{pmatrix}$ 이고 $\lambda_2=\lambda_3=1$ 일 때, 대응하는 고유공간의 기저는 $\boldsymbol{p}_2=\begin{pmatrix}0\\1\\0\end{pmatrix}$, $\boldsymbol{p}_3=\begin{pmatrix}1\\0\\1\end{pmatrix}$ 이고 $\boldsymbol{p}_2$, $\boldsymbol{p}_3$ 는 일차독립인 것을 알 수 있다. 따라서, $P=\begin{pmatrix}1&0&1\\0&1&0\\0&0&1\end{pmatrix}$, $D=\begin{pmatrix}0&0&0\\0&1&0\\0&0&1\end{pmatrix}$라 두면 P는 정칙이고 $A=PDP^{-1}$ 이다. 따라서 $D^n=D$ 이므로

$$A^n=PD^nP^{-1}=PDP^{-1}=A=\begin{pmatrix}0&0&1\\0&1&0\\0&0&1\end{pmatrix}$$

이다.

문제 6.5

행렬 $A=\begin{pmatrix}2&-3&1\\1&-2&1\\1&-3&2\end{pmatrix}$의 대각화를 이용하여 A^{2022} 을 구하여라.

연습문제

01 2개의 고윳값을 갖는 2×2 행렬 A와 벡터 $\mathrm{v} = \begin{pmatrix} 1 \\ -2 \end{pmatrix}$에 대하여 $A\mathrm{v} = \lambda\mathrm{v}$일 때, 다음 중 λ에 대응하는 고유벡터가 될 수 없는 것은?

(1) $\begin{pmatrix} 5 \\ -10 \end{pmatrix}$ (2) $\begin{pmatrix} 4 \\ -8 \end{pmatrix}$ (3) $\begin{pmatrix} -1 \\ 2 \end{pmatrix}$ (4) $\begin{pmatrix} -2 \\ 1 \end{pmatrix}$

02 행렬 $A = \begin{pmatrix} -1 & a \\ b & 6 \end{pmatrix}$의 고윳값 2에 대응하는 고유벡터가 $\begin{pmatrix} 1 \\ 3 \end{pmatrix}$일 때, $a+b$의 값을 구하여라.

03 2×2 행렬 A는 고윳값 $2, 5$와 각 고윳값에 대응하는 고유벡터 $\begin{pmatrix} 1 \\ 0 \end{pmatrix}$과 $\begin{pmatrix} 1 \\ 1 \end{pmatrix}$을 갖는다. 이때 A를 구하여라.

04 다음 행렬의 특성방정식을 구하여라.

(1) $\begin{pmatrix} 7 & -6 \\ 3 & -2 \end{pmatrix}$ (2) $\begin{pmatrix} 5 & 0 & 1 \\ 1 & 1 & 0 \\ -7 & 1 & 0 \end{pmatrix}$

05 다음 행렬 중 고윳값 λ_1, λ_2의 합 $\lambda_1 + \lambda_2$가 가장 큰 것은?

(1) $\begin{pmatrix} 3 & 2 \\ 1 & 2 \end{pmatrix}$ (2) $\begin{pmatrix} 2 & 2 \\ 3 & 4 \end{pmatrix}$ (3) $\begin{pmatrix} 4 & 8 \\ 1 & 4 \end{pmatrix}$ (4) $\begin{pmatrix} 4 & 1 \\ 1 & 3 \end{pmatrix}$

06 실수 행렬 $A = \begin{pmatrix} -1 & -2 \\ 3 & 4 \end{pmatrix}$에 대하여 A^8의 대각성분 합을 구하여라.

07 행렬 $A=\begin{pmatrix} 0 & 1 & 0 \\ 0 & 0 & 1 \\ 1 & 2 & -1 \end{pmatrix}$의 서로 다른 고윳값을 x, y, z라 할 때, $\frac{1}{x}+\frac{1}{y}+\frac{1}{z}$의 값을 구하여라.

08 2×2 행렬 A가 역행렬이 존재하고 $A\begin{pmatrix} 3 & 5 \\ 4 & 7 \end{pmatrix}=B+2A$를 만족할 때, $A^{-1}B$의 고윳값의 합을 구하여라.

09 다음 행렬의 고윳값과 고유벡터를 구하여라.

(1) $\begin{pmatrix} 2 & 3 \\ 3 & -6 \end{pmatrix}$ (2) $\begin{pmatrix} 2 & 6 \\ 1 & -3 \end{pmatrix}$ (3) $\begin{pmatrix} 3 & -1 & -1 \\ -12 & 0 & 5 \\ 4 & -2 & -1 \end{pmatrix}$

(4) $\begin{pmatrix} 1 & 1 & 2 \\ 1 & 1 & -1 \\ 3 & -3 & 0 \end{pmatrix}$ (5) $\begin{pmatrix} 0 & 4 & 0 \\ -1 & -4 & 0 \\ 0 & 0 & -2 \end{pmatrix}$ (6) $\begin{pmatrix} 1 & 3 & 2 \\ 0 & -1 & 0 \\ 1 & 2 & 0 \end{pmatrix}$

10 $A=SBS^{-1}$이고 행렬 S와 B는 아래와 같이 주어졌다. 행렬 A의 행렬식을 구하여라.

$$S=\begin{pmatrix} \frac{1}{\sqrt{2}} & -\frac{1}{\sqrt{18}} & \frac{2}{3} \\ 0 & \frac{4}{\sqrt{18}} & \frac{1}{3} \\ \frac{1}{\sqrt{2}} & \frac{1}{\sqrt{18}} & -\frac{2}{3} \end{pmatrix},\quad B=\begin{pmatrix} -1 & 0 & 1 \\ 0 & 2 & 0 \\ 2 & 0 & 1 \end{pmatrix}$$

11 다음 행렬이 대각화 가능이면 대각화하여라.

(1) $\begin{pmatrix} -1 & -3 \\ 3 & 5 \end{pmatrix}$ (2) $\begin{pmatrix} 1 & 2 \\ 2 & -2 \end{pmatrix}$ (3) $\begin{pmatrix} 3 & -1 \\ -1 & 2 \end{pmatrix}$

(4) $\begin{pmatrix} 5 & -2 \\ 2 & 1 \end{pmatrix}$ (5) $\begin{pmatrix} 1 & 3 & 2 \\ 0 & -1 & 0 \\ 1 & 2 & 0 \end{pmatrix}$ (6) $\begin{pmatrix} 5 & -1 & 0 \\ 0 & -5 & 9 \\ 5 & -1 & 0 \end{pmatrix}$

(7) $\begin{pmatrix} 2 & -1 & 4 \\ 0 & 1 & 4 \\ -3 & 3 & -1 \end{pmatrix}$ (8) $\begin{pmatrix} 1 & 3 & 3 \\ -3 & -5 & -3 \\ 3 & 3 & 1 \end{pmatrix}$

12 행렬 $A=\begin{pmatrix} 1 & 2 & -1 \\ 1 & 0 & 2 \\ 4 & 4 & 5 \end{pmatrix}$가 어떤 행렬 P에 대하여 다음 식

$$P^{-1}AP=\begin{pmatrix} a & 0 & 0 \\ 0 & b & 0 \\ 0 & 0 & c \end{pmatrix}$$

을 만족할 때, $a+b+c$의 값을 구하여라.

13 행렬 $A=\begin{pmatrix} 1 & 4 & 1 \\ 2 & 1 & 0 \\ -1 & 3 & 1 \end{pmatrix}$에 대하여 행렬 $3A^2+5A$의 고윳값을 구하여라.

14 $\begin{pmatrix} -3 & 1 \\ 1 & -3 \end{pmatrix}^{10}\begin{pmatrix} 1 \\ 1 \end{pmatrix}=\begin{pmatrix} a \\ b \end{pmatrix}$일 때, $a+b$의 값을 구하여라.

15 행렬 $A=\begin{pmatrix} -1 & 0 & 1 \\ 0 & 2 & 0 \\ 0 & -3 & 1 \end{pmatrix}$에 대하여 다음 중 역행렬 A^{-1}의 고유벡터가 아닌 것은?

(1) $\begin{pmatrix} 1 \\ 0 \\ 2 \end{pmatrix}$ (2) $\begin{pmatrix} 2 \\ 0 \\ 0 \end{pmatrix}$

(3) $\begin{pmatrix} 2 \\ 2 \\ 1 \end{pmatrix}$ (4) $\begin{pmatrix} 1 \\ -1 \\ 3 \end{pmatrix}$

16 2×2 행렬 A의 고윳값이 1과 -1일 때, A^{2026}을 구하여라.

17 행렬 $A=\begin{pmatrix} 0 & 1 \\ -2 & 3 \end{pmatrix}$에 대하여 A^{100}을 구하여라.

18 행렬 $\begin{pmatrix} 1 & 2 \\ 4 & 3 \end{pmatrix}^{100}$의 $(1,2)$ 성분을 구하여라.

19 행렬 $A=\begin{pmatrix} 0.9 & 0.2 \\ 0.1 & 0.8 \end{pmatrix}$에 대하여 극한 $\lim_{k\to\infty} A^k$를 구하여라.

7장

선형변환과 표현행렬

벡터공간의 기본연산인 덧셈과 스칼라 배를 보존하는 벡터공간 사이의 함수, 즉 선형성을 갖는 함수를 선형변환이라고 한다. 선형변환은 표현행렬이라는 하나의 행렬에 대응되며 이러한 선형변환을 표현하는 행렬을 통하여 선형변환의 다양한 성질을 이해할 수 있다. 이번 장에서는 유클리드 벡터공간의 선형변환과 표현행렬에 대한 기본적인 성질을 살펴보도록 하자.

01 유클리드 벡터공간의 선형변환

사상 또는 변환 $L:\mathbb{R}^n \to \mathbb{R}^m$은 $\mathbb{R}^n$에 존재하는 임의의 벡터를 $\mathbb{R}^m$의 한 벡터에 대응시키는 함수이며, 이는 함수 $f:\mathbb{R} \to \mathbb{R}$를 일반적인 유클리드 벡터공간으로 일반화한 것으로 볼 수 있다. 특히 $f(x) = ax$(a는 상수)와 같은 선형(일차)함수의 일반화를 선형변환이라 한다.

정의 1

유클리드 벡터공간 $\mathbb{R}^n$에서 $\mathbb{R}^m$으로의 사상 $L:\mathbb{R}^n \to \mathbb{R}^m$이 $\mathbb{R}^n$의 임의의 벡터 $\mathbf{x}, \mathbf{y}$와 스칼라 α, β에 대하여 다음 두 조건을 만족할 때, L을 $\mathbb{R}^n$에서 $\mathbb{R}^m$으로의 선형변환(linear transformation)이라 한다.

(1) $L(\mathbf{x}+\mathbf{y}) = L(\mathbf{x}) + L(\mathbf{y})$

(2) $L(\alpha\mathbf{x}) = \alpha L(\mathbf{x})$

특별히, 조건 (1)과 (2)를 결합하여 $L(\alpha\mathbf{x}+\beta\mathbf{y}) = \alpha L(\mathbf{x}) + \beta L(\mathbf{y})$로 간단하게 표현할 수 있다.

예제 7.1

$\mathbb{R}^2$에서 $\mathbb{R}^2$로의 변환 L을 $L\left(\begin{pmatrix} x_1 \\ x_2 \end{pmatrix}\right) = \begin{pmatrix} x_1 - x_2 \\ x_1 + x_2 \end{pmatrix}$로 정의하면, L은 선형변환임을 보여라.

풀이 임의의 $\mathbf{x} = \begin{pmatrix} x_1 \\ x_2 \end{pmatrix}$, $\mathbf{y} = \begin{pmatrix} y_1 \\ y_2 \end{pmatrix} \in \mathbb{R}^2$와 스칼라 α, β에 대하여

$$L(\alpha\mathbf{x}+\beta\mathbf{y}) = \begin{pmatrix} \alpha(x_1-x_2)+\beta(y_1-y_2) \\ \alpha(x_1+x_2)+\beta(y_1+y_2) \end{pmatrix} = \alpha\begin{pmatrix} x_1-x_2 \\ x_1+x_2 \end{pmatrix} + \beta\begin{pmatrix} y_1-y_2 \\ y_1+y_2 \end{pmatrix}$$
$$= \alpha L(\mathbf{x}) + \beta L(\mathbf{y})$$

이므로 선형변환이다.

선형변환의 정의로부터 다음을 유도할 수 있다.

문제 7.1

$L:\mathbb{R}^n \to \mathbb{R}^m$ 가 선형변환일 때 다음을 보여라.

(1) $L(\mathbf{0}) = \mathbf{0}$

(2) $\mathbb{R}^n$ 의 임의의 벡터 $\mathbf{x}$ 에 대하여 $L(-\mathbf{x}) = -L(\mathbf{x})$ 이다.

(3) $\mathbf{x}_1, \mathbf{x}_2, \cdots, \mathbf{x}_k \in \mathbb{R}^n$ 이고 $\alpha_1, \alpha_2, \cdots, \alpha_k$ 이 스칼라일 때,

$$L(\alpha_1\mathbf{x}_1 + \alpha_2\mathbf{x}_2 + \cdots + \alpha_k\mathbf{x}_k) = \alpha_1 L(\mathbf{x}_1) + \alpha_2 L(\mathbf{x}_2) + \cdots + \alpha_k L(\mathbf{x}_k)$$

이다.

예제 7.2

선형변환 $L:\mathbb{R}^3 \to \mathbb{R}^2$ 이 $L(\mathbf{e}_1) = \begin{pmatrix} 1 \\ -1 \end{pmatrix}$, $L(\mathbf{e}_2) = \begin{pmatrix} 0 \\ -1 \end{pmatrix}$, $L(\mathbf{e}_3) = \begin{pmatrix} -2 \\ 3 \end{pmatrix}$ 을 만족할 때, $L\left(\begin{pmatrix} 1 \\ 2 \\ 3 \end{pmatrix}\right)$ 을 구하여라.

풀이 $\begin{pmatrix} 1 \\ 2 \\ 3 \end{pmatrix} = \mathbf{e}_1 + 2\mathbf{e}_2 + 3\mathbf{e}_3$ 이므로 선형변환의 정의에 의하여

$$L\left(\begin{pmatrix} 1 \\ 2 \\ 3 \end{pmatrix}\right) = L(\mathbf{e}_1 + 2\mathbf{e}_2 + 3\mathbf{e}_3)$$
$$= L(\mathbf{e}_1) + 2L(\mathbf{e}_2) + 3L(\mathbf{e}_3)$$
$$= \begin{pmatrix} 1 \\ -1 \end{pmatrix} + 2\begin{pmatrix} 0 \\ -1 \end{pmatrix} + 3\begin{pmatrix} -2 \\ 3 \end{pmatrix}$$
$$= \begin{pmatrix} -5 \\ 6 \end{pmatrix}$$

이다.

행렬 $A = \begin{pmatrix} 0 & -1 \\ 1 & 0 \end{pmatrix}$에 대하여 스칼라 α와 $\mathbb{R}^2$의 임의의 벡터 $\mathbf{x} = \begin{pmatrix} x_1 \\ x_2 \end{pmatrix}$, $\mathbf{y} = \begin{pmatrix} y_1 \\ y_2 \end{pmatrix}$는 다음 두 조건

$$A(\alpha\mathbf{x}) = \begin{pmatrix} 0 & -1 \\ 1 & 0 \end{pmatrix}\begin{pmatrix} \alpha x_1 \\ \alpha x_2 \end{pmatrix} = \begin{pmatrix} -\alpha x_2 \\ \alpha x_1 \end{pmatrix} = \alpha\begin{pmatrix} -x_2 \\ x_1 \end{pmatrix} = \alpha\begin{pmatrix} 0 & -1 \\ 1 & 0 \end{pmatrix}\begin{pmatrix} x_1 \\ x_2 \end{pmatrix} = \alpha A\mathbf{x}$$

$$\begin{aligned} A(\mathbf{x}+\mathbf{y}) &= \begin{pmatrix} 0 & -1 \\ 1 & 0 \end{pmatrix}\begin{pmatrix} x_1+y_1 \\ x_2+y_2 \end{pmatrix} = \begin{pmatrix} -x_2-y_2 \\ x_1+y_1 \end{pmatrix} = \begin{pmatrix} -x_2 \\ x_1 \end{pmatrix} + \begin{pmatrix} -y_2 \\ y_1 \end{pmatrix} \\ &= \begin{pmatrix} 0 & -1 \\ 1 & 0 \end{pmatrix}\begin{pmatrix} x_1 \\ x_2 \end{pmatrix} + \begin{pmatrix} 0 & -1 \\ 1 & 0 \end{pmatrix}\begin{pmatrix} y_1 \\ y_2 \end{pmatrix} \\ &= A\mathbf{x} + A\mathbf{y} \end{aligned}$$

를 만족하므로 행렬 $A = \begin{pmatrix} 0 & -1 \\ 1 & 0 \end{pmatrix}$는 $\mathbb{R}^2$에서 $\mathbb{R}^2$로의 선형변환이다. 기하학적으로 행렬 A는 <그림 7.1>처럼 주어진 벡터를 반시계방향으로 90°회전시키는 변환이다.

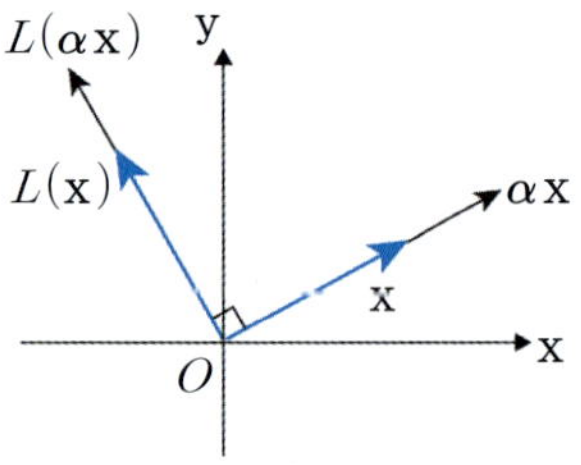

(i)

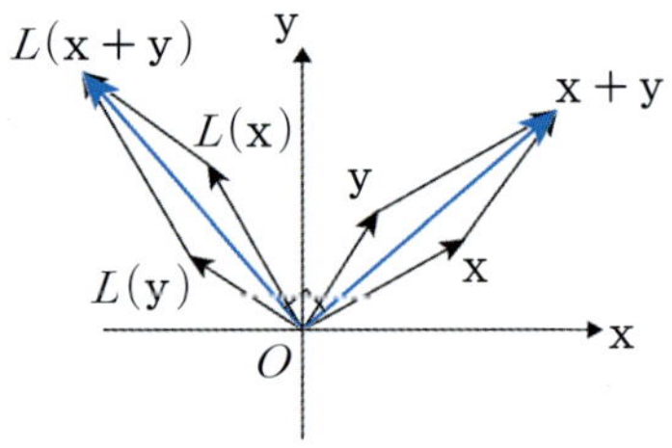

(ii)

그림 7.1

<그림 7.1>에서처럼 행렬의 곱에 대한 변환은 선형변환임을 확인하였다. 일반적으로 다음 정리와 같이 $m \times n$ 행렬 A는 $\mathbb{R}^n$에서 $\mathbb{R}^m$으로의 선형변환이다.

정리 1

$A = (A_1\ A_2\ A_3 \cdots A_n)$가 열벡터 $A_1, A_2, \cdots, A_n$을 가지는 $m \times n$ 행렬일 때, 임의의 벡터 $\mathbf{x} \in \mathbb{R}^n$에 대하여

$$L_A(\mathbf{x}) = A\mathbf{x}$$

로 정의되는 행렬변환 $L_A : \mathbb{R}^n \to \mathbb{R}^m$은 선형변환이다.

예제 7.3

행렬 $A = \begin{pmatrix} 1 & 0 & -2 \\ -1 & -1 & 3 \end{pmatrix}$은 예제 7.2의 선형변환 $L : \mathbb{R}^3 \to \mathbb{R}^2$을 표현하는 선형변환이다.

예제 7.4

행렬 $A = \begin{pmatrix} a & b \\ c & d \end{pmatrix}$는 유클리드 평면 $\mathbb{R}^2$위 임의의 점 (x, y)에 대하여 $\mathbb{R}^2$ 위의 새로운 점 $(ax + by, \ cx + dy)$를 대응시키는 선형변환 $L_A : \mathbb{R}^2 \to \mathbb{R}^2$이고

$$L_A\left(\begin{pmatrix} x \\ y \end{pmatrix}\right) = A\begin{pmatrix} x \\ y \end{pmatrix} = \begin{pmatrix} a & b \\ c & d \end{pmatrix}\begin{pmatrix} x \\ y \end{pmatrix} = \begin{pmatrix} ax + by \\ cx + dy \end{pmatrix} = x\begin{pmatrix} a \\ c \end{pmatrix} + y\begin{pmatrix} b \\ d \end{pmatrix}$$

$$= xL_A(\mathbf{e}_1) + yL_A(\mathbf{e}_2)$$

를 만족한다.

예제 7.5

$\mathbb{R}^3$의 임의의 벡터 $\mathbf{x} = \begin{pmatrix} x_1 \\ x_2 \\ x_3 \end{pmatrix}$에 대하여 $L(\mathbf{x}) = \begin{pmatrix} 0 \\ x_2 \\ x_3 \end{pmatrix}$로 정의되는 변환 $L : \mathbb{R}^3 \to \mathbb{R}^3$은 선형변환임을 보여라.

풀이 벡터 $\mathbf{x} = \begin{pmatrix} x_1 \\ x_2 \\ x_3 \end{pmatrix}$, $\mathbf{y} = \begin{pmatrix} y_1 \\ y_2 \\ y_3 \end{pmatrix}$와 스칼라 α, β에 대하여

$$L(\alpha\mathbf{x} + \beta\mathbf{y}) = L\left(\begin{pmatrix} \alpha x_1 + \beta y_1 \\ \alpha x_2 + \beta y_2 \\ \alpha x_3 + \beta y_3 \end{pmatrix}\right) = \begin{pmatrix} 0 \\ \alpha x_2 + \beta y_2 \\ \alpha x_3 + \beta y_3 \end{pmatrix} = \begin{pmatrix} 0 \\ \alpha x_2 \\ \alpha x_3 \end{pmatrix} + \begin{pmatrix} 0 \\ \beta y_2 \\ \beta y_3 \end{pmatrix}$$

$$= \alpha L(\mathbf{x}) + \beta L(\mathbf{y})$$

이므로 주어진 변환 L은 선형변환이다.

예제 7.6

$\mathbb{R}^3$의 임의의 벡터 $\mathbf{x} = \begin{pmatrix} x_1 \\ x_2 \\ x_3 \end{pmatrix}$에 대하여 $L(\mathbf{x}) = \begin{pmatrix} x_1 \\ x_1 + x_2 \\ 3 + x_3 \end{pmatrix}$로 정의되는 변환 L : $\mathbb{R}^3 \to \mathbb{R}^3$은 선형변환이 아니다.

풀이 벡터 $\mathbf{x} = \begin{pmatrix} x_1 \\ x_2 \\ x_3 \end{pmatrix}$와 $\mathbf{y} = \begin{pmatrix} y_1 \\ y_2 \\ y_3 \end{pmatrix}$에 대하여

$$L(\mathbf{x}+\mathbf{y}) = L\left(\begin{pmatrix} x_1+y_1 \\ x_2+y_2 \\ x_3+y_3 \end{pmatrix}\right) = \begin{pmatrix} x_1+y_1 \\ x_1+x_2+y_1+y_2 \\ 3+x_3+y_3 \end{pmatrix}$$

이고

$$L(\mathbf{x})+L(\mathbf{y}) = \begin{pmatrix} x_1 \\ x_1+x_2 \\ 3+x_3 \end{pmatrix} + \begin{pmatrix} y_1 \\ y_1+y_2 \\ 3+y_3 \end{pmatrix} = \begin{pmatrix} x_1+y_1 \\ x_1+x_2+y_1+y_2 \\ 6+x_3+y_3 \end{pmatrix}$$

이다. 따라서, $L(\mathbf{x}+\mathbf{y}) \neq L(\mathbf{x})+L(\mathbf{y})$이므로 주어진 변환 L은 선형변환이 아니다.

예제 7.7

$\mathbb{R}^3$의 임의의 벡터 $\mathbf{x} = \begin{pmatrix} x_1 \\ x_2 \\ x_3 \end{pmatrix}$에 대하여 $L(\mathbf{x}) = x_1^2 + x_2^2 + x_3^2$로 정의되는 변환 $L : \mathbb{R}^3 \to \mathbb{R}$은 선형변환이 아니다.

풀이 벡터 $\mathbf{x} = \begin{pmatrix} x_1 \\ x_2 \\ x_3 \end{pmatrix}$와 $\mathbf{y} = \begin{pmatrix} y_1 \\ y_2 \\ y_3 \end{pmatrix}$에 대하여

$$L(\mathbf{x}+\mathbf{y}) = L\left(\begin{pmatrix} x_1+y_1 \\ x_2+y_2 \\ x_3+y_3 \end{pmatrix}\right) = (x_1+y_1)^2 + (x_2+y_2)^2 + (x_3+y_3)^2$$

이고

$$L(\mathbf{x})+L(\mathbf{y}) = (x_1^2+x_2^2+x_3^2) + (y_1^2+y_2^2+y_3^2)$$

이다. 따라서, $L(\mathbf{x}+\mathbf{y}) \neq L(\mathbf{x})+L(\mathbf{y})$ 이므로 주어진 변환 L은 선형변환이 아니다.

문제 7.2

$\mathbb{R}^2$의 임의의 벡터 $\mathbf{x}$와 각 $0 \le \theta \le 2\pi$에 대하여 $L: \mathbb{R}^2 \to \mathbb{R}^2$가 $L(\mathbf{x}) = \begin{pmatrix} \cos\theta & -\sin\theta \\ \sin\theta & \cos\theta \end{pmatrix}\mathbf{x}$로 주어질 때 L이 선형변환임을 보여라.

02 선형변환과 표현행렬

이 절에서는 임의의 선형변환 $L : \mathbb{R}^n \to \mathbb{R}^m$이 $m \times n$ 행렬을 통하여 나타낼 수 있음을 알아보자.

예제 7.8

$L(\mathbf{e}_1) = \begin{pmatrix} 4 \\ -1 \end{pmatrix}$, $L(\mathbf{e}_2) = \begin{pmatrix} 1 \\ -1 \end{pmatrix}$, $L(\mathbf{e}_3) = \begin{pmatrix} -2 \\ 8 \end{pmatrix}$을 만족하는 선형변환 $L : \mathbb{R}^3 \to \mathbb{R}^2$은 행렬 $A = \begin{pmatrix} 4 & 1 & -2 \\ -1 & -1 & 8 \end{pmatrix}$에 대응하며 $L(\mathbf{x}) = A\mathbf{x}$이다.

예제 7.9

$\mathbb{R}^3$에 대한 임의의 벡터 $\mathbf{x} = \begin{pmatrix} x_1 \\ x_2 \\ x_3 \end{pmatrix}$에 대하여 $L(\mathbf{x}) = \begin{pmatrix} x_1 \\ x_2 - x_3 \end{pmatrix}$로 정의되는 선형변환 $L : \mathbb{R}^3 \to \mathbb{R}^2$에 대하여, $L(\mathbf{e}_1) = \begin{pmatrix} 1 \\ 0 \end{pmatrix}$, $L(\mathbf{e}_2) = \begin{pmatrix} 0 \\ 1 \end{pmatrix}$, $L(\mathbf{e}_3) = \begin{pmatrix} 0 \\ -1 \end{pmatrix}$을 만족하고 2×3 행렬 $A = \begin{pmatrix} 1 & 0 & 0 \\ 0 & 1 & -1 \end{pmatrix}$이 대응하여 $L(\mathbf{x}) = A\mathbf{x}$이다.

풀이 L의 정의에 따라

$$L(\mathbf{x}) = \begin{pmatrix} 1x_1 + 0x_2 + 0x_3 \\ 0x_1 + 1x_2 - 1x_3 \end{pmatrix} = x_1\begin{pmatrix} 1 \\ 0 \end{pmatrix} + x_2\begin{pmatrix} 0 \\ 1 \end{pmatrix} + x_3\begin{pmatrix} 0 \\ -1 \end{pmatrix} = \begin{pmatrix} 1 & 0 & 0 \\ 0 & 1 & -1 \end{pmatrix}\begin{pmatrix} x_1 \\ x_2 \\ x_3 \end{pmatrix}$$

이므로 구하는 행렬 A는

$$A = \begin{pmatrix} 1 & 0 & 0 \\ 0 & 1 & -1 \end{pmatrix}$$

이다. 또한,

$$L(\mathbf{e}_1) = \begin{pmatrix} 1 \\ 0 \end{pmatrix},\ L(\mathbf{e}_2) = \begin{pmatrix} 0 \\ 1 \end{pmatrix},\ L(\mathbf{e}_3) = \begin{pmatrix} 0 \\ -1 \end{pmatrix}$$

이고 행렬 A는 다음과 같이

$$A = (L(\mathbf{e}_1)\ \ L(\mathbf{e}_2)\ \ L(\mathbf{e}_3))$$

임을 알 수 있다.

일반적으로 다음이 성립한다.

정리 2

임의의 선형변환 $L : \mathbb{R}^n \to \mathbb{R}^m$에 대하여 $m \times n$ 행렬 A가 다음과 같이

$$A = (L(\mathbf{e}_1)\ \ L(\mathbf{e}_2)\ \ \dots\ \ L(\mathbf{e}_n))$$

로 표현되며, 모든 $\mathbf{x} \in \mathbb{R}^n$에 대하여 $L(\mathbf{x}) = A\mathbf{x}$를 만족한다.

증명 유클리드 공간 $\mathbb{R}^n$의 임의의 벡터 $\mathbf{x} = (x_1, x_2, \cdots, x_n)$는 다음과 같이 기본 단위벡터 $\mathbf{e}_1, \mathbf{e}_2, \cdots, \mathbf{e}_n$의 일차결합 $\mathbf{x} = x_1\mathbf{e}_1 + x_2\mathbf{e}_2 + \cdots + x_n\mathbf{e}_n$으로 나타낼 수 있다. 따라서 선형변환의 정의에 의하여

$$\begin{aligned} L(\mathbf{x}) &= x_1 L(\mathbf{e}_1) + x_2 L(\mathbf{e}_2) + \cdots + x_n L(\mathbf{e}_n) \\ &= (L(\mathbf{e}_1)\ \ L(\mathbf{e}_2)\ \ \cdots\ \ L(\mathbf{e}_n)) \begin{pmatrix} x_1 \\ x_2 \\ \vdots \\ x_n \end{pmatrix} \end{aligned}$$

이므로 $A = (L(\mathbf{e}_1)\ \ L(\mathbf{e}_2)\ \ \cdots\ \ L(\mathbf{e}_n))$이라 하면 $L(\mathbf{x}) = A\mathbf{x}$이다.

정의 2

임의의 선형변환 $L : \mathbb{R}^n \to \mathbb{R}^m$에 대하여 모든 $\mathbf{x} \in \mathbb{R}^n$가 $L(\mathbf{x}) = A\mathbf{x}$를 만족하는 $m \times n$ 행렬 A를 L의 표준 표현행렬(standard representation matrix)이라고 한다.

예제 7.10

$\mathbb{R}^2$에 대한 임의의 벡터를 반시계방향으로 θ만큼 회전이동하는 선형변환 $L:\mathbb{R}^2 \to \mathbb{R}^2$의 표준 표현행렬은 $A = \begin{pmatrix} \cos\theta & -\sin\theta \\ \sin\theta & \cos\theta \end{pmatrix}$임을 보여라.

풀이 정리 2를 이용하면 $\mathbf{e}_1 = \begin{pmatrix} 1 \\ 0 \end{pmatrix}$, $\mathbf{e}_2 = \begin{pmatrix} 0 \\ 1 \end{pmatrix}$를 반시계방향으로 θ 만큼 회전하여 얻은 벡터는 <그림 7.2>와 같다. 즉, 각각

$$L(\mathbf{e}_1) = \begin{pmatrix} \cos\theta \\ \sin\theta \end{pmatrix}, \ L(\mathbf{e}_2) = \begin{pmatrix} -\sin\theta \\ \cos\theta \end{pmatrix}$$

이므로 구하는 표준 표현행렬은 $A = \begin{pmatrix} \cos\theta & -\sin\theta \\ \sin\theta & \cos\theta \end{pmatrix}$이다.

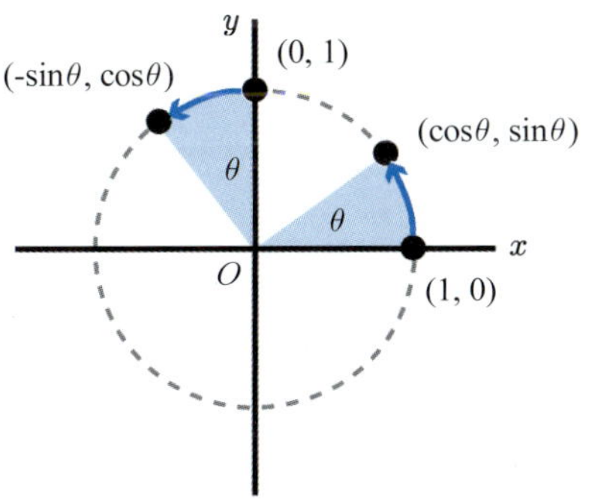

그림 7.2

예제 7.11

$\mathbb{R}^2$에 대한 임의의 벡터를 반시계방향으로 $45°$ 회전시키는 선형변환 L 의 표준 표현행렬 A를 구하고 이를 이용하여 $L\left(\begin{pmatrix} 2 \\ 3 \end{pmatrix}\right)$을 구하여라.

풀이 예제 7.10의 표준 표현행렬을 이용하면

$$A = \begin{pmatrix} \cos\frac{\pi}{4} & -\sin\frac{\pi}{4} \\ \sin\frac{\pi}{4} & \cos\frac{\pi}{4} \end{pmatrix} = \begin{pmatrix} \frac{1}{\sqrt{2}} & -\frac{1}{\sqrt{2}} \\ \frac{1}{\sqrt{2}} & \frac{1}{\sqrt{2}} \end{pmatrix}$$

이므로

$$L\left(\begin{pmatrix} 2 \\ 3 \end{pmatrix}\right) = A\begin{pmatrix} 2 \\ 3 \end{pmatrix} = \begin{pmatrix} \frac{1}{\sqrt{2}} & -\frac{1}{\sqrt{2}} \\ \frac{1}{\sqrt{2}} & \frac{1}{\sqrt{2}} \end{pmatrix}\begin{pmatrix} 2 \\ 3 \end{pmatrix} = \begin{pmatrix} -\frac{1}{\sqrt{2}} \\ \frac{5}{\sqrt{2}} \end{pmatrix}$$

이다.

문제 7.3

$\mathbb{R}^3$에 대한 임의의 벡터를 z축에서 반시계방향으로 $30°$ 회전시키는 선형변환 L의 표준 표현행렬 A를 구하고, 이것을 이용하여 $L\left(\begin{pmatrix}1\\2\\3\end{pmatrix}\right)$을 구하라.

예제 7.12

$\mathbb{R}^3$의 세 벡터 $\mathrm{v}_1=\begin{pmatrix}0\\1\\1\end{pmatrix}$, $\mathrm{v}_2=\begin{pmatrix}0\\1\\0\end{pmatrix}$, $\mathrm{v}_3=\begin{pmatrix}1\\2\\3\end{pmatrix}$에 대하여 $L:\mathbb{R}^3\to\mathbb{R}^2$이

$$L(\mathrm{v}_1)=\begin{pmatrix}1\\0\end{pmatrix},\quad L(\mathrm{v}_2)=\begin{pmatrix}0\\1\end{pmatrix},\quad L(\mathrm{v}_3)=\begin{pmatrix}1\\2\end{pmatrix}$$

을 만족할 때, 선형변환 L을 나타내는 표준 표현행렬 A를 구하여라.

풀이 주어진 벡터 $\mathrm{v}_1,\mathrm{v}_2,\mathrm{v}_3$을 이용하여 다음과 같이 기본 단위벡터를 나타낼 수 있다.

$$\mathrm{e}_1=\mathrm{v}_3-3\mathrm{v}_1+\mathrm{v}_2,\quad \mathrm{e}_2=\mathrm{v}_2,\quad \mathrm{e}_3=\mathrm{v}_1-\mathrm{v}_2$$

따라서 정리 2를 이용하면

$$L(\mathrm{e}_1)=L(\mathrm{v}_3-3\mathrm{v}_1+\mathrm{v}_2)=\begin{pmatrix}1\\2\end{pmatrix}-3\begin{pmatrix}1\\0\end{pmatrix}+\begin{pmatrix}0\\1\end{pmatrix}=\begin{pmatrix}-2\\3\end{pmatrix}$$

$$L(\mathrm{e}_2)=L(\mathrm{v}_2)=\begin{pmatrix}0\\1\end{pmatrix}$$

$$L(\mathrm{e}_3)=L(\mathrm{v}_1)-L(\mathrm{v}_2)=\begin{pmatrix}1\\0\end{pmatrix}-\begin{pmatrix}0\\1\end{pmatrix}=\begin{pmatrix}1\\-1\end{pmatrix}$$

이므로

$$A=(L(\mathrm{e}_1)\ L(\mathrm{e}_2)\ L(\mathrm{e}_3))=\begin{pmatrix}-2&0&1\\3&1&-1\end{pmatrix}$$

이다.

예제 7.13

직선 $y = x$에 대한 대칭변환 $L : \mathbb{R}^2 \to \mathbb{R}^2$의 표준 표현행렬을 구하여라.

풀이 정리 2를 이용하면

$$L(\mathbf{e}_1) = L\left(\begin{pmatrix} 1 \\ 0 \end{pmatrix}\right) = \begin{pmatrix} 0 \\ 1 \end{pmatrix},\ L(\mathbf{e}_2) = L\left(\begin{pmatrix} 0 \\ 1 \end{pmatrix}\right) = \begin{pmatrix} 1 \\ 0 \end{pmatrix}$$

이므로

$$A = (L(\mathbf{e}_1)\ \ L(\mathbf{e}_2)) = \begin{pmatrix} 0 & 1 \\ 1 & 0 \end{pmatrix}$$

이다.

예제 7.14

3차원 공간에서 xy 평면 위로의 정사영 변환에 대한 표준 표현행렬을 구하여라.

풀이 xy 평면 위로의 정사영 변환 $L : \mathbb{R}^3 \to \mathbb{R}^3$에 대하여 유클리드 공간 $\mathbb{R}^3$에 대한 임의의 벡터 $\mathbf{x} = \begin{pmatrix} x \\ y \\ z \end{pmatrix}$는

$$L(\mathbf{x}) = L\left(\begin{pmatrix} x \\ y \\ z \end{pmatrix}\right) = \begin{pmatrix} x \\ y \\ 0 \end{pmatrix}$$

이므로 정리 2를 이용하면

$$L(\mathbf{e}_1) = L\left(\begin{pmatrix} 1 \\ 0 \\ 0 \end{pmatrix}\right) = \begin{pmatrix} 1 \\ 0 \\ 0 \end{pmatrix},\ L(\mathbf{e}_2) = L\left(\begin{pmatrix} 0 \\ 1 \\ 0 \end{pmatrix}\right) = \begin{pmatrix} 0 \\ 1 \\ 0 \end{pmatrix},\ L(\mathbf{e}_3) = L\left(\begin{pmatrix} 0 \\ 0 \\ 1 \end{pmatrix}\right) = \begin{pmatrix} 0 \\ 0 \\ 0 \end{pmatrix}$$

이므로 $A = (L(\mathbf{e}_1)\ \ L(\mathbf{e}_2)\ \ L(\mathbf{e}_3)) = \begin{pmatrix} 1 & 0 & 0 \\ 0 & 1 & 0 \\ 0 & 0 & 0 \end{pmatrix}$이다.

문제 7.4

유클리드 평면 $\mathbb{R}^2$에 대한 임의의 벡터 $\mathbf{x} = \begin{pmatrix} x_1 \\ x_2 \end{pmatrix}$에 대하여 다음을 증명하여라.

(1) x축 위로의 정사영 변환 $L : \mathbb{R}^2 \to \mathbb{R}^2$, $L(\mathbf{x}) = \begin{pmatrix} x_1 \\ 0 \end{pmatrix}$의 표준 표현행렬은 $A = \begin{pmatrix} 1 & 0 \\ 0 & 0 \end{pmatrix}$이다.

(2) y축 위로의 정사영 변환 $L:\mathbb{R}^2 \to \mathbb{R}^2$, $L(\mathbf{x}) = \begin{pmatrix} 0 \\ x_2 \end{pmatrix}$의 표준 표현행렬은

$A = \begin{pmatrix} 0 & 0 \\ 0 & 1 \end{pmatrix}$이다.

(3) x축에 대한 대칭이동 변환 $L:\mathbb{R}^2 \to \mathbb{R}^2$, $L(\mathbf{x}) = \begin{pmatrix} x_1 \\ -x_2 \end{pmatrix}$의 표준 표현행렬은

$A = \begin{pmatrix} 1 & 0 \\ 0 & -1 \end{pmatrix}$이다.

(4) y축에 대한 대칭이동 변환 $L:\mathbb{R}^2 \to \mathbb{R}^2$, $L(\mathbf{x}) = \begin{pmatrix} -x_1 \\ x_2 \end{pmatrix}$의 표준 표현행렬은

$A = \begin{pmatrix} -1 & 0 \\ 0 & 1 \end{pmatrix}$이다.

(5) 직선 $y = x$에 대한 대칭이동 변환 $L:\mathbb{R}^2 \to \mathbb{R}^2$, $L(\mathbf{x}) = \begin{pmatrix} x_2 \\ x_1 \end{pmatrix}$의 표준 표현행렬은 $A = \begin{pmatrix} 0 & 1 \\ 1 & 0 \end{pmatrix}$이다.

두 함수의 합성함수와 역함수의 성질을 이용하여 선형변환에 대해서 일반적으로 정리 3이 성립한다.

정리 3

임의의 선형변환 $L:\mathbb{R}^n \to \mathbb{R}^m$, $M:\mathbb{R}^l \to \mathbb{R}^n$과 임의의 벡터 $\mathbf{x} \in \mathbb{R}^n$, $\mathbf{y} \in \mathbb{R}^l$에 대한 표준 표현행렬 A, B가 존재하여 $L(\mathbf{x}) = A\mathbf{x}$이고 $M(\mathbf{y}) = B\mathbf{y}$이다.

(1) 합성변환 $L \circ M:\mathbb{R}^l \to \mathbb{R}^m$은 선형변환이고 $L \circ M$의 표준 표현행렬은 두 행렬의 곱 AB이다.

(2) $n = m$일 때, 선형변환 $L:\mathbb{R}^n \to \mathbb{R}^n$의 역변환 L^{-1}은 선형변환이고 대응하는 표준 표현행렬은 A^{-1}이다.

예제 7.15

유클리드 평면 $\mathbb{R}^2$에서 시계방향으로 60° 회전이동한 후, y축에 관하여 대칭이동하는 선형변환의 표준 표현행렬을 구하여라.

풀이 $\mathbb{R}^2$에 대한 임의의 벡터를 반시계방향으로 60° 회전하는 선형변환을 L이라 하고, y축에 관하여 대칭 이동한 선형변환을 M이라 하자. 예제 7.10을 이용하면 L에 대응되는 표준 표현행렬은

$$A = \begin{pmatrix} \cos\frac{\pi}{3} & -\sin\frac{\pi}{3} \\ \sin\frac{\pi}{3} & \cos\frac{\pi}{3} \end{pmatrix} = \begin{pmatrix} \frac{1}{2} & -\frac{\sqrt{3}}{2} \\ \frac{\sqrt{3}}{2} & \frac{1}{2} \end{pmatrix}$$

이다. 또한, 시계방향으로 60° 회전이동하는 선형변환은 L의 역변환 L^{-1}에 대응하는 표준 표현행렬이며 즉,

$$A^{-1} = \begin{pmatrix} \frac{1}{2} & \frac{\sqrt{3}}{2} \\ -\frac{\sqrt{3}}{2} & \frac{1}{2} \end{pmatrix}$$

이다. 정리 2를 이용하면 $M(\mathrm{e}_1) = M\left(\begin{pmatrix} 1 \\ 0 \end{pmatrix}\right) = \begin{pmatrix} -1 \\ 0 \end{pmatrix}$, $M(\mathrm{e}_2) = M\left(\begin{pmatrix} 0 \\ 1 \end{pmatrix}\right) = \begin{pmatrix} 0 \\ 1 \end{pmatrix}$이므로 M에 대응되는 표준 표현행렬은 $B = \begin{pmatrix} -1 & 0 \\ 0 & 1 \end{pmatrix}$이다. 따라서 합성변환 $M \circ L^{-1}$의 표준 표현행렬은

$$BA^{-1} = \begin{pmatrix} -1 & 0 \\ 0 & 1 \end{pmatrix} \begin{pmatrix} \frac{1}{2} & \frac{\sqrt{3}}{2} \\ -\frac{\sqrt{3}}{2} & \frac{1}{2} \end{pmatrix} = \begin{pmatrix} -\frac{1}{2} & -\frac{\sqrt{3}}{2} \\ -\frac{\sqrt{3}}{2} & \frac{1}{2} \end{pmatrix}$$

이다.

문제 7.5

공간에서 직선 $x=0$, $y=0$에서 시계방향으로 30° 만큼 회전이동하고, xy평면에 대해서 대칭이동하는 선형변환 $L:\mathbb{R}^3 \to \mathbb{R}^3$의 표준 표현행렬 A를 구하여라.

이번 장에서는 $\mathbb{R}^n$에서 $\mathbb{R}^m$까지의 선형변환과 선형변환을 표현하는 표준 표현행렬에 대하여 알아보았다. 이러한 개념은 일반적인 벡터공간 사이의 선형변환으로 자연스럽게 일반화되지만, 이 책에서는 다루지 않겠다.

연습문제

01 다음과 같이 정의된 변환 L이 선형변환임을 판단하고, 각 선형변환에 대하여 표준 표현행렬을 구하여라.

(1) $L\left(\begin{pmatrix} x_1 \\ x_2 \end{pmatrix}\right) = \begin{pmatrix} 2x_1 \\ 3x_2 \end{pmatrix}$

(2) $L\left(\begin{pmatrix} x_1 \\ x_2 \end{pmatrix}\right) = \begin{pmatrix} -x_1^2 \\ 2x_2 \end{pmatrix}$

(3) $L\left(\begin{pmatrix} x_1 \\ x_2 \end{pmatrix}\right) = \begin{pmatrix} x_2 \\ x_1 \end{pmatrix}$

(4) $L\left(\begin{pmatrix} x_1 \\ x_2 \end{pmatrix}\right) = \begin{pmatrix} 0 \\ -x_2 \end{pmatrix}$

(5) $L\left(\begin{pmatrix} x_1 \\ x_2 \end{pmatrix}\right) = \begin{pmatrix} 3x_1 + x_2 \\ 1 \\ x_1 - x_2^2 \end{pmatrix}$

(6) $L\left(\begin{pmatrix} x_1 \\ x_2 \end{pmatrix}\right) = \begin{pmatrix} x_1 - x_2 \\ x_1 \\ x_1 + x_2 \end{pmatrix}$

(7) $L\left(\begin{pmatrix} x_1 \\ x_2 \end{pmatrix}\right) = \begin{pmatrix} -x_2 \\ x_1 \\ 0 \end{pmatrix}$

(8) $L\left(\begin{pmatrix} x_1 \\ x_2 \end{pmatrix}\right) = \begin{pmatrix} x_1 - x_2 \\ 0 \\ x_1 - 2x_2 \end{pmatrix}$

02 선형변환 $L : \mathbb{R}^2 \to \mathbb{R}^2$가 $L\left(\begin{pmatrix} x \\ y \end{pmatrix}\right) = \begin{pmatrix} 3x \\ 2y \end{pmatrix}$로 정의될 때, L의 표준 표현행렬과 $L\left(\begin{pmatrix} 1 \\ 2 \end{pmatrix}\right)$, $L\left(\begin{pmatrix} -3 \\ 5 \end{pmatrix}\right)$를 구하여라.

03 평면 위의 도형의 변형을 가하는 선형변환 $L : \mathbb{R}^2 \to \mathbb{R}^2$가 다음과 같이 주어져 있다.

$$L\left(\begin{pmatrix} x \\ y \end{pmatrix}\right) = \begin{pmatrix} 1.2x + 0.5y \\ 0.3x + 0.8y \end{pmatrix}$$

L의 표준 표현행렬 A를 구하고 네 점 $\mathrm{P}_1 = \begin{pmatrix} 0 \\ 0 \end{pmatrix}$, $\mathrm{P}_2 = \begin{pmatrix} 1 \\ 0 \end{pmatrix}$, $\mathrm{P}_3 = \begin{pmatrix} 1 \\ 1 \end{pmatrix}$, $\mathrm{P}_4 = \begin{pmatrix} 0 \\ 1 \end{pmatrix}$로 이루어진 사각형의 넓이와 네 점 $L(\mathrm{P}_i)$, $i \in \{1, 2, 3, 4\}$로 이루어진 사각형의 넓이를 비교하여, 면적 변형비는 $|\det(A)|$ 임을 보여라.

04 선형변환 $L : \mathbb{R}^2 \to \mathbb{R}^2$가 $L\left(\begin{pmatrix} x \\ y \end{pmatrix}\right) = \begin{pmatrix} 2x+y \\ x+2y \end{pmatrix}$로 정의될 때, 다음을 구하여라.

(1) L의 표준 표현행렬 A를 구하고 행렬 A의 고윳값과 고유벡터를 구하여라.

(2) 합성변환 $L^{2026} = L \circ L \circ \cdots \circ L$에 대하여 $L^{2026}\left(\begin{pmatrix} 1 \\ 2 \end{pmatrix}\right)$를 구하여라.

05 변환 $L : \mathbb{R}^3 \to \mathbb{R}^3$이 $L\left(\begin{pmatrix} x_1 \\ x_2 \\ x_3 \end{pmatrix}\right) = \begin{pmatrix} x_1 + x_2 \\ x_2 + x_3 \\ x_1 + x_3 \end{pmatrix}$과 같이 정의되었을 때, L이 선형변환임을 판단하고, 표준 표현행렬과 $L\left(\begin{pmatrix} 1 \\ 0 \\ 2 \end{pmatrix}\right)$, $L\left(\begin{pmatrix} -2 \\ 3 \\ -1 \end{pmatrix}\right)$을 구하여라.

06 다음과 같이 정의되는 변환이 선형변환임을 판단하고, 표준 표현행렬을 구하여라.

(1) $L\left(\begin{pmatrix} x_1 \\ x_2 \\ x_3 \end{pmatrix}\right) = \begin{pmatrix} x_2 + x_1 \\ x_3 - x_2 \end{pmatrix}$

(2) $L\left(\begin{pmatrix} x_1 \\ x_2 \\ x_3 \end{pmatrix}\right) = \begin{pmatrix} x_1 + 2x_2 + x_3 \\ x_1 + 5x_2 + 3x_3 \\ x_2 \end{pmatrix}$

(3) $L\left(\begin{pmatrix} x_1 \\ x_2 \end{pmatrix}\right) = \begin{pmatrix} x_2 \\ 2x_1 - x_2 \\ x_1 + 3x_2 \\ x_1 \end{pmatrix}$

(4) $L\left(\begin{pmatrix} x_1 \\ x_2 \\ x_3 \\ x_4 \end{pmatrix}\right) = \begin{pmatrix} x_4 \\ 0 \\ x_3 \\ x_2 + x_3 \\ x_1 - x_3 \end{pmatrix}$

07 다음과 같이 정의된 변환 $L : \mathbb{R}^2 \to \mathbb{R}^2$가 선형변환임을 판단하고, 표준 표현행렬을 구하여라.

(1) L은 직선 $y = -x$에 대하여 대칭시킨다.

(2) L은 원점을 중심으로 반시계방향으로 120° 만큼 회전하고 x축 방향으로 대칭시킨다.

(3) L은 x축으로 2배만큼, y축으로 3배만큼 확대한다.

(4) L은 x축 위로 사영한다.

(5) L은 직선 $y = 2x$ 위로 사영한다.

(6) L은 직선 $y = x$에 관하여 대칭시킨 후, 반시계방향으로 $\frac{\pi}{6}$만큼 회전시키고 다시 직선 $y = x$에 사영한다.

08 다음 행렬들에 대하여 이에 대응하는 선형변환 $L:\mathbb{R}^2 \to \mathbb{R}^2$ 을 기하학적으로 설명하여라.

(1) $\begin{pmatrix} a & 0 \\ 0 & 2 \end{pmatrix}$　　(2) $\begin{pmatrix} -2 & 0 \\ 0 & a \end{pmatrix}$

(3) $\begin{pmatrix} 0 & -1 \\ -1 & 0 \end{pmatrix}$　　(4) $\begin{pmatrix} 0 & -1 \\ 1 & 0 \end{pmatrix}$

09 유클리드 공간 $\mathbb{R}^3$위의 벡터를 z축을 중심으로 반시계방향으로 $\frac{\pi}{2}$만큼 회전시키는 선형변환의 표준 표현행렬을 구하여라.

10 벡터공간 V, W와 벡터 $\mathrm{v}_1, \mathrm{v}_2, \dots, \mathrm{v}_n \in V$에 대하여 변환 $L: V \to W$이 선형변환일 때, 다음을 증명하여라.

(1) $\mathrm{v}_1, \mathrm{v}_2, \dots, \mathrm{v}_n$이 일차종속이면 $L(\mathrm{v}_1), L(\mathrm{v}_2), \dots, L(\mathrm{v}_n)$도 일차종속이다.

(2) $\mathrm{v}_1, \mathrm{v}_2, \dots, \mathrm{v}_n$은 일차독립이지만 $L(\mathrm{v}_1), L(\mathrm{v}_2), \dots, L(\mathrm{v}_n)$은 일차독립이 아닐 수 있다(예를 들어 설명하여라).

8장

직교

01 내적공간

02 정규직교집합

03 Gram-Schmidt 정규직교화 과정

내적공간의 개념과 성질을 소개하고, 이것을 바탕으로 직교의 개념을 내적공간에 대하여 일반화하도록 한다.

01 내적공간

이번 절에서는 유클리드 벡터공간인 $\mathbb{R}^n$ 에 주어진 두 벡터의 내적이 만족하는 중요한 성질들을 일반적인 벡터공간 V 안의 벡터에 대한 공리로 적용해 볼 것이다. 그리고 길이, 거리의 개념들을 일반 벡터공간으로 확장해 볼 것이다.

정의 1

내적공간

벡터공간 V에 대한 임의의 원소 $\mathbf{u}$, $\mathbf{v}$ 에 관하여, 스칼라 $\langle \mathbf{u}, \mathbf{v} \rangle$를 대응시키는 함수로써 V에 속하는 모든 벡터 $\mathbf{u}, \mathbf{v}, \mathbf{w}$ 와 스칼라 k 에 대하여 다음 공리들을 만족할 때, $\langle\ ,\ \rangle$를 V 위에서의 내적(inner product)이라고 한다.

(1) $\langle \mathbf{u}, \mathbf{u} \rangle \geq 0$ 이고

$$\langle \mathbf{u}, \mathbf{u} \rangle = 0 \Leftrightarrow \mathbf{u} = \mathbf{0}$$

(2) $\langle \mathbf{u}, \mathbf{v} \rangle = \langle \mathbf{v}, \mathbf{u} \rangle$

(3) $\langle \mathbf{u}+\mathbf{v}, \mathbf{w} \rangle = \langle \mathbf{u}, \mathbf{w} \rangle + \langle \mathbf{v}, \mathbf{w} \rangle$

(4) $\langle k\mathbf{u}, \mathbf{v} \rangle = k\langle \mathbf{u}, \mathbf{v} \rangle$

내적이 정의되는 벡터공간 V를 내적공간(inner product space)이라고 한다.

정의 2

$\mathbb{R}^n$의 표준내적

$\mathbb{R}^n$에 대한 임의의 두 벡터

$$\mathbf{u} = \begin{pmatrix} u_1 \\ u_2 \\ \vdots \\ u_n \end{pmatrix}, \quad \mathbf{v} = \begin{pmatrix} v_1 \\ v_2 \\ \vdots \\ v_n \end{pmatrix}$$

의 내적은 $\langle \mathbf{u}, \mathbf{v} \rangle = u_1v_1 + u_2v_2 + \cdots + u_nv_n$이다.

일반적인 벡터공간에서 내적의 개념을 이해하기 위해 다음의 예들을 살펴보자.

예제 8.1

실수 순서쌍 집합을 V라 하고 V의 벡터 $\mathrm{u} = \begin{pmatrix} u_1 \\ u_2 \end{pmatrix}$, $\mathrm{v} = \begin{pmatrix} v_1 \\ v_2 \end{pmatrix}$에 대하여

$$\langle \mathrm{u},\ \mathrm{v} \rangle = 2u_1v_1 + 3u_2v_2$$

라 정의할 때, V는 내적공간인지 판별하여라.

풀이 (1) $\langle \mathrm{u},\ \mathrm{v} \rangle = 2u_1v_1 + 3u_2v_2 = 2v_1u_1 + 3v_2u_2 = \langle \mathrm{v},\ \mathrm{u} \rangle$

(2) $\mathrm{w} = \begin{pmatrix} w_1 \\ w_2 \end{pmatrix}$라 하면

$$\begin{aligned} \langle \mathrm{u}+\mathrm{v},\ \mathrm{w} \rangle &= 2(u_1+v_1)w_1 + 3(u_2+v_2)w_2 = 2u_1w_1 + 3u_2w_2 + 2v_1w_1 + 3v_2w_2 \\ &= \langle \mathrm{u},\mathrm{w} \rangle + \langle \mathrm{v},\mathrm{w} \rangle \end{aligned}$$

(3) $\langle k\mathrm{u},\ \mathrm{v} \rangle = 2(ku_1)v_1 + 3(ku_2)v_2 = k(2u_1v_1 + 3u_2v_2) = k\langle \mathrm{u},\ \mathrm{v} \rangle$

(4) $\langle \mathrm{u},\ \mathrm{u} \rangle = 2u_1^2 + 3u_2^2 \geq 0$

이고

$$\langle \mathrm{u},\ \mathrm{u} \rangle = 2u_1^2 + 3u_2^2 = 0 \Leftrightarrow u_1 = 0,\ u_2 = 0 \Leftrightarrow \mathrm{u} = 0$$

따라서, V는 내적공간이다.

예제 8.2

실수 순서쌍 집합을 V라 하고 V의 벡터 $\mathrm{u} = \begin{pmatrix} u_1 \\ u_2 \end{pmatrix}$, $\mathrm{v} = \begin{pmatrix} v_1 \\ v_2 \end{pmatrix}$에 대하여

$$\langle \mathrm{u},\ \mathrm{v} \rangle = 2u_1v_1 - 5u_2v_2$$

라 정의할 때, V는 내적공간인지 판별하여라.

풀이 $\langle \mathrm{u},\ \mathrm{u} \rangle = 2u_1^2 - 5u_2^2$이므로 $2u_1^2 < 5u_2^2$ 인 경우 $\langle \mathrm{u},\ \mathrm{u} \rangle < 0$이 되므로 V는 내적공간이 아니다.

예제 8.3

구간 $[a,b]$ 에서 연속인 함수들의 벡터공간 $C[a,b]$ 의 임의의 두 벡터 f, g 에 대하여

$$\langle f, g \rangle = \int_a^b f(x)g(x)dx$$

라 정의할 때, $C[a,b]$ 는 내적공간인지 판별하여라.

풀이 f, g, h 가 벡터공간 $C[a,b]$에 대한 임의의 벡터이고 k가 임의의 스칼라이면

(1) $\langle f, g \rangle = \int_a^b f(x)g(x)dx = \int_a^b g(x)f(x)dx = \langle g, f \rangle$

(2) $\langle f+g, h \rangle = \int_a^b (f(x)+g(x))h(x)dx = \int_a^b f(x)h(x)dx + \int_a^b g(x)h(x)dx$
$= \langle f, h \rangle + \langle g, h \rangle$

(3) $\langle kf, g \rangle = \int_a^b (kf(x))g(x)dx = k\int_a^b f(x)g(x)dx = k\langle f, g \rangle$

(4) $\langle f, f \rangle = \int_a^b (f(x))^2 dx \geq 0$ 이고

$\langle f, f \rangle = \int_a^b (f(x))^2 dx = 0 \Leftrightarrow f(x) = 0$

이므로 $C[a,b]$는 내적공간이다.

문제 8.1

모든 $x \in [a, b]$ 에 대하여 $w(x) > 0$인 $w(x) \in C[a, b]$와 벡터공간 $C[a, b]$에 대한 임의의 두 벡터 f, g 에 대하여

$$\langle f, g \rangle_w = \int_a^b w(x)f(x)g(x)dx$$

라 정의하면 $C[a,b]$ 가 내적공간임을 설명하여라.

예제 8.4

차수가 n 이하인 다항식들의 벡터공간 P_n에 대한 임의의 두 벡터 $p(x) = a_0 + a_1x + \cdots + a_nx^n$, $q(x) = b_0 + b_1x + \cdots + b_nx^n$에 대하여

$$\langle p(x), q(x)\rangle = a_0b_0 + a_1b_1 + \cdots + a_nb_n$$

라 정의할 때, P_n은 내적공간인지 판별하여라.

풀이 (1) $\langle p(x), q(x)\rangle = a_0b_0 + a_1b_1 + \cdots + a_nb_n = b_0a_0 + b_1a_1 + \cdots + b_na_n$
$= \langle q(x), p(x)\rangle$

(2) $r(x) = c_0 + c_1x + \cdots + c_nx^n$ 이라 하면

$$\begin{aligned}\langle (p+q)(x), r(x)\rangle &= (a_0+b_0)c_0 + (a_1+b_1)c_1 + \cdots + (a_n+b_n)c_n \\ &= (a_0c_0 + a_1c_1 + \cdots + a_nc_n) + (b_0c_0 + b_1c_1 + \cdots + b_nc_n) \\ &= \langle p(x), r(x)\rangle + \langle q(x), r(x)\rangle\end{aligned}$$

(3) 임의의 상수 k 에 대하여

$$\begin{aligned}\langle (kp)(x), q(x)\rangle &= (ka_0)b_0 + (ka_1)b_1 + \cdots + (ka_n)b_n = k(a_0b_0 + a_1b_1 + \cdots + a_nb_n) \\ &= k\langle p(x), q(x)\rangle\end{aligned}$$

(4) $\langle p(x), p(x)\rangle = a_0^2 + a_1^2 + \cdots + a_n^2 \geq 0$ 이고

$$\langle p(x), p(x)\rangle = a_0^2 + a_1^2 + \cdots + a_n^2 = 0 \Leftrightarrow p(x) = 0$$

이므로 P_n은 내적공간이다.

문제 8.2

임의의 서로 다른 실수 $x_0, x_1, \cdots, x_n$과 $p(x), q(x) \in P_n$에 대하여 $\langle p(x), q(x)\rangle = \sum_{i=0}^{n} p(x_i)q(x_i)$ 라 정의하면 P_n이 내적공간임을 설명하여라.

예제 8.5

벡터공간 $\mathrm{M}_{2\times 2}(\mathbb{R})$에 대한 임의의 두 벡터 $A = \begin{pmatrix} a_{11} & a_{12} \\ a_{21} & a_{22}\end{pmatrix}$, $B = \begin{pmatrix} b_{11} & b_{12} \\ b_{21} & b_{22}\end{pmatrix}$에 대하여

$$\langle A, B\rangle = a_{11}b_{11} + a_{12}b_{12} + a_{21}b_{21} + a_{22}b_{22}$$

라 정의할 때, $\mathrm{M}_{2\times 2}(\mathbb{R})$가 내적공간인지 판별하여라.

풀이 (1) $\langle A, B\rangle = a_{11}b_{11} + a_{12}b_{12} + a_{21}b_{21} + a_{22}b_{22} = b_{11}a_{11} + b_{12}a_{12} + b_{21}a_{21} + b_{22}a_{22}$

$= \langle B, A\rangle$

(2) $C = \begin{pmatrix} c_{11} & c_{12} \\ c_{21} & c_{22} \end{pmatrix}$라 하면

$$\begin{aligned}\langle A+B, C\rangle &= (a_{11}+b_{11})c_{11} + (a_{12}+b_{12})c_{12} + (a_{21}+b_{21})c_{21} + (a_{22}+b_{22})c_{22} \\ &= (a_{11}c_{11} + a_{12}c_{12} + a_{21}c_{21} + a_{22}c_{22}) + (b_{11}c_{11} + b_{12}c_{12} + b_{21}c_{21} + b_{22}c_{22}) \\ &= \langle A, C\rangle + \langle B, C\rangle\end{aligned}$$

(3) $\langle kA, B\rangle = (ka_{11})b_{11} + (ka_{12})b_{12} + (ka_{21})b_{21} + (ka_{22})b_{22}$

$= k(a_{11}b_{11} + a_{12}b_{12} + a_{21}b_{21} + a_{22}b_{22}) = k\langle A, B\rangle$

(4) $\langle A, A\rangle = a_{11}^2 + a_{12}^2 + a_{21}^2 + a_{22}^2 \ge 0$ 이고

$$\langle A, A\rangle = a_{11}^2 + a_{12}^2 + a_{21}^2 + a_{22}^2 = 0 \quad \Leftrightarrow A = 0$$

이므로 주어진 내적에 대하여 $\mathrm{M}_{2\times 2}(\mathbb{R})$은 내적공간이다.

문제 8.3

벡터공간 $\mathrm{M}_{m\times n}(\mathbb{R})$에 대한 임의의 두 벡터 $A = (a_{ij})$, $B = (b_{ij})$에 관하여

$$\langle A, B\rangle = \sum_{i=1}^{m}\sum_{j=1}^{n} a_{ij}b_{ij}$$

로 정의한다면 $\mathrm{M}_{m\times n}(\mathbb{R})$가 내적공간임을 설명하여라.

예제 8.6

벡터공간 $\mathrm{M}_{2\times 2}(\mathbb{R})$에 대한 임의의 두 벡터 $A = \begin{pmatrix} a_{11} & a_{12} \\ a_{21} & a_{22} \end{pmatrix}$, $B = \begin{pmatrix} b_{11} & b_{12} \\ b_{21} & b_{22} \end{pmatrix}$에 대하여

$$\langle A, B\rangle = a_{11}b_{11} - a_{12}b_{12} + a_{21}b_{21} - a_{22}b_{22}$$

라 정의할 때, $\mathrm{M}_{2\times 2}(\mathbb{R})$이 내적공간인지 판별하여라.

풀이 $A = \begin{pmatrix} 0 & 1 \\ 0 & 1 \end{pmatrix}$이라 하면 $\langle A, A\rangle = 0-1+0-1 = -2 < 0$이므로 $\mathrm{M}_{2\times 2}(\mathbb{R})$ 위에서 내적이 아니다.

정의 3

노름공간

V에서 노름 $\|\cdot\|$ 이란 벡터공간 V에 속한 임의의 벡터 $\mathbf{u}$ 에 스칼라 $\|\mathbf{u}\|$ 를 대응시키는 함수로서 다음 조건을 만족할 때를 말한다.

(1) $\|k\mathbf{u}\| = |k|\|\mathbf{u}\|$ (k는 임의의 스칼라)

(2) $\|\mathbf{u}+\mathbf{v}\| \le \|\mathbf{u}\| + \|\mathbf{v}\|$

(3) $\|\mathbf{u}\| \ge 0$이고 $\|\mathbf{u}\| = 0 \Leftrightarrow \mathbf{u} = 0$

노름이 정의된 벡터공간을 **노름공간**(norm space)이라고 한다.

예제 8.7

벡터공간 $\mathbb{R}^n$의 벡터 $\mathbf{u} = \begin{pmatrix} u_1 \\ u_2 \\ \vdots \\ u_n \end{pmatrix} \in \mathbb{R}^n$ 에 대하여 다음과 같은 노름을 정의할 수 있다.

(1) $\|\mathbf{u}\|_1 = \sum_{i=1}^{n} |u_i|$

(2) $\|\mathbf{u}\|_p := \left(\sum_{i=1}^{n} |u_i|^p\right)^{\frac{1}{p}}$ $(p \ge 1)$

특히, $p=2$인 경우 $\|\mathbf{u}\|_2 = \left(\sum_{i=1}^{n} |u_i|^2\right)^{\frac{1}{2}} = \sqrt{\langle \mathbf{u}, \mathbf{u} \rangle}$ 을 유클리디안 노름 (Euclidean norm)이라고 한다.

(3) $\|\mathbf{u}\|_\infty = \max_{1 \le i \le n} |u_i|$

예제 8.8

벡터공간 $\mathbb{R}^3$의 원소 $\mathbf{u} = \begin{pmatrix} 2 \\ -1 \\ 3 \end{pmatrix}$에 대하여 $\|\mathbf{u}\|_1$, $\|\mathbf{u}\|_2$, $\|\mathbf{u}\|_\infty$ 를 구하여라.

풀이 $\|\mathbf{u}\|_1 = |2|+|-1|+|3| = 6$, $\|\mathbf{u}\|_2 = \sqrt{2^2+(-1)^2+3^2} = \sqrt{14}$

$\|\mathbf{u}\|_\infty = \max\{|2|, |-1|, |3|\} = 3$ 이다.

예제 8.9

벡터공간 $C[a, b]$ 에서

$$\| f \| = \int_a^b |f(x)|dx$$

는 노름이 되는지 판별하여라.

풀이 임의의 벡터 $f(x), g(x) \in C[a, b]$ 와 임의의 스칼라 k 에 대하여

(1) $\| kf \| = \int_a^b |kf(x)|dx = |k| \int_a^b |f(x)|dx = |k| \| f \|$

(2) $\| f+g \| = \int_a^b |f(x)+g(x)|dx \le \int_a^b |f(x)|dx + \int_a^b |g(x)|dx = \| f \| + \| g \|$

(3) $\| f \| = \int_a^b |f(x)|dx \ge 0$이고 $\| f \| = \int_a^b |f(x))|dx = 0 \Leftrightarrow f(x) = 0$

이므로 $C[a,b]$의 노름이다.

예제 8.10

벡디공간 $C[a, b]$ 에서

$$\| f \| = |f(a)|$$

는 노름이 되는지 판별하여라.

풀이 $f(x) = (x-a)(x-b)(x-c)$ 라면 $\| f \| = |f(a)| = 0$ 이지만 $f(x) \ne 0$이므로 $C[a, b]$의 노름이 아니다.

예제 8.11

벡터공간 $\mathrm{M}_{m \times n}(\mathbb{R})$위의 노름은 다음과 같은 예들이 있다.

(1) $\| A \|_1 = \max_{1 \le j \le n} \left\{ \sum_{i=1}^{m} |a_{ij}| \right\}$ (각 열의 성분들의 절댓값의 합 중에 가장 큰 값)

(2) $\| A \|_\infty = \max_{1 \le i \le m} \left\{ \sum_{j=1}^{n} |a_{ij}| \right\}$ (각 행의 성분들의 절댓값의 합 중에 가장 큰 값)

예제 8.12

$A = \begin{pmatrix} 1 & 2 & -5 \\ -3 & 4 & 6 \\ 2 & 3 & 1 \end{pmatrix}$일 때, $\| A \|_1$, $\| A \|_\infty$를 구하여라.

풀이 각 열의 성분들의 절댓값 합은 6, 9, 12이고 각 행의 성분들의 절댓값 합은 8, 13, 6 이므로 $\| A \|_1 = \max\{6, 9, 12\} = 12$이고 $\| A \|_\infty = \max\{8, 13, 6\} = 13$이다.

정의 4

내적공간에서 노름

내적 $\langle\ ,\ \rangle$이 정의된 벡터공간 V에서 임의의 벡터 $\mathbf{u}$ 의 크기 또는 노름(norm)은 다음과 같이 정의한다.

$$\| \mathbf{u} \| = \sqrt{\langle \mathbf{u}, \mathbf{u} \rangle}$$

따라서, 내적공간은 노름공간이다.

예제 8.13

벡터공간 P_3에서 내적이

$$\langle p(x), q(x) \rangle = \sum_{i=0}^{3} p(x_i) q(x_i)$$

로 정의되고 $p(x) = 2x$ $\left(x_i = \dfrac{i-1}{2} \right)$일 때, 크기를 구하여라.

풀이 $\| p(x) \| = \sqrt{\langle 2x, 2x \rangle} = \sqrt{\sum_{i=0}^{3} 4x_i^2} = 2\sqrt{\left(-\frac{1}{2}\right)^2 + 0^2 + \frac{1}{2^2} + 1^2} = \sqrt{6}$ 이다.

예제 8.14

벡터공간 $C[0, 2\pi]$ 의 임의의 두 벡터 f, g에 대한 내적을

$$\langle f, g \rangle = \int_0^{2\pi} f(x) g(x) dx$$

라 정의할 때, 자연수 m에 대하여 다음과 같이 정의되는 함수

$$f_m(x) = \cos mx$$

의 크기를 구하여라.

풀이 $\| f_m(x) \|^2 = \int_0^{2\pi} \cos^2 mx\, dx = \int_0^{2\pi} \frac{1+\cos 2mx}{2} dx = \frac{1}{2}\left[x + \frac{\sin 2mx}{2m}\right]_0^{2\pi} = \pi$

따라서 $\| f_m(x) \| = \sqrt{\pi}$ 이다.

문제 8.4

내적공간 $C[0,1]$의 두 벡터 $f(x) = x$, $g(x) = e^x$에 대하여 내적 $\langle f(x), g(x) \rangle$과 $g(x)$의 크기 $\|g(x)\|$를 구하여라.

정의 5

노름공간 V에서 임의의 두 벡터 u와 v 사이의 거리는

$$\| \mathrm{u} - \mathrm{v} \|$$

로 정의한다.

예제 8.15

노름 $\| \cdot \|_2$를 갖는 벡터공간 $\mathbb{R}^n$에서 두 벡터 $\mathrm{u} = \begin{pmatrix} u_1 \\ u_2 \\ \vdots \\ u_n \end{pmatrix}$, $\mathrm{v} = \begin{pmatrix} v_1 \\ v_2 \\ \vdots \\ v_n \end{pmatrix}$ 사이의 거리를 구하여라.

풀이 두 벡터 사이의 거리는 $\| \mathrm{u} - \mathrm{v} \|_2 = \sqrt{(u_1 - v_1)^2 + (u_2 - v_2)^2 + \cdots + (u_n - v_n)^2}$ 이다.

예제 8.16

노름 $\| \mathbf{u} \|_1 = \sum_{i=1}^{4} |u_i|$ 를 갖는 벡터공간 $\mathbb{R}^4$에서 $\mathbf{u} = \begin{pmatrix} 1 \\ 2 \\ -3 \\ 4 \end{pmatrix}$, $\mathbf{v} = \begin{pmatrix} 3 \\ 1 \\ 2 \\ -5 \end{pmatrix}$ 중에서 $\mathbf{w} = \begin{pmatrix} 1 \\ 1 \\ -1 \\ 1 \end{pmatrix}$에 더 가까운 벡터를 구하여라.

풀이

$$\| \mathbf{u} - \mathbf{w} \|_1 = \left\| \begin{pmatrix} 1 \\ 2 \\ -3 \\ 4 \end{pmatrix} - \begin{pmatrix} 1 \\ 1 \\ -1 \\ 1 \end{pmatrix} \right\|_1 = \left\| \begin{pmatrix} 0 \\ 1 \\ -2 \\ 3 \end{pmatrix} \right\|_1 = |0|+|1|+|-2|+|3| = 6$$

$$\| \mathbf{v} - \mathbf{w} \|_1 = \left\| \begin{pmatrix} 3 \\ 1 \\ 2 \\ -5 \end{pmatrix} - \begin{pmatrix} 1 \\ 1 \\ -1 \\ 1 \end{pmatrix} \right\|_1 = \left\| \begin{pmatrix} 2 \\ 0 \\ 3 \\ -6 \end{pmatrix} \right\|_1 = |2|+|0|+|3|+|-6| = 11$$

이므로 벡터 $\mathbf{u}$ 가 $\mathbf{w}$ 에 더 가깝다.

예제 8.17

벡터공간 $\mathrm{M}_{2\times 3}(\mathbb{R})$ 의 임의의 두 벡터 $A = \begin{pmatrix} a_{11} & a_{12} & a_{13} \\ a_{21} & a_{22} & a_{23} \end{pmatrix}$, $B = \begin{pmatrix} b_{11} & b_{12} & b_{13} \\ b_{21} & b_{22} & b_{23} \end{pmatrix}$에 대한 내적을

$$\langle A, B \rangle = a_{11}b_{11} + a_{12}b_{12} + a_{13}b_{13} + a_{21}b_{21} + a_{22}b_{22} + a_{23}b_{23}$$

이라 정의할 때, 두 벡터 $A = \begin{pmatrix} 1 & -2 & 3 \\ -1 & 4 & 2 \end{pmatrix}$, $B = \begin{pmatrix} 2 & 1 & 1 \\ 1 & 2 & -2 \end{pmatrix}$에 대하여 $\| A - B \|$ 를 구하여라.

풀이 $A - B = \begin{pmatrix} -1 & -3 & 2 \\ -2 & 2 & 4 \end{pmatrix}$ 이므로 $\| A - B \|$ 는

$$\sqrt{(-1)^2 + (-3)^2 + 2^2 + (-2)^2 + 2^2 + 4^2} = \sqrt{38}$$

이다.

문제 8.5

예제 8.17의 내적공간 $M_{2\times 3}(\mathbb{R})$ 의 두 벡터

$$A = \begin{pmatrix} 1 & -2 & 3 \\ -1 & 1 & 5 \end{pmatrix}, \quad B = \begin{pmatrix} -1 & 1 & 4 \\ 0 & 2 & 1 \end{pmatrix}$$

에 대하여 $\| A - B \|$ 를 구하여라.

02 정규직교집합

정규직교는 벡터공간의 좌표계를 형성하는 기저가 갖추어야 할 중요한 조건이다. 이번 절에서는 유클리드 벡터의 직교 개념을 일반적인 내적공간으로 확장해볼 것이다.

정의 6

직교

내적공간 V에 대한 두 벡터 $\mathbf{u}, \mathbf{v}$의 내적이

$$\langle \mathbf{u}, \mathbf{v} \rangle = 0$$

일 때 $\mathbf{u}$와 $\mathbf{v}$는 직교(orthogonal)한다고 한다.

예제 8.18

$\mathbb{R}^4$의 표준내적에 대하여 두 벡터 $\mathbf{u} = \begin{pmatrix} 1 \\ -1 \\ 0 \\ 2 \end{pmatrix}, \mathbf{v} = \begin{pmatrix} 1 \\ 1 \\ 3 \\ 0 \end{pmatrix}$가 직교함을 보여라.

풀이 $\langle \mathbf{u}, \mathbf{v} \rangle = 1\cdot 1 + (-1)\cdot 1 + 0\cdot 3 + 2\cdot 0 = 0$이므로 $\mathbf{u}$와 $\mathbf{v}$는 직교한다.

예제 8.19

$C[-1,1]$의 내적을 $\langle f, g \rangle = \int_{-1}^{1} f(x)g(x)\,dx$ 라 정의할 때, 두 벡터 $f(x) = x$, $g(x) = x^4$이 직교함을 보여라.

풀이 $\langle f(x), g(x) \rangle = \int_{-1}^{1} x \cdot x^4 dx = \int_{-1}^{1} x^5 dx = 0$ 이므로 $f(x)$와 $g(x)$는 직교한다.

예제 8.20

$M_{2\times 2}(\mathbb{R})$에 대한 임의의 두 벡터 $A = \begin{pmatrix} a_{11} & a_{12} \\ a_{21} & a_{22} \end{pmatrix}$, $B = \begin{pmatrix} b_{11} & b_{12} \\ b_{21} & b_{22} \end{pmatrix}$에 대한 내적을

$$\langle A, B \rangle = a_{11}b_{11} + a_{12}b_{12} + a_{21}b_{21} + a_{22}b_{22}$$

라 정의할 때, $A = \begin{pmatrix} 2 & 0 \\ -1 & 1 \end{pmatrix}$, $B = \begin{pmatrix} 0 & 5 \\ 1 & 1 \end{pmatrix}$이 직교함을 보여라.

풀이 $\langle A, B \rangle = 2\cdot 0 + 0\cdot 5 + (-1)\cdot 1 + 1\cdot 1 = 0$ 이므로 A와 B는 직교한다.

문제 8.6

$C[-1,1]$의 내적을 $\langle f, g \rangle = \int_{-1}^{1} f(x)g(x)\,dx$ 라 정의할 때

(1) $f_0(x) = 1$, $f_1(x) = x$, $f_2(x) = \frac{3}{2}x^2 - \frac{1}{2}$ 이 서로 직교함을 보여라.

(2) $f_0(x) = 2x + x^2$, $f_1(x) = -1 - x + 5x^2$ 이 직교함을 보여라.

정리 1

피타고라스 법칙

내적공간 V에 대한 임의의 직교인 두 벡터 $\mathbf{u}, \mathbf{v}$에 대하여 다음이 성립한다.

$$\|\mathbf{u} + \mathbf{v}\|^2 = \|\mathbf{u}\|^2 + \|\mathbf{v}\|^2$$

증명 u, v 가 내적공간 V에 대한 임의의 직교인 두 벡터라면, 벡터의 크기에 대한 정의와 직교에 관한 정의로부터 $\langle \mathrm{u}, \mathrm{u} \rangle = \|\mathrm{u}\|^2$ 이고 $\langle \mathrm{u}, \mathrm{v} \rangle = 0$ 이므로

$$\begin{aligned} \|\mathrm{u}+\mathrm{v}\|^2 &= \langle \mathrm{u}+\mathrm{v}, \mathrm{u}+\mathrm{v} \rangle = \langle \mathrm{u}, \mathrm{u} \rangle + 2\langle \mathrm{u}, \mathrm{v} \rangle + \langle \mathrm{v}, \mathrm{v} \rangle \\ &= \langle \mathrm{u}, \mathrm{u} \rangle + \langle \mathrm{v}, \mathrm{v} \rangle \\ &= \|\mathrm{u}\|^2 + \|\mathrm{v}\|^2 \end{aligned}$$

이다.

정의 7

내적공간 V에서 임의의 두 벡터 u, v 에 대하여 $\mathrm{v} \neq \mathbf{0}$ 일 때, $\alpha = \dfrac{\langle \mathrm{u}, \mathrm{v} \rangle}{\|\mathrm{v}\|}$ 를 v 위로의 u 에 대한 스칼라사영(scalar projection)이라 하고, $\mathrm{p} = \alpha\left(\dfrac{1}{\|\mathrm{v}\|}\right)\mathrm{v} = \dfrac{\langle \mathrm{u}, \mathrm{v} \rangle}{\langle \mathrm{v}, \mathrm{v} \rangle}\mathrm{v}$ 를 v 위로의 u에 대한 벡터사영(vector projection) 이라고 한다.

예제 8.21

예제 8.17의 내적공간 $\mathrm{M}_{2\times 3}(\mathbb{R})$ 의 두 벡터

$$A = \begin{pmatrix} 1 & -1 & 3 \\ -1 & 1 & 4 \end{pmatrix}, \quad B = \begin{pmatrix} -1 & 1 & 3 \\ 0 & 2 & 1 \end{pmatrix}$$

에 대해서 벡터 B 위로의 벡터 A에 대한 벡터사영을 구하여라.

풀이 A 와 B 의 내적은 $\langle A, B \rangle = -1-1+9+0+2+4 = 13$ 이고 $\langle B, B \rangle = 1+1+9+0+4+1 = 16$ 이므로 벡터 B 위로의 A 에 대한 벡터사영 P를 구하면 $P = \dfrac{\langle A, B \rangle}{\langle B, B \rangle} B = \dfrac{13}{16}\begin{pmatrix} -1 & 1 & 3 \\ 0 & 2 & 1 \end{pmatrix}$ 이다.

정리 2

내적공간 V의 임의의 두 벡터 $\mathbf{u}, \mathbf{v}$에 대하여 $\mathbf{v} \neq 0$ 이고, $\mathbf{v}$ 위로의 $\mathbf{u}$에 대한 벡터사영을 $\mathbf{p}$라 하면 다음이 성립한다.

(1) $\mathbf{p}$와 $\mathbf{u}-\mathbf{p}$는 직교이다.

(2) $\mathbf{p}=\mathbf{u}$이기 위한 필요충분조건은 $\mathbf{u}$가 $\mathbf{v}$의 스칼라 배이다.

증명 (1) $\langle \mathbf{p}, \mathbf{u}-\mathbf{p} \rangle = \langle \mathbf{p}, \mathbf{u} \rangle - \langle \mathbf{p}, \mathbf{p} \rangle = \dfrac{\langle \mathbf{u}, \mathbf{v} \rangle^2}{\langle \mathbf{v}, \mathbf{v} \rangle} - \dfrac{\langle \mathbf{u}, \mathbf{v} \rangle^2}{\langle \mathbf{v}, \mathbf{v} \rangle^2}\langle \mathbf{v}, \mathbf{v} \rangle = 0$

이므로 $\mathbf{p}$ 와 $\mathbf{u}-\mathbf{p}$는 직교이다.

(2) $\alpha \in \mathbb{R}$에 대해서 $\mathbf{u}=\alpha\mathbf{v}$ 이면 $\mathbf{p} = \dfrac{\langle \alpha\mathbf{v}, \mathbf{v} \rangle}{\langle \mathbf{v}, \mathbf{v} \rangle}\mathbf{v} = \alpha\mathbf{v} = \mathbf{u}$이다. 역으로 $\mathbf{p}=\mathbf{u}$ 이면 $\mathbf{u}=\alpha\mathbf{v}$, $\alpha = \dfrac{\langle \mathbf{u}, \mathbf{v} \rangle}{\langle \mathbf{v}, \mathbf{v} \rangle}$이다. 따라서 $\mathbf{u}$는 $\mathbf{v}$의 스칼라 배이다.

정리 3

Cauchy-Schwarz 부등식

내적공간 V에 대한 임의의 두 벡터 $\mathbf{u}, \mathbf{v}$에 대해서

$$|\langle \mathbf{u}, \mathbf{v} \rangle| \le \|\mathbf{u}\|\|\mathbf{v}\|$$

이다(단, 등호는 $\mathbf{u}$ 와 $\mathbf{v}$가 일차종속일 때만 성립한다).

증명 (1) $\|\mathbf{v}\| = 0$ 이면 $\mathbf{v} = 0$ 이므로 $\langle \mathbf{u}, \mathbf{v} \rangle = 0 = \|\mathbf{u}\|\|\mathbf{v}\|$가 성립한다.

(2) $\|\mathbf{v}\| \neq 0$ 이라 하고 $\mathbf{p}$ 는 $\mathbf{v}$ 위로의 $\mathbf{u}$에 대한 벡터사영이라고 두자. 그러면 $\mathbf{p}$는 $\mathbf{u}-\mathbf{p}$ 와 직교이므로 정리 1에 의해 $\|\mathbf{u}\|^2 = \|(\mathbf{u}-\mathbf{p})+\mathbf{p}\|^2 = \|\mathbf{u}-\mathbf{p}\|^2 + \|\mathbf{p}\|^2$이다. 또한

$$\frac{|\langle \mathbf{u}, \mathbf{v} \rangle|^2}{\|\mathbf{v}\|^2} = \left|\frac{\langle \mathbf{u}, \mathbf{v} \rangle}{\langle \mathbf{v}, \mathbf{v} \rangle}\right|^2 \|\mathbf{v}\|^2 = \|\mathbf{p}\|^2 = \|\mathbf{u}\|^2 - \|\mathbf{u}-\mathbf{p}\|^2$$

이므로 $|\langle \mathbf{u}, \mathbf{v} \rangle|^2 = \|\mathbf{u}\|^2\|\mathbf{v}\|^2 - \|\mathbf{u}-\mathbf{p}\|^2\|\mathbf{v}\|^2 \le \|\mathbf{u}\|^2\|\mathbf{v}\|^2$이다. 따라서 $|\langle \mathbf{u}, \mathbf{v} \rangle| \le \|\mathbf{u}\|\|\mathbf{v}\|$이다. Cauchy-Schwarz 부등식에서 등호가 성립할 필요충분조건은 (1)에서는 $\mathbf{v} = 0$ 이고 (2)에서는 $\mathbf{u} = \mathbf{p}$ 이다. 즉, 등호가 성립할 필요충분조건은 $\mathbf{v} = 0$ 이거나 $\mathbf{u}$가 $\mathbf{v}$의 스칼라 배여야 한다. 따라서 등호가 성립할 필요충분조건은 $\mathbf{u}$와 $\mathbf{v}$가 일차종속이 되는 것이다.

유클리드 벡터의 경우와 마찬가지로, 일반적인 내적공간에서 두 벡터가 이루는 사이의 각을 다음과 같이 정의한다.

정의 8

내적공간 V에 대하여 $\mathbf{0}$이 아닌 임의의 두 벡터 $\mathbf{u}$와 $\mathbf{v}$가 이루는 사잇각(angle) θ는

$$\cos\theta = \frac{\langle \mathbf{u}, \mathbf{v} \rangle}{\|\mathbf{u}\|\|\mathbf{v}\|}$$

를 만족하는 $\theta \in [0, \pi]$로 정의한다.

예제 8.22

표준내적을 가지는 $\mathbb{R}^3$의 두 벡터 $\mathrm{u} = \begin{pmatrix} 1 \\ 4 \\ 3 \end{pmatrix}$, $\mathrm{v} = \begin{pmatrix} -1 \\ 2 \\ 2 \end{pmatrix}$가 이루는 사잇각을 θ라 할 때, $\cos\theta$를 구하여라.

풀이 두 벡터 u와 v가 이루는 사잇각을 θ라고 할 때

$$\|\mathrm{u}\| = \sqrt{26}, \quad \|\mathrm{v}\| = \sqrt{9} = 3, \quad \langle \mathrm{u}, \mathrm{v} \rangle = -1+8+6 = 13$$

이므로 $\cos\theta = \dfrac{\langle \mathrm{u}, \mathrm{v} \rangle}{\|\mathrm{u}\|\|\mathrm{v}\|} = \dfrac{13}{3\sqrt{26}} = \dfrac{\sqrt{26}}{6}$이다.

문제 8.7

예제 8.17의 내적공간 $\mathrm{M}_{2\times 3}(\mathbb{R})$의 두 벡터 $A = \begin{pmatrix} 1 & -1 & 2 \\ -1 & 1 & 3 \end{pmatrix}$, $B = \begin{pmatrix} -2 & 1 & 3 \\ 1 & -1 & 1 \end{pmatrix}$이 이루는 사잇각을 θ라 할 때, $\cos\theta$를 구하여라.

정의 9

직교보공간

내적공간 V의 부분공간 W에 대하여, W의 모든 벡터와 직교하는 V안의 모든 벡터들의 집합을 W에 대한 직교보공간(orthogonal complement)이라 하고 $W^{\perp}$로 나타낸다.
W가 $\mathbb{R}^n$의 부분공간이면 W의 직교보공간

$$W^{\perp} = \{\mathbf{u} \in \mathbb{R}^n \mid \text{모든 } \mathbf{v} \in W \text{에 대하여 } \langle \mathbf{u}, \mathbf{v} \rangle = 0\}$$

이다.

예제 8.23

벡터공간 $\mathbb{R}^4$의 부분분간 $W = \text{Span}\left(\begin{pmatrix} 0 \\ 1 \\ 0 \\ 0 \end{pmatrix}, \begin{pmatrix} 0 \\ 0 \\ 0 \\ 1 \end{pmatrix}\right)$의 직교보공간을 구하여라.

풀이 직교보공간 $W^{\perp}$의 임의의 벡터 $\begin{pmatrix} a \\ b \\ c \\ d \end{pmatrix}$는 W의 모든 기저벡터와 직교하므로

$$\left\langle \begin{pmatrix} a \\ b \\ c \\ d \end{pmatrix}, \begin{pmatrix} 0 \\ 1 \\ 0 \\ 0 \end{pmatrix} \right\rangle = b = 0, \quad \left\langle \begin{pmatrix} a \\ b \\ c \\ d \end{pmatrix}, \begin{pmatrix} 0 \\ 0 \\ 0 \\ 1 \end{pmatrix} \right\rangle = d = 0$$

이다. 따라서 $W^{\perp}$의 임의의 벡터는 $\begin{pmatrix} a \\ 0 \\ c \\ 0 \end{pmatrix}$이고 직교보공간은

$$W^{\perp} = \left\{ \begin{pmatrix} a \\ 0 \\ c \\ 0 \end{pmatrix} \middle| \ a, c \in \mathbb{R} \right\} = \text{Span}\left(\begin{pmatrix} 1 \\ 0 \\ 0 \\ 0 \end{pmatrix}, \begin{pmatrix} 0 \\ 0 \\ 1 \\ 0 \end{pmatrix}\right) \text{이다.}$$

문제 8.8

벡터 $\mathrm{e}_1 = \begin{pmatrix} 1 \\ 0 \\ 0 \end{pmatrix}$, $\mathrm{e}_2 = \begin{pmatrix} 0 \\ 1 \\ 0 \end{pmatrix}$, $\mathrm{e}_3 = \begin{pmatrix} 0 \\ 0 \\ 1 \end{pmatrix}$에 대하여 $U = \mathrm{Span}(\mathrm{e}_1, \mathrm{e}_2)$의 직교보공간이 $V = \mathrm{Span}(\mathrm{e}_3)$임을 보여라.

정리 4

내적공간 V의 부분공간 W에 대하여

(1) $W^{\perp}$는 V의 부분공간이다.

(2) $W \cap W^{\perp} = \{\mathbf{0}\}$이다.

증명 (1) 모든 벡터 $\mathrm{w} \in W$에 대하여 $\mathrm{u}, \mathrm{v} \in W^{\perp} \Leftrightarrow \langle \mathrm{u}, \mathrm{w} \rangle = 0, \langle \mathrm{v}, \mathrm{w} \rangle = 0$ 이므로

$$\langle \mathrm{u}+\mathrm{v}, \mathrm{w} \rangle = \langle \mathrm{u}, \mathrm{w} \rangle + \langle \mathrm{v}, \mathrm{w} \rangle = 0 + 0 = 0$$

이다. 또한 임의의 스칼라 k에 대하여

$$\langle k\mathrm{u}, \mathrm{w} \rangle = k\langle \mathrm{u}, \mathrm{w} \rangle = 0$$

이므로 $\mathrm{u}+\mathrm{v} \in W^{\perp}$, $k\mathrm{u} \in W^{\perp}$ 이다. 즉, $W^{\perp}$는 V의 부분공간이다.

(2) $\mathrm{u} \in W \cap W^{\perp}$ 이므로 $\langle \mathrm{u}, \mathrm{u} \rangle = 0$이고 $\mathrm{u} = \mathbf{0}$ 이다.

예제 8.24

$A = \begin{pmatrix} 1 & 1 & 2 \\ 0 & 1 & 1 \\ 1 & 3 & 4 \end{pmatrix}$에 대하여 A의 영공간과 A의 행공간는 서로 직교보공간임을 보여라.

풀이 기본 행변환을 이용하면

$$\begin{pmatrix} 1 & 1 & 2 \\ 0 & 1 & 1 \\ 1 & 3 & 4 \end{pmatrix} \to \begin{pmatrix} 1 & 1 & 2 \\ 0 & 1 & 1 \\ 0 & 2 & 2 \end{pmatrix} \to \begin{pmatrix} 1 & 1 & 2 \\ 0 & 1 & 1 \\ 0 & 0 & 0 \end{pmatrix} \to \begin{pmatrix} 1 & 0 & 1 \\ 0 & 1 & 1 \\ 0 & 0 & 0 \end{pmatrix}$$

이므로 A의 행공간은 $\mathrm{Span}\left(\begin{pmatrix} 1 \\ 0 \\ 1 \end{pmatrix}, \begin{pmatrix} 0 \\ 1 \\ 1 \end{pmatrix}\right)$이고 A의 영공간

$$N(A)=\left\{\alpha\begin{pmatrix}1\\1\\-1\end{pmatrix}\middle|\ \alpha\in\mathbb{R}\right\}=\text{Span}\left(\begin{pmatrix}1\\1\\-1\end{pmatrix}\right)$$

이다. A의 행공간의 기저와 A의 영공간의 기저를 내적하면

$$\left\langle\begin{pmatrix}1\\0\\1\end{pmatrix},\begin{pmatrix}1\\1\\-1\end{pmatrix}\right\rangle=0,\ \left\langle\begin{pmatrix}0\\1\\1\end{pmatrix},\begin{pmatrix}1\\1\\-1\end{pmatrix}\right\rangle=0$$

이다. 따라서, A 의 영공간과 A 의 행공간의 서로 직교보공간이다.

정리 5

A가 $m\times n$ 행렬이면

(1) A의 영공간과 행공간은 $\mathbb{R}^n$ 에서 직교이다.

(2) A^T의 영공간과 A의 열공간은 $\mathbb{R}^m$ 에서 직교이다.

정의 10

직교집합, 정규직교집합

(1) 내적공간 V의 벡터 $\mathrm{v}_1,\mathrm{v}_2,\cdots,\mathrm{v}_n$에 대하여

$$\langle \mathrm{v}_i,\mathrm{v}_j\rangle=0\ (i\neq j)$$

이면 $\{\mathrm{v}_1,\mathrm{v}_2,\cdots,\mathrm{v}_n\}$ 을 직교집합(orthogonal set)이라고 한다.

(2) 모든 벡터의 크기가 1인 직교집합을 정규직교집합(orthonormal set)이라 한다.

$$\langle \mathrm{u}_i,\mathrm{u}_j\rangle=\begin{cases}1,\ i=j\\0,\ i\neq j\end{cases}$$

0이 아닌 벡터에 대한 임의의 직교집합 $\{\mathrm{v}_1,\mathrm{v}_2,\cdots,\mathrm{v}_n\}$이 주어지면 모든 벡터 v_i 에 $\frac{1}{\|\mathrm{v}_i\|}$를 곱하여 $\mathrm{u}_i=\frac{1}{\|\mathrm{v}_i\|}\mathrm{v}_i$ 라 하고 집합 $\{\mathrm{u}_1,\mathrm{u}_2,\cdots,\mathrm{u}_n\}$은 정규직교집합이 된다.

예제 8.25

(1) 집합 $\left\{\begin{pmatrix}1\\1\\0\end{pmatrix}, \begin{pmatrix}1\\-1\\0\end{pmatrix}, \begin{pmatrix}0\\0\\1\end{pmatrix}\right\}$은 벡터공간 $\mathbb{R}^3$의 직교집합인지 판별하여라.

(2) 집합 $\left\{\begin{pmatrix}1\\1\\0\end{pmatrix}, \begin{pmatrix}1\\-1\\0\end{pmatrix}, \begin{pmatrix}0\\0\\1\end{pmatrix}\right\}$의 정규직교집합을 구하여라.

풀이 (1) $\left\langle \begin{pmatrix}1\\1\\0\end{pmatrix}, \begin{pmatrix}1\\-1\\0\end{pmatrix} \right\rangle = 0$, $\left\langle \begin{pmatrix}1\\1\\0\end{pmatrix}, \begin{pmatrix}0\\0\\1\end{pmatrix} \right\rangle = 0$, $\left\langle \begin{pmatrix}1\\-1\\0\end{pmatrix}, \begin{pmatrix}0\\0\\1\end{pmatrix} \right\rangle = 0$이므로

$\left\{\begin{pmatrix}1\\1\\0\end{pmatrix}, \begin{pmatrix}1\\-1\\0\end{pmatrix}, \begin{pmatrix}0\\0\\1\end{pmatrix}\right\}$은 벡터공간 $\mathbb{R}^3$의 직교집합이다.

(2) $\mathbf{v}_1 = \begin{pmatrix}1\\1\\0\end{pmatrix}$, $\mathbf{v}_2 = \begin{pmatrix}1\\-1\\0\end{pmatrix}$, $\mathbf{v}_3 = \begin{pmatrix}0\\0\\1\end{pmatrix}$라 두면 $\|\mathbf{v}_1\| = \sqrt{2}$, $\|\mathbf{v}_2\| = \sqrt{2}$, $\|\mathbf{v}_3\| = 1$

이므로 $\mathbf{u}_1 = \dfrac{\mathbf{v}_1}{\|\mathbf{v}_1\|} = \begin{pmatrix}\frac{1}{\sqrt{2}}\\ \frac{1}{\sqrt{2}}\\ 0\end{pmatrix}$, $\mathbf{u}_2 = \dfrac{\mathbf{v}_2}{\|\mathbf{v}_2\|} = \begin{pmatrix}\frac{1}{\sqrt{2}}\\ -\frac{1}{\sqrt{2}}\\ 0\end{pmatrix}$, $\mathbf{u}_3 = \dfrac{\mathbf{v}_3}{\|\mathbf{v}_3\|} = \begin{pmatrix}0\\0\\1\end{pmatrix}$이

며 집합 $\{\mathbf{u}_1, \mathbf{u}_2, \mathbf{u}_3\}$는 정규직교집합이다.

예제 8.26

내적이 $\langle f(x), g(x) \rangle = \int_{-\pi}^{\pi} f(x)g(x)\,dx$로 정의된 내적공간 $C[-\pi, \pi]$에서

(1) 집합 $\{1, \sin x, \cos x\}$가 직교집합인지 판별하여라.

(2) 집합 $\{1, \sin x, \cos x\}$의 정규직교집합을 구하여라.

풀이 (1)

$$\langle 1, \sin x \rangle = \int_{-\pi}^{\pi} \sin x\,dx = [-\cos x]_{-\pi}^{\pi} = 0$$

$$\langle 1, \cos x \rangle = \int_{-\pi}^{\pi} \cos x\,dx = [\sin x]_{-\pi}^{\pi} = 0$$

$$\langle \sin x, \cos x \rangle = \int_{-\pi}^{\pi} \sin x \cos x\,dx = \frac{1}{4}[-\cos 2x]_{-\pi}^{\pi} = 0$$

이므로 $\{1, \sin x, \cos x\}$는 직교집합이다.

(2)

$$\|1\|^2 = \langle 1, 1 \rangle = \int_{-\pi}^{\pi} 1\, dx = 2\pi$$

$$\|\sin x\|^2 = \langle \sin x, \sin x \rangle = \int_{-\pi}^{\pi} \sin^2 x\, dx = \pi$$

$$\|\cos x\|^2 = \langle \cos x, \cos x \rangle = \int_{-\pi}^{\pi} \cos^2 x\, dx = \pi$$

이므로 정규직교집합은

$$\{\mathrm{u}_1, \mathrm{u}_2, \mathrm{u}_3\} = \left\{ \frac{1}{\sqrt{2\pi}}, \frac{\sin x}{\sqrt{\pi}}, \frac{\cos x}{\sqrt{\pi}} \right\}$$

이다.

문제 8.9

임의의 자연수 n 에 대하여

$$f_n(x) = \frac{1}{\sqrt{\pi}} \cos nx\,, \quad x \in [0, 2\pi]$$

로 두면 $\{f_1(x), f_2(x), \cdots, f_n(x)\}$는 내적공간 $C[0, 2\pi]$ 에서 정규직교집합임을 보여라.

정리 6

$\{\mathrm{v}_1, \mathrm{v}_2, \cdots, \mathrm{v}_n\}$ 가 내적공간 V 의 0이 아닌 벡터들의 직교집합이면 벡터 v_1, v_2, $\cdots$, v_n 은 일차독립이다.

증명 임의이 스칼라 $k_1, k_2, \cdots, k_n$에 대하여

$$k_1\mathrm{v}_1 + k_2\mathrm{v}_2 + \cdots + k_n\mathrm{v}_n = \mathbf{0}$$

라 하자. $\mathrm{v}_1, \mathrm{v}_2, \cdots, \mathrm{v}_n$ 이 일차독립임을 밝히려면 $k_1 = k_2 = \cdots = k_n = 0$ 임을 증명해야 한다. 따라서, 각 벡터 $\mathrm{v}_i\,(i = 1,\ 2,\ \cdots,\ n)$에 대하여

$$\langle k_1\mathrm{v}_1 + k_2\mathrm{v}_2 + \cdots + k_n\mathrm{v}_n, \mathrm{v}_i \rangle = \langle \mathbf{0}, \mathrm{v}_i \rangle = 0$$

이고 $i \neq \mathrm{j}$ 이면 $\langle \mathrm{v}_i, \mathrm{v}_j \rangle = 0$ 이므로

$$\begin{aligned}\langle k_1\mathrm{v}_1+k_2\mathrm{v}_2+\cdots+k_n\mathrm{v}_n,\mathrm{v}_i\rangle &= k_1\langle \mathrm{v}_1,\mathrm{v}_i\rangle + k_2\langle \mathrm{v}_2,\mathrm{v}_i\rangle+\cdots \\ &\quad + k_n\langle \mathrm{v}_n,\mathrm{v}_i\rangle \\ &= k_i\langle \mathrm{v}_i,\mathrm{v}_i\rangle\end{aligned}$$

이고 $\langle \mathrm{v}_i,\mathrm{v}_i\rangle \neq 0$ 이므로 $k_i=0$ 이다. 따라서 $\mathrm{v}_1,\mathrm{v}_2,\cdots,\mathrm{v}_n$ 는 일차독립이다.

03 Gram-Schmidt 정규직교화 과정

벡터공간에 관한 여러 문제를 푸는 경우 벡터공간에 대한 임의의 기저를 자유롭게 정할 수 있다. 특히 내적공간에 관한 문제의 해는 서로 직교하는 벡터로 이루어진 기저를 선택하면 문제가 쉽게 풀리는 경우가 많다. 이러한 기저를 어떻게 얻을 수 있는지 설명해 보자.

정의 11

직교기저, 정규직교기저

(1) 직교집합 $\{\mathrm{v}_1,\mathrm{v}_2,\cdots,\mathrm{v}_n\}$으로 이루어진 기저를 직교기저(orthogonal basis)라 한다.

(2) 정규직교집합 $\{\mathrm{u}_1,\mathrm{u}_2,\cdots,\mathrm{u}_n\}$으로 이루어진 기저를 정규직교기저(orthonormal basis)라 한다.

예제 8.27

유클리드 내적을 갖는 $\mathbb{R}^3$ 상에서 직교집합 $\left\{\mathrm{v}_1=\begin{pmatrix}0\\1\\0\end{pmatrix},\ \mathrm{v}_2=\begin{pmatrix}-1\\0\\1\end{pmatrix},\ \mathrm{v}_3=\begin{pmatrix}1\\0\\1\end{pmatrix}\right\}$은 $\mathbb{R}^3$의 직교기저임을 보이고 이 직교집합의 정규직교기저를 구하여라.

풀이 $\langle \mathrm{v}_1,\mathrm{v}_2\rangle=\langle \mathrm{v}_1,\mathrm{v}_3\rangle=\langle \mathrm{v}_2,\mathrm{v}_3\rangle=0$ 이고 $\mathbb{R}^3$은 3차원이고 $\mathrm{v}_1,\mathrm{v}_2,\mathrm{v}_3$는 3개의 일차독립인 벡터이므로 $\left\{\mathrm{v}_1=\begin{pmatrix}0\\1\\0\end{pmatrix},\ \mathrm{v}_2=\begin{pmatrix}-1\\0\\1\end{pmatrix},\ \mathrm{v}_3=\begin{pmatrix}1\\0\\1\end{pmatrix}\right\}$은 $\mathbb{R}^3$의 직교기저이다. 따

라서, $\|\mathrm{v}_1\|^2 = 1$, $\|\mathrm{v}_2\|^2 = 2$, $\|\mathrm{v}_3\|^2 = 2$이므로 정규직교기저는

$$\left\{\mathrm{u}_1 = \begin{pmatrix} 0 \\ 1 \\ 0 \end{pmatrix}, \ \mathrm{u}_2 = \frac{1}{\sqrt{2}}\begin{pmatrix} -1 \\ 0 \\ 1 \end{pmatrix}, \ \mathrm{u}_3 = \frac{1}{\sqrt{2}}\begin{pmatrix} 1 \\ 0 \\ 1 \end{pmatrix}\right\}$$

이다.

문제 8.10

유클리드 내적을 갖는 $\mathbb{R}^4$에 대한 벡터 $\mathrm{x} = \begin{pmatrix} -1 \\ 1 \\ -1 \\ 1 \end{pmatrix}$에 의하여 생성된 부분공간 S에 대한 직교보공간 $S^\perp$의 정규직교기저를 구하여라.

정리 7

(1) $\{\mathrm{v}_1, \mathrm{v}_2, \cdots, \mathrm{v}_n\}$이 내적공간 V의 한 직교기저이고 임의의 $\mathrm{x} \in V$에 대하여

$$\mathrm{x} = k_1\mathrm{v}_1 + k_2\mathrm{v}_2 + \cdots + k_n\mathrm{v}_n$$

이면 $i = 1, 2, \cdots, n$에 관하여 $k_i = \dfrac{\langle \mathrm{x}, \mathrm{v}_i \rangle}{\|\mathrm{v}_i\|^2}$인 스칼라 k_i가 유일하게 존재한다. 즉,

$$\mathrm{x} = k_1\mathrm{v}_1 + k_2\mathrm{v}_2 + \cdots + k_n\mathrm{v}_n = \frac{\langle \mathrm{x}, \mathrm{v}_1 \rangle}{\|\mathrm{v}_1\|^2}\mathrm{v}_1 + \frac{\langle \mathrm{x}, \mathrm{v}_2 \rangle}{\|\mathrm{v}_2\|^2}\mathrm{v}_2 + \cdots + \frac{\langle \mathrm{x}, \mathrm{v}_n \rangle}{\|\mathrm{v}_n\|^2}\mathrm{v}_n$$

이다.

(2) $\{\mathrm{u}_1, \mathrm{u}_2, \cdots, \mathrm{u}_n\}$이 내적공간 V의 한 정규직교기저이고 임의의 $\mathrm{x} \in V$에 대하여

$$\mathrm{x} = k_1\mathrm{u}_1 + k_2\mathrm{u}_2 + \cdots + k_n\mathrm{u}_n$$

이면 $i = 1, 2, \cdots, n$에 대하여 $k_i = \langle \mathrm{x}, \mathrm{u}_i \rangle$인 스칼라 k_i가 유일하게 존재한다. 즉,

$$\mathrm{x} = k_1\mathrm{u}_1 + k_2\mathrm{u}_2 + \cdots + k_n\mathrm{u}_n = \langle \mathrm{x}, \mathrm{u}_1 \rangle\mathrm{u}_1 + \langle \mathrm{x}, \mathrm{u}_2 \rangle\mathrm{u}_2 + \cdots + \langle \mathrm{x}, \mathrm{u}_n \rangle\mathrm{u}_n$$

이다.

증명 (1) $\{\mathrm{v}_1, \mathrm{v}_2, \cdots, \mathrm{v}_n\}$이 V의 직교기저이므로 임의의 $\mathrm{x} \in V$에 대하여 $\mathrm{x} = k_1\mathrm{v}_1 + k_2\mathrm{v}_2 + \cdots + k_n\mathrm{v}_n$인 스칼라 $k_1, k_2, \cdots, k_n$이 유일하게 존재하고

$$\langle \mathrm{x}, \mathrm{v}_i \rangle = \langle k_1\mathrm{v}_1 + k_2\mathrm{v}_2 + \cdots + k_n\mathrm{v}_n, \mathrm{v}_i \rangle = k_i\langle \mathrm{v}_i, \mathrm{v}_i \rangle$$

이다. 따라서, $\langle \mathrm{v}_i, \mathrm{v}_i \rangle \neq 0$이므로 $k_i = \dfrac{\langle \mathrm{x}, \mathrm{v}_i \rangle}{\|\mathrm{v}_i\|^2}$이다.

(2) $\{\mathbf{u}_1, \mathbf{u}_2, \cdots, \mathbf{u}_n\}$가 정규직교기저이면 V의 직교기저이고 $\|\mathbf{u}_i\| = 1$이므로

(1)에 의하여 $k_i = \dfrac{\langle \mathbf{x}, \mathbf{u}_i \rangle}{\|\mathbf{u}_i\|^2} = \langle \mathbf{x}, \mathbf{u}_i \rangle$이다.

예제 8.28

$\left\{ \mathbf{v}_1 = \begin{pmatrix} 0 \\ 1 \\ 1 \end{pmatrix}, \mathbf{v}_2 = \begin{pmatrix} 2 \\ -1 \\ 1 \end{pmatrix}, \mathbf{v}_3 = \begin{pmatrix} 1 \\ 1 \\ -1 \end{pmatrix} \right\}$이 표준내적을 갖는 $\mathbb{R}^3$의 직교기저임을 보이고,

$\mathbf{x} = \begin{pmatrix} 3 \\ 1 \\ 2 \end{pmatrix}$을 직교기저 $\{\mathbf{v}_1, \mathbf{v}_2, \mathbf{v}_3\}$의 일차결합으로 나타내어라.

풀이 $\langle \mathbf{v}_1, \mathbf{v}_2 \rangle = \langle \mathbf{v}_1, \mathbf{v}_3 \rangle = \langle \mathbf{v}_2, \mathbf{v}_3 \rangle = 0$이므로 $\{\mathbf{v}_1, \mathbf{v}_2, \mathbf{v}_3\}$는 $\mathbb{R}^3$의 직교기저를 이룬다. 정리 7의 (1)에 의하여

$$k_1 = \frac{\langle \mathbf{x}, \mathbf{v}_1 \rangle}{\|\mathbf{v}_1\|^2} = \frac{3}{2},\ k_2 = \frac{\langle \mathbf{x}, \mathbf{v}_2 \rangle}{\|\mathbf{v}_2\|^2} = \frac{7}{6},\ k_3 = \frac{\langle \mathbf{x}, \mathbf{v}_3 \rangle}{\|\mathbf{v}_3\|^2} = \frac{2}{3}$$

이므로 $\mathbf{x} = \begin{pmatrix} 3 \\ 1 \\ 2 \end{pmatrix} = k_1\mathbf{v}_1 + k_2\mathbf{v}_2 + k_3\mathbf{v}_3 = \dfrac{3}{2}\begin{pmatrix} 0 \\ 1 \\ 1 \end{pmatrix} + \dfrac{7}{6}\begin{pmatrix} 2 \\ -1 \\ 1 \end{pmatrix} + \dfrac{2}{3}\begin{pmatrix} 1 \\ 1 \\ -1 \end{pmatrix}$이다.

예제 8.29

(1) $\left\{ \mathbf{v}_1 = \begin{pmatrix} 0 \\ 0 \\ 2 \end{pmatrix}, \mathbf{v}_2 = \begin{pmatrix} 3 \\ -3 \\ 0 \end{pmatrix}, \mathbf{v}_3 = \begin{pmatrix} 4 \\ 4 \\ 0 \end{pmatrix} \right\}$는 표준내적을 갖는 $\mathbb{R}^3$의 직교기저임을 보이고 이것의 정규직교기저 $\{\mathbf{u}_1, \mathbf{u}_2, \mathbf{u}_3\}$를 구하여라.

(2) $\mathbf{x} = \begin{pmatrix} 1 \\ 4 \\ 2 \end{pmatrix}$를 (1)에서 얻은 정규직교기저 $\{\mathbf{u}_1, \mathbf{u}_2, \mathbf{u}_3\}$에 대한 일차결합으로 나타내어라.

풀이 (1) $\langle \mathbf{v}_1, \mathbf{v}_2 \rangle = \langle \mathbf{v}_1, \mathbf{v}_3 \rangle = \langle \mathbf{v}_2, \mathbf{v}_3 \rangle = 0$이므로 $\{\mathbf{v}_1, \mathbf{v}_2, \mathbf{v}_3\}$는 $\mathbb{R}^3$의 직교기저를 이룬다. 각 벡터의 크기는 $\|\mathbf{v}_1\| = 2$, $\|\mathbf{v}_2\| = 3\sqrt{2}$, $\|\mathbf{v}_3\| = 4\sqrt{2}$ 이고 이 직교기저를 각 벡터의 크기로 나누면 정규직교기저를 구할 수 있으므로

$$\{\mathbf{u}_1, \mathbf{u}_2, \mathbf{u}_3\} = \left\{\frac{\mathbf{v}_1}{\|\mathbf{v}_1\|}, \frac{\mathbf{v}_2}{\|\mathbf{v}_2\|}, \frac{\mathbf{v}_3}{\|\mathbf{v}_3\|}\right\} = \left\{\frac{1}{2}\begin{pmatrix}0\\0\\2\end{pmatrix}, \frac{1}{3\sqrt{2}}\begin{pmatrix}3\\-3\\0\end{pmatrix}, \frac{1}{4\sqrt{2}}\begin{pmatrix}4\\4\\0\end{pmatrix}\right\}$$

$$= \left\{\begin{pmatrix}0\\0\\1\end{pmatrix}, \begin{pmatrix}\frac{1}{\sqrt{2}}\\-\frac{1}{\sqrt{2}}\\0\end{pmatrix}, \begin{pmatrix}\frac{1}{\sqrt{2}}\\\frac{1}{\sqrt{2}}\\0\end{pmatrix}\right\}$$

이다.

(2) 정리 7의 (2)에 의하여 $k_i = \langle \mathbf{x}, \mathbf{u}_i \rangle$ 이므로

$$k_1 = 2,\ k_2 = -\frac{3}{\sqrt{2}},\ k_3 = \frac{5}{\sqrt{2}}$$

이고

$$\mathbf{x} = \begin{pmatrix}1\\4\\2\end{pmatrix} = k_1\mathbf{u}_1 + k_2\mathbf{u}_2 + k_3\mathbf{u}_3 = 2\begin{pmatrix}0\\0\\1\end{pmatrix} + \left(-\frac{3}{\sqrt{2}}\right)\begin{pmatrix}\frac{1}{\sqrt{2}}\\-\frac{1}{\sqrt{2}}\\0\end{pmatrix} + \frac{5}{\sqrt{2}}\begin{pmatrix}\frac{1}{\sqrt{2}}\\\frac{1}{\sqrt{2}}\\0\end{pmatrix}$$

이다.

정리 8

Parseval 공식

$\{\mathbf{u}_1, \mathbf{u}_2, \cdots, \mathbf{u}_n\}$이 내적공간 V의 한 정규직교기저이고 임의의 $\mathbf{x} \in V$에 대하여

$$\mathbf{x} = k_1\mathbf{u}_1 + k_2\mathbf{u}_2 + \cdots + k_n\mathbf{u}_n$$

이면

$$\|\mathbf{x}\|^2 = k_1^2 + k_2^2 + \cdots + k_n^2$$

이 성립한다.

증명 $0 = \left\|\mathbf{x} - \sum_{i=1}^{n} k_i\mathbf{u}_i\right\|^2 = \left\langle \mathbf{x} - \sum_{i=1}^{n} k_i\mathbf{u}_i,\ \mathbf{x} - \sum_{i=1}^{n} k_i\mathbf{u}_i \right\rangle$

$= \|\mathbf{x}\|^2 - 2\sum_{i=1}^{n} k_i \langle \mathbf{x}, \mathbf{u}_i \rangle + \|\mathbf{x}\|^2$

$= 2\|\mathbf{x}\|^2 - 2\sum_{i=1}^{n} k_i^2$ 이므로 $\|\mathbf{x}\|^2 = k_1^2 + k_2^2 + \cdots + k_n^2$이다.

예제 8.30

벡터공간 $\mathbb{R}^2$의 정규직교기저 $\left\{ \mathbf{u}_1 = \begin{pmatrix} \frac{1}{\sqrt{2}} \\ -\frac{1}{\sqrt{2}} \end{pmatrix}, \mathbf{u}_2 = \begin{pmatrix} \frac{1}{\sqrt{2}} \\ \frac{1}{\sqrt{2}} \end{pmatrix} \right\}$에 대하여

(1) Parseval 공식이 성립함을 보여라.

(2) $\mathbf{x} = \begin{pmatrix} 1 \\ -2 \end{pmatrix}$를 $\{\mathbf{u}_1, \mathbf{u}_2\}$의 일차결합으로 나타내어라.

풀이 (1) 벡터공간 $\mathbb{R}^2$의 임의의 벡터 $\mathbf{x} = \begin{pmatrix} a \\ b \end{pmatrix} = k_1\mathbf{u}_1 + k_2\mathbf{u}_2$ 에 대하여

$$k_1 = \langle \mathbf{x}, \mathbf{u}_1 \rangle = \frac{a-b}{\sqrt{2}},\ k_2 = \langle \mathbf{x}, \mathbf{u}_2 \rangle = \frac{a+b}{\sqrt{2}}$$

이므로

$\mathbf{x} = \frac{a-b}{\sqrt{2}}\mathbf{u}_1 + \frac{a+b}{\sqrt{2}}\mathbf{u}_2$ 이다. 따라서, $\langle \mathbf{u}_1, \mathbf{u}_2 \rangle = 0$ 이고 $\|\mathbf{u}_1\|^2 = 1$, $\|\mathbf{u}_2\|^2 = 1$ 임을 알 수 있다. 즉,

$$\|\mathbf{x}\|^2 = \left(\frac{a-b}{\sqrt{2}}\right)^2 \|\mathbf{u}_1\|^2 + \left(\frac{a+b}{\sqrt{2}}\right)^2 \|\mathbf{u}_2\|^2 = \left(\frac{a-b}{\sqrt{2}}\right)^2 + \left(\frac{a+b}{\sqrt{2}}\right)^2 = k_1^2 + k_2^2$$

이다. 따라서, Parseval 공식이 성립한다.

(2) $\mathbf{x} = \begin{pmatrix} a \\ b \end{pmatrix} = \begin{pmatrix} 1 \\ -2 \end{pmatrix}$이므로 $k_1 = \frac{a-b}{\sqrt{2}} = \frac{3}{\sqrt{2}}$, $k_2 = \frac{a+b}{\sqrt{2}} = -\frac{1}{\sqrt{2}}$ 이고

$\mathbf{x} = \begin{pmatrix} 1 \\ -2 \end{pmatrix} = \frac{3}{\sqrt{2}}\mathbf{u}_1 - \frac{1}{\sqrt{2}}\mathbf{u}_2$ 이다.

W가 내적공간 V의 유한차원 부분공간이면 V의 모든 벡터 $\mathbf{u}$는 오직 한 가지 방법으로 다음과 같이 표현할 수 있다.

$$\mathbf{u} = \mathbf{w}_1 + \mathbf{w}_2$$

여기서 $\mathbf{w}_1$은 W 안의 벡터이고 $\mathbf{w}_2$는 $W^{\perp}$ 안의 벡터이다. 일반적으로 벡터 $\mathbf{w}_1$과 $\mathbf{w}_2$는 $\mathbf{w}_1 = \text{proj}_W \mathbf{u}$와 $\mathbf{w}_2 = \text{proj}_{W^{\perp}} \mathbf{u}$로 표현하고, 이 벡터들을 각각 W 위로의 $\mathbf{u}$의 정사영 그리고 $W^{\perp}$ 위로의 $\mathbf{u}$의 정사영이라 한다.

다음 정리는 정사영을 계산하는 공식을 알려준다.

정리 9

W를 내적공간 V의 유한차원 부분공간이라 하자.

(1) $\{\mathbf{v}_1, \mathbf{v}_2, \cdots, \mathbf{v}_n\}$이 W의 직교기저이면 임의의 $\mathbf{x} \in V$에 대하여

$$\operatorname{proj}_W \mathbf{x} = \frac{\langle \mathbf{x}, \mathbf{v}_1 \rangle}{\|\mathbf{v}_1\|^2}\mathbf{v}_1 + \frac{\langle \mathbf{x}, \mathbf{v}_2 \rangle}{\|\mathbf{v}_2\|^2}\mathbf{v}_2 + \cdots + \frac{\langle \mathbf{x}, \mathbf{v}_n \rangle}{\|\mathbf{v}_n\|^2}\mathbf{v}_n$$

이다.

(2) $\{\mathbf{u}_1, \mathbf{u}_2, \cdots, \mathbf{u}_n\}$이 W의 정규직교기저이면 임의의 $\mathbf{x} \in V$에 대하여

$$\operatorname{proj}_W \mathbf{x} = \langle \mathbf{x}, \mathbf{u}_1 \rangle \mathbf{u}_1 + \langle \mathbf{x}, \mathbf{u}_2 \rangle \mathbf{u}_2 + \cdots + \langle \mathbf{x}, \mathbf{u}_n \rangle \mathbf{u}_n$$

이다.

증명 (1) $\mathbf{w}_1 = \operatorname{proj}_W \mathbf{x}$가 W 안에 존재하고 $\mathbf{w}_2$는 $W^{\perp}$ 안에 있을 경우 $\mathbf{x} = \mathbf{w}_1 + \mathbf{w}_2$로 표현할 수 있다. $\{\mathbf{v}_1, \mathbf{v}_2, \cdots, \mathbf{v}_n\}$가 W의 직교기저벡터이므로 정리 7의 (1)에 의하여

$$\operatorname{proj}_W \mathbf{x} = \mathbf{w}_1 = \frac{\langle \mathbf{w}_1, \mathbf{v}_1 \rangle}{\|\mathbf{v}_1\|^2}\mathbf{v}_1 + \frac{\langle \mathbf{w}_1, \mathbf{v}_2 \rangle}{\|\mathbf{v}_2\|^2}\mathbf{v}_2 + \cdots + \frac{\langle \mathbf{w}_1, \mathbf{v}_n \rangle}{\|\mathbf{v}_n\|^2}\mathbf{v}_n$$

이고 $\mathbf{w}_2$는 W에 직교하므로 $\langle \mathbf{w}_2, \mathbf{v}_1 \rangle = \langle \mathbf{w}_2, \mathbf{v}_2 \rangle = \cdots = \langle \mathbf{w}_2, \mathbf{v}_n \rangle = 0$이다. 따라서

$$\begin{aligned}\operatorname{proj}_W \mathbf{x} = \mathbf{w}_1 &= \frac{\langle \mathbf{w}_1 + \mathbf{w}_2, \mathbf{v}_1 \rangle}{\|\mathbf{v}_1\|^2}\mathbf{v}_1 + \frac{\langle \mathbf{w}_1 + \mathbf{w}_2, \mathbf{v}_2 \rangle}{\|\mathbf{v}_2\|^2}\mathbf{v}_2 \\ &\quad + \cdots + \frac{\langle \mathbf{w}_1 + \mathbf{w}_2, \mathbf{v}_n \rangle}{\|\mathbf{v}_n\|^2}\mathbf{v}_n \\ &= \frac{\langle \mathbf{x}, \mathbf{v}_1 \rangle}{\|\mathbf{v}_1\|^2}\mathbf{v}_1 + \frac{\langle \mathbf{x}, \mathbf{v}_2 \rangle}{\|\mathbf{v}_2\|^2}\mathbf{v}_2 + \cdots + \frac{\langle \mathbf{x}, \mathbf{v}_n \rangle}{\|\mathbf{v}_n\|^2}\mathbf{v}_n\end{aligned}$$

이다.

(2) $\{\mathbf{u}_1, \mathbf{u}_2, \cdots, \mathbf{u}_n\}$이 W의 정규직교기저이고 $\|\mathbf{u}_1\| = \|\mathbf{u}_2\| = \cdots = \|\mathbf{u}_n\| = 1$이므로

$$\operatorname{proj}_W \mathbf{x} = \langle \mathbf{x}, \mathbf{u}_1 \rangle \mathbf{u}_1 + \langle \mathbf{x}, \mathbf{u}_2 \rangle \mathbf{u}_2 + \cdots + \langle \mathbf{x}, \mathbf{u}_n \rangle \mathbf{u}_n$$

이다.

예제 8.31

표준내적을 갖는 벡터공간 $\mathbb{R}^3$의 부분공간인

$$W = \text{Span}\left(\mathbf{v}_1 = \begin{pmatrix} 1 \\ 0 \\ 0 \end{pmatrix}, \mathbf{v}_2 = \begin{pmatrix} 0 \\ \frac{3}{5} \\ -\frac{4}{5} \end{pmatrix} \right)$$

에 대하여 $\mathbf{x} = \begin{pmatrix} 5 \\ 5 \\ 5 \end{pmatrix}$의 정사영 $\text{proj}_W \mathbf{x}$와 $\text{proj}_{W^\perp} \mathbf{x}$를 구하여라.

풀이 $\mathbf{v}_1$과 $\mathbf{v}_2$는 W의 정규직교벡터이므로

$$\text{proj}_W \mathbf{x} = \langle \mathbf{x}, \mathbf{v}_1 \rangle \mathbf{v}_1 + \langle \mathbf{x}, \mathbf{v}_2 \rangle \mathbf{v}_2 = 5\begin{pmatrix} 1 \\ 0 \\ 0 \end{pmatrix} - \begin{pmatrix} 0 \\ \frac{3}{5} \\ -\frac{4}{5} \end{pmatrix} = \begin{pmatrix} 5 \\ -\frac{3}{5} \\ \frac{4}{5} \end{pmatrix}$$

이고

$$\text{proj}_{W^\perp} \mathbf{x} = \mathbf{x} - \text{proj}_W \mathbf{x} = \begin{pmatrix} 5 \\ 5 \\ 5 \end{pmatrix} - \begin{pmatrix} 5 \\ -\frac{3}{5} \\ \frac{4}{5} \end{pmatrix} = \begin{pmatrix} 0 \\ \frac{28}{5} \\ \frac{21}{5} \end{pmatrix}$$

이다.

지금부터 n차원 내적공간 V에 주어진 임의의 기저 $\{\mathbf{x}_1, \mathbf{x}_2, \cdots, \mathbf{x}_n\}$에 대하여 적절한 사영을 이용하여 직교기저 $\{\mathbf{v}_1, \mathbf{v}_2, \cdots, \mathbf{v}_n\}$으로 만드는 과정을 알아보자.

우선 $\mathbf{v}_1 = \mathbf{x}_1$으로 선택하면 $\mathbf{v}_1$이 $\mathbf{x}_1$과 같은 방향의 벡터이므로 $\text{Span}(\mathbf{v}_1) = \text{Span}(\mathbf{x}_1)$이 성립한다. $\mathbf{p}_1$을 $\text{Span}(\mathbf{v}_1)$ 위로 $\mathbf{x}_2$의 사영이라 하자. 즉, $\mathbf{p}_1 = \frac{\langle \mathbf{x}_2, \mathbf{v}_1 \rangle}{\langle \mathbf{v}_1, \mathbf{v}_1 \rangle} \mathbf{v}_1$으로 두면 $(\mathbf{x}_2 - \mathbf{p}_1) \perp \mathbf{v}_1$이고 $\mathbf{x}_2 - \mathbf{p}_1 \neq \mathbf{0}$임을 알 수 있다. 만일 $\mathbf{v}_2 = \mathbf{x}_2 - \mathbf{p}_1$으로 두면 $\mathbf{v}_2$는 $\mathbf{v}_1$에 직교인 벡터이다. 한편, $\text{Span}(\mathbf{v}_1, \mathbf{v}_2) \subset \text{Span}(\mathbf{x}_1, \mathbf{x}_2)$이고 $\mathbf{v}_1, \mathbf{v}_2$가 일차독립이므로 $\{\mathbf{v}_1, \mathbf{v}_2\}$는 $\text{Span}(\mathbf{x}_1, \mathbf{x}_2)$의 직교기저가 된다. 따라서, $\text{Span}(\mathbf{v}_1, \mathbf{v}_2) = \text{Span}(\mathbf{x}_1, \mathbf{x}_2)$임을 알 수 있다. $\mathbf{v}_3$를 만들기 위하여 $\text{Span}(\mathbf{v}_1, \mathbf{v}_2)$ 위로 $\mathbf{x}_3$의 사영을 $\mathbf{p}_2$라 하자. 즉,

$$\mathbf{p}_2 = \frac{\langle \mathbf{x}_3, \mathbf{v}_1 \rangle}{\langle \mathbf{v}_1, \mathbf{v}_1 \rangle}\mathbf{v}_1 + \frac{\langle \mathbf{x}_3, \mathbf{v}_2 \rangle}{\langle \mathbf{v}_2, \mathbf{v}_2 \rangle}\mathbf{v}_2$$

로 두면

$$(\mathbf{x}_3 - \mathbf{p}_2) \perp \mathbf{v}_1, \ (\mathbf{x}_3 - \mathbf{p}_2) \perp \mathbf{v}_2 \text{이고 } \mathbf{x}_3 - \mathbf{p}_2 \neq 0$$

임을 알 수 있다. 이때, $\mathbf{v}_3 = \mathbf{x}_3 - \mathbf{p}_2$라 두면 $\mathbf{v}_3$는 $\mathbf{v}_1$과 $\mathbf{v}_2$에 직교인 벡터이다.

한편 $\text{Span}(\mathbf{v}_1, \mathbf{v}_2, \mathbf{v}_3) \subset \text{Span}(\mathbf{x}_1, \mathbf{x}_2, \mathbf{x}_3)$이고 $\mathbf{v}_1, \mathbf{v}_2, \mathbf{v}_3$가 일차독립이므로 $\{\mathbf{v}_1, \mathbf{v}_2, \mathbf{v}_3\}$는 $\text{Span}(\mathbf{x}_1, \mathbf{x}_2, \mathbf{x}_3)$의 직교기저가 된다. 따라서 $\text{Span}(\mathbf{v}_1, \mathbf{v}_2, \mathbf{v}_3) = \text{Span}(\mathbf{x}_1, \mathbf{x}_2, \mathbf{x}_3)$임을 알 수 있다. 이와 같은 과정을 반복하면 $\text{Span}(\mathbf{v}_1, \mathbf{v}_2, \cdots, \mathbf{v}_n) = \text{Span}(\mathbf{x}_1, \mathbf{x}_2, \cdots, \mathbf{x}_n)$이고 직교인 벡터 $\mathbf{v}_1, \mathbf{v}_2, \cdots, \mathbf{v}_n$을 구할 수 있다.

지금까지 살펴본 과정을 Gram-Schmidt 직교화 과정이라 부른다. 이것을 정리하면 다음과 같다.

정리 10

Gram-Schmidt 직교화 과정

기저 $\{\mathbf{x}_1, \mathbf{x}_2, \cdots, \mathbf{x}_n\}$을 직교기저 $\{\mathbf{v}_1, \mathbf{v}_2, \cdots, \mathbf{v}_n\}$으로 변경하는 방법은 다음과 같다.

1단계: $\mathbf{v}_1 = \mathbf{x}_1$

2단계: $\mathbf{v}_2 = \mathbf{x}_2 - \mathbf{p}_1 = \mathbf{x}_2 - \dfrac{\langle \mathbf{x}_2, \mathbf{v}_1 \rangle}{\langle \mathbf{v}_1, \mathbf{v}_1 \rangle}\mathbf{v}_1$

3단계: $\mathbf{v}_3 = \mathbf{x}_3 - \mathbf{p}_2 = \mathbf{x}_3 - \dfrac{\langle \mathbf{x}_3, \mathbf{v}_1 \rangle}{\langle \mathbf{v}_1, \mathbf{v}_1 \rangle}\mathbf{v}_1 - \dfrac{\langle \mathbf{x}_3, \mathbf{v}_2 \rangle}{\langle \mathbf{v}_2, \mathbf{v}_2 \rangle}\mathbf{v}_2$

$\vdots$

n단계: $\mathbf{v}_n = \mathbf{x}_n - \mathbf{p}_{n-1} = \mathbf{x}_n - \dfrac{\langle \mathbf{x}_n, \mathbf{v}_1 \rangle}{\langle \mathbf{v}_1, \mathbf{v}_1 \rangle}\mathbf{v}_1 - \dfrac{\langle \mathbf{x}_n, \mathbf{v}_2 \rangle}{\langle \mathbf{v}_2, \mathbf{v}_2 \rangle}\mathbf{v}_2 - \cdots - \dfrac{\langle \mathbf{x}_n, \mathbf{v}_{n-1} \rangle}{\langle \mathbf{v}_{n-1}, \mathbf{v}_{n-1} \rangle}\mathbf{v}_{n-1}$

직교기저를 정규직교기저 $\{\mathbf{u}_1, \mathbf{u}_2, \cdots, \mathbf{u}_n\}$으로 변경하기 위해서는 직교기저 $\{\mathbf{v}_1, \mathbf{v}_2, \cdots, \mathbf{v}_n\}$을 정규화하면 된다.

예제 8.32

표준 내적을 갖는 $\mathbb{R}^3$에 대하여 Gram–Schmidt 방법으로 기저

$$\left\{\mathbf{x}_1 = \begin{pmatrix} 1 \\ 0 \\ 1 \end{pmatrix},\ \mathbf{x}_2 = \begin{pmatrix} 1 \\ 1 \\ 1 \end{pmatrix},\ \mathbf{x}_3 = \begin{pmatrix} 2 \\ 1 \\ 0 \end{pmatrix}\right\}$$

에 관한 정규직교기저를 구하여라.

풀이 Gram–Schmidt 방법으로 직교기저를 구해보자.

$$\mathbf{v}_1 = \mathbf{x}_1 = \begin{pmatrix} 1 \\ 0 \\ 1 \end{pmatrix}$$

이고

$$\langle \mathbf{v}_1, \mathbf{v}_1 \rangle = 2,\ \langle \mathbf{x}_2, \mathbf{v}_1 \rangle = 2$$

이다. 따라서,

$$\mathbf{v}_2 = \mathbf{x}_2 - \frac{\langle \mathbf{x}_2, \mathbf{v}_1 \rangle}{\langle \mathbf{v}_1, \mathbf{v}_1 \rangle}\mathbf{v}_1 = \begin{pmatrix} 1 \\ 1 \\ 1 \end{pmatrix} - \frac{2}{2}\begin{pmatrix} 1 \\ 0 \\ 1 \end{pmatrix} = \begin{pmatrix} 0 \\ 1 \\ 0 \end{pmatrix}$$

이며

$$\langle \mathbf{x}_3, \mathbf{v}_1 \rangle = 2,\ \langle \mathbf{x}_3, \mathbf{v}_2 \rangle = 1,\ \langle \mathbf{v}_2, \mathbf{v}_2 \rangle = 1$$

이다. 즉,

$$\mathbf{v}_3 = \mathbf{x}_3 - \frac{\langle \mathbf{x}_3, \mathbf{v}_1 \rangle}{\langle \mathbf{v}_1, \mathbf{v}_1 \rangle}\mathbf{v}_1 - \frac{\langle \mathbf{x}_3, \mathbf{v}_2 \rangle}{\langle \mathbf{v}_2, \mathbf{v}_2 \rangle}\mathbf{v}_2 = \begin{pmatrix} 2 \\ 1 \\ 0 \end{pmatrix} - \begin{pmatrix} 1 \\ 0 \\ 1 \end{pmatrix} - \begin{pmatrix} 0 \\ 1 \\ 0 \end{pmatrix} = \begin{pmatrix} 1 \\ 0 \\ -1 \end{pmatrix}$$

이다. 따라서, 직교기저는 $\left\{\mathbf{v}_1 = \begin{pmatrix} 1 \\ 0 \\ 1 \end{pmatrix},\ \mathbf{v}_2 = \begin{pmatrix} 0 \\ 1 \\ 0 \end{pmatrix},\ \mathbf{v}_3 = \begin{pmatrix} 1 \\ 0 \\ -1 \end{pmatrix}\right\}$이다. 정규직교기저를 구하기 위해 정규화하면 $\|\mathbf{v}_1\|^2 = 2,\ \|\mathbf{v}_2\|^2 = 1,\ \|\mathbf{v}_3\|^2 = 2$ 이므로 정규직교기저는 $\left\{\mathbf{u}_1 = \frac{1}{\sqrt{2}}\begin{pmatrix} 1 \\ 0 \\ 1 \end{pmatrix},\ \mathbf{u}_2 = \begin{pmatrix} 0 \\ 1 \\ 0 \end{pmatrix},\ \mathbf{u}_3 = \frac{1}{\sqrt{2}}\begin{pmatrix} 1 \\ 0 \\ -1 \end{pmatrix}\right\}$이다.

예제 8.33

벡터공간 $P_2 = \{a + bx + cx^2 \mid a, b, c \in \mathbb{R}\}$ 위에서 내적을

$$\langle p(x), q(x) \rangle = \int_{-1}^{1} p(x)q(x)\,dx$$

라 할 때, Gram–Schmidt 방법으로 기저 $\{\mathbf{x}_1 = 1,\ \mathbf{x}_2 = x,\ \mathbf{x}_3 = x^2\}$에 관한 정규직교기저를 구하여라.

풀이 Gram−Schmidt 방법으로 직교기저를 구해보자.

$\mathbf{v}_1 = \mathbf{x}_1 = 1$이고 $\langle 1,1\rangle = \int_{-1}^{1} 1\,dx = 2,\ \langle x,1\rangle = \int_{-1}^{1} x\,dx = 0$이므로

$\mathbf{v}_2 = \mathbf{x}_2 - \dfrac{\langle \mathbf{x}_2, \mathbf{v}_1\rangle}{\langle \mathbf{v}_1, \mathbf{v}_1\rangle}\mathbf{v}_1 = x - \dfrac{\langle x,1\rangle}{\langle 1,1\rangle}1 = x$ 이며 $\langle x,x\rangle = \int_{-1}^{1} x^2\,dx = \dfrac{2}{3}$,

$\langle x^2,1\rangle = \int_{-1}^{1} x^2 dx = \dfrac{2}{3},\ \langle x^2,x\rangle = \int_{-1}^{1} x^3 dx = 0$임을 알 수 있다. 즉,

$$\mathbf{v}_3 = \mathbf{x}_3 - \frac{\langle \mathbf{x}_3, \mathbf{v}_1\rangle}{\langle \mathbf{v}_1, \mathbf{v}_1\rangle}\mathbf{v}_1 - \frac{\langle \mathbf{x}_3, \mathbf{v}_2\rangle}{\langle \mathbf{v}_2, \mathbf{v}_2\rangle}\mathbf{v}_2 = x^2 - \frac{\langle x^2,1\rangle}{\langle 1,1\rangle}1 - \frac{\langle x^2,x\rangle}{\langle x,x\rangle}x = x^2 - \frac{1}{3}$$

이다. 따라서 직교기저는 $\left\{\mathbf{v}_1 = 1,\ \mathbf{v}_2 = x,\ \mathbf{v}_3 = x^2 - \dfrac{1}{3}\right\}$이다. 정규직교기저를 구하기 위해 정규화하면

$$\|\mathbf{v}_1\|^2 = \langle 1,1\rangle = \int_{-1}^{1} 1\,dx = 2$$

$$\|\mathbf{v}_2\|^2 = \langle x,x\rangle = \int_{-1}^{1} x^2\,dx = \frac{2}{3}$$

$$\|\mathbf{v}_3\|^2 = \left\langle x^2 - \frac{1}{3},\ x^2 - \frac{1}{3}\right\rangle = \int_{-1}^{1}\left(x^2 - \frac{1}{3}\right)^2 dx = \frac{8}{45}$$

이므로 정규직교기저는 $\left\{\mathbf{u}_1 = \dfrac{1}{\sqrt{2}},\ \mathbf{u}_2 = \dfrac{\sqrt{6}}{2}x,\ \mathbf{u}_3 = \dfrac{3\sqrt{10}}{4}\left(x^2 - \dfrac{1}{3}\right)\right\}$이다.

문제 8.11

내적공간 $C[-1,1]$의 함수 $f_0(x) = 1,\ f_1(x) = x,\ f_2(x) = x^2,\ f_3(x) = x^3$에 의하여 생성되는 부분공간 P_3의 정규직교기저를 구하여라.

연습문제

01 내적공간 $\mathrm{M}_{2\times 3}(\mathbb{R})$의 두 벡터

$$A=\begin{pmatrix}1 & -1 & 3\\ 1 & 1 & 2\end{pmatrix},\quad B=\begin{pmatrix}-1 & 1 & 4\\ 0 & 2 & 1\end{pmatrix}$$

에 대해서 다음을 구하여라.

(1) $\langle A, B\rangle$ (2) $\|A\|$ (3) $\|B\|$

02 내적공간 $\mathrm{M}_{3\times 3}(\mathbb{R})$의 두 벡터

$$A=\begin{pmatrix}1 & -1 & 2\\ 2 & 0 & 1\\ -2 & 1 & 2\end{pmatrix},\quad B=\begin{pmatrix}0 & 3 & 1\\ -1 & 1 & 2\\ 0 & 0 & 2\end{pmatrix}$$

에 대해서 다음을 구하여라.

(1) $\langle A, B\rangle$ (2) $\|A\|$ (3) $\|B\|$

03 내적공간 $\mathrm{M}_{3\times 3}(\mathbb{R})$의 두 벡터

$$A=\begin{pmatrix}-1 & 2 & 3\\ 0 & 1 & 2\\ 0 & 0 & 1\end{pmatrix},\quad B=\begin{pmatrix}1 & -1 & 4\\ -1 & 1 & 4\\ 2 & 0 & 1\end{pmatrix}$$

에 대해서 다음을 구하여라.

(1) $\|A-B\|$ (2) 벡터 B위로의 벡터 A의 벡터사영

04 내적공간 $C[-\pi, \pi]$의 두 함수 $f_m(x) = \sin mx$, $f_n(x) = \sin nx$에 대한 내적 $\langle f_m(x), f_n(x)\rangle$와 $f_m(x)$의 크기 $\|f_m(x)\|$를 구하여라.

05 내적공간 $C[0, 1]$에서 다음을 계산하여라.

(1) $\langle e^x, e^{-x} \rangle$ (2) $\langle x, x^3 \rangle$ (3) $\langle x, \sin\pi x \rangle$

06 내적공간 V의 두 벡터 u, v가 직교단위 벡터일 때, $\| u - v \|$의 값을 구하여라.

07 내적공간 $C[0, 1]$의 두 벡터 x와 x^2 사이의 거리 $\|x - x^2\|$ 를 구하여라.

08 내적공간 $C[0, 1]$의 두 벡터 x와 x^2의 사잇각의 코사인 값을 구하여라.

09 내적공간 $C[-1, 1]$의 두 벡터 1과 $1+x$가 이루는 각을 구하여라.

10 내적공간 $C[-1, 1]$의 세 벡터 $1,\ x+a,\ x^2+bx+c$가 서로 직교할 때, $a+b+c$의 값을 구하여라.

11 내적공간 $\mathrm{M}_{2\times 3}(\mathbb{R})$의 두 벡터

$$A = \begin{pmatrix} 1 & -1 & 4 \\ 0 & 3 & 1 \end{pmatrix} \text{와 } B = \begin{pmatrix} -1 & 1 & 2 \\ 1 & 1 & 1 \end{pmatrix}$$

의 사잇각의 코사인 값을 구하여라.

12 벡터공간 $\mathbb{R}^n$의 임의의 $\mathbf{x} \in \mathbb{R}^n$에 대하여

$$\|\mathbf{x}\|_1 = \sum_{i=1}^{n} |x_i|, \quad \|\mathbf{x}\|_2 = \left(\sum_{i=1}^{n} |x_i|^2\right)^{1/2}, \quad \|\mathbf{x}\|_\infty = \max_{1 \le i \le n} |x_i|$$

로 정의할 때, $\mathbb{R}^4$의 다음 벡터에 대하여 $\|\mathbf{x}\|_1, \|\mathbf{x}\|_2, \|\mathbf{x}\|_\infty$를 계산하여라.

(1) $\mathbf{x} = \begin{pmatrix} 2 \\ -1 \\ 1 \\ -1 \end{pmatrix}$ (2) $\mathbf{x} = \begin{pmatrix} -1 \\ 4 \\ 1 \\ 2 \end{pmatrix}$

13 행렬 $A = \begin{pmatrix} 0 & 1 & -1 & -2 & 1 \\ 1 & 1 & -1 & 3 & 1 \\ -1 & 1 & -1 & -7 & 1 \\ 2 & 1 & -1 & 8 & 3 \end{pmatrix}$의 행공간을 W라고 할 때, W의 직교보공간 $W^{\perp}$의 차원을 구하여라.

14 X가 벡터공간 $\mathbb{R}^4$의 두 벡터 $\mathbf{x} = \begin{pmatrix} 1 \\ 0 \\ 2 \\ 1 \end{pmatrix}$, $\mathbf{y} = \begin{pmatrix} 0 \\ 1 \\ 3 \\ -1 \end{pmatrix}$에 의하여 생성되는 부분공간일 때, X의 직교보공간 $X^{\perp}$의 기저를 구하여라.

15 X가 벡터공간 $\mathbb{R}^5$의 두 벡터 $\mathbf{x} = \begin{pmatrix} 1 \\ 2 \\ 1 \\ -1 \\ 1 \end{pmatrix}$, $\mathbf{y} = \begin{pmatrix} 2 \\ 0 \\ 1 \\ 0 \\ 1 \end{pmatrix}$에 의하여 생성되는 부분공간일 때, X의 직교보공간 $X^{\perp}$의 기저를 구하여라.

16 $\mathbb{R}^4$의 벡터 $\mathbf{x} = \begin{pmatrix} 1 \\ 1 \\ 0 \\ 0 \end{pmatrix}$에 의하여 생성된 부분공간 S의 직교보공간 $S^{\perp}$의 정규직교 기저를 구하여라.

17 다음에 주어진 $\mathbb{R}^3$의 벡터를 정규직교화하여라.

(1) $\mathbf{x}_1 = \begin{pmatrix} 1 \\ 1 \\ 1 \end{pmatrix}$, $\mathbf{x}_2 = \begin{pmatrix} -1 \\ 1 \\ 0 \end{pmatrix}$, $\mathbf{x}_3 = \begin{pmatrix} 1 \\ 2 \\ 1 \end{pmatrix}$

(2) $\mathbf{x}_1 = \begin{pmatrix} 1 \\ 1 \\ 1 \end{pmatrix}$, $\mathbf{x}_2 = \begin{pmatrix} 2 \\ 0 \\ 1 \end{pmatrix}$, $\mathbf{x}_3 = \begin{pmatrix} 2 \\ 4 \\ 5 \end{pmatrix}$

18 다음에 주어진 $\mathbb{R}^4$ 의 벡터를 정규직교화하여라.

(1) $\mathbf{x}_1 = \begin{pmatrix} 1 \\ 1 \\ 0 \\ 0 \end{pmatrix}$, $\mathbf{x}_2 = \begin{pmatrix} 1 \\ -1 \\ 1 \\ 1 \end{pmatrix}$, $\mathbf{x}_3 = \begin{pmatrix} -1 \\ 0 \\ 2 \\ 1 \end{pmatrix}$

(2) $\mathbf{x}_1 = \begin{pmatrix} 1 \\ 1 \\ 0 \\ 0 \end{pmatrix}$, $\mathbf{x}_2 = \begin{pmatrix} 0 \\ 0 \\ 1 \\ 1 \end{pmatrix}$, $\mathbf{x}_3 = \begin{pmatrix} 1 \\ 1 \\ 1 \\ 0 \end{pmatrix}$, $\mathbf{x}_4 = \begin{pmatrix} -1 \\ 0 \\ 0 \\ 1 \end{pmatrix}$

(3) $\mathbf{x}_1 = \begin{pmatrix} 1 \\ 0 \\ 0 \\ 0 \end{pmatrix}$, $\mathbf{x}_2 = \begin{pmatrix} 1 \\ 1 \\ 0 \\ 0 \end{pmatrix}$, $\mathbf{x}_3 = \begin{pmatrix} 1 \\ 1 \\ 1 \\ 0 \end{pmatrix}$, $\mathbf{x}_4 = \begin{pmatrix} 1 \\ 1 \\ 1 \\ 1 \end{pmatrix}$

19 내적공간 $C[0, 1]$ 에 대하여 $\mathrm{Span}(1, 2x-1, 12x^2)$ 의 직교기저를 구하여라.

20 내적공간 $C[0, 2\pi]$ 의 함수 $f(x) = \cos x$, $g(x) = \sin x$ 에 의하여 생성되는 부분공간의 정규직교기저를 구하여라.

연습문제 해답

제1장

01 $\begin{pmatrix} 2 & 3 & 4 \\ 3 & 4 & 5 \\ 4 & 5 & 6 \\ 5 & 6 & 7 \end{pmatrix}$

02 (1) $\begin{pmatrix} -3 & -12 \\ 10 & 3 \end{pmatrix}$ (2) $\begin{pmatrix} 1 & 8 \\ -2 & 24 \end{pmatrix}$ (3) $\begin{pmatrix} -5 & 11 \\ 2 & 5 \end{pmatrix}$ (4) $\begin{pmatrix} 1 & 2 \\ 4 & 8 \end{pmatrix}$ (5) $\begin{pmatrix} 7 & -1 \\ -1 & -5 \end{pmatrix}$

(6) $\begin{pmatrix} 4 & 24 \\ 8 & 52 \end{pmatrix}$ (7) $\begin{pmatrix} 4 & 0 \\ -5 & 1 \end{pmatrix}$ (8) $\begin{pmatrix} 0 & 0 & 0 \\ 0 & 0 & 0 \end{pmatrix}$ (9) $\begin{pmatrix} 17 & -1 & -5 \\ -1 & 1 & -3 \\ -5 & -3 & 13 \end{pmatrix}$

03 (1) $A = \begin{pmatrix} 1 & 1 \\ -1 & -1 \end{pmatrix}$ (2) $A = \begin{pmatrix} 1 & 0 \\ 0 & 0 \end{pmatrix},\ B = \begin{pmatrix} 0 & 0 \\ 1 & 0 \end{pmatrix}$

(3) $B = \begin{pmatrix} 3 & 3 \\ 0 & 0 \end{pmatrix},\ C = \begin{pmatrix} 0 & 0 \\ -1 & -1 \end{pmatrix}$

04 $A = \dfrac{A + A^T}{2} + \dfrac{A - A^T}{2} = \begin{pmatrix} 1 & 1 & 3 \\ 1 & -1 & 2 \\ 3 & 2 & 8 \end{pmatrix} + \begin{pmatrix} 0 & -1 & -1 \\ 1 & 0 & 1 \\ 1 & -1 & 0 \end{pmatrix}$

05 (1) $A^2 = \begin{pmatrix} -1 & 1 \\ -1 & 0 \end{pmatrix},\ A^3 = \begin{pmatrix} -1 & 0 \\ 0 & -1 \end{pmatrix},\ A^4 = \begin{pmatrix} 0 & -1 \\ 1 & -1 \end{pmatrix},\ A^5 = \begin{pmatrix} 1 & -1 \\ 1 & 0 \end{pmatrix}$

(2) $A^{2026} = A^4 = \begin{pmatrix} 0 & -1 \\ 1 & -1 \end{pmatrix}$

06 풀이 생략

07 (1) $\begin{pmatrix} 1 & 2 \\ 2 & -1 \end{pmatrix}\begin{pmatrix} x_1 \\ x_2 \end{pmatrix} = \begin{pmatrix} 9 \\ 0 \end{pmatrix}$ (2) $\begin{pmatrix} 1 & 2 & 0 \\ 2 & 1 & 1 \end{pmatrix}\begin{pmatrix} x_1 \\ x_2 \\ x_3 \end{pmatrix} = \begin{pmatrix} -1 \\ 1 \end{pmatrix}$

(3) $\begin{pmatrix} 1 & 1 & 0 & 0 \\ 0 & 1 & 1 & 0 \\ 0 & 0 & 1 & 1 \end{pmatrix}\begin{pmatrix} x_1 \\ x_2 \\ x_3 \\ x_4 \end{pmatrix} = \begin{pmatrix} 2 \\ 1 \\ 2 \end{pmatrix}$ (2) $\begin{pmatrix} 1 & -1 & -1 & -2 \\ 0 & 1 & 1 & -1 \\ 0 & 0 & 1 & -1 \end{pmatrix}\begin{pmatrix} x_1 \\ x_2 \\ x_3 \\ x_4 \end{pmatrix} = \begin{pmatrix} 2 \\ 1 \\ 1 \end{pmatrix}$

08 $\frac{1}{10}\begin{pmatrix}11\\13\end{pmatrix}$

09 음료수 1,200원, 라면 3,200원

10 $\begin{pmatrix}\frac{1}{2} & -\frac{\sqrt{3}}{2}\\ \frac{\sqrt{3}}{2} & \frac{1}{2}\end{pmatrix}\begin{pmatrix}2\\3\end{pmatrix}=\begin{pmatrix}1-\frac{3\sqrt{3}}{2}\\ \sqrt{3}+\frac{3}{2}\end{pmatrix}$

제2장

01 (1) $\frac{1}{\sqrt{3}}(1, 1, 0, 1, 0)$ (2) $\frac{1}{\sqrt{3}}(0, 1, 1, 1, 0)$ (3) $\frac{1}{\sqrt{14}}(\mathrm{i}+2\mathrm{j}+3\mathrm{k})$

(4) $\frac{1}{\sqrt{19}}(3\mathrm{i}-\mathrm{j}+3\mathrm{k})$

02 $\frac{3}{\sqrt{13}}(3\mathrm{i}+2\mathrm{k})$

03 $\mathrm{x}=\left(\frac{3}{\sqrt{2}}, 0, \frac{3}{\sqrt{2}}\right)$

04 (1) $\frac{x-1}{3}=\frac{y-2}{-1}=\frac{z-3}{3}$ (2) $x=1,\ y+1=\frac{z-2}{5}$ (3) $\frac{x-1}{-1}=y=\frac{z+2}{3}$

(4) $x+1=\frac{y}{2}=\frac{z-3}{-4}$ (5) $\frac{x-5}{3}=\frac{y+2}{-1}=\frac{z-3}{5}$

05 (1) $-5\mathrm{a}\cdot\mathrm{b}$ (2) $-9\mathrm{a}\cdot\mathrm{c}-\mathrm{a}\cdot\mathrm{b}+23\mathrm{b}\cdot\mathrm{c}$

06 $\mathrm{x}=2\mathrm{a}+2\mathrm{b}=(0, 4, 4)$

07 $\alpha=4$

08 $\alpha=\frac{6}{5},\ \beta=-\frac{55}{3}$

09 $\frac{20+9\sqrt{2}}{34}$

10 (1) $x-2y+3z-10=0$ (2) $x-3z+5=0$ (3) $-x+y+3z+7=0$

(4) $x+2y-4z+13=0$

(5) $\begin{pmatrix}x\\y\\z\end{pmatrix}=\begin{pmatrix}3\\0\\1\end{pmatrix}+s\begin{pmatrix}-1\\1\\-1\end{pmatrix}+t\begin{pmatrix}-2\\-2\\1\end{pmatrix},\ s, t\in\mathbb{R}$ 또는 $x-3y-4z+1=0$

11 (1) 수직이 아니다, $\cos\theta = \frac{\sqrt{5}}{\sqrt{11}}$ (2) 수직이다

12 $a = 4$

13 $\pi : \begin{pmatrix} x \\ y \\ z \end{pmatrix} = \begin{pmatrix} -2 \\ -3 \\ 5 \end{pmatrix} + s\begin{pmatrix} -1 \\ 2 \\ 3 \end{pmatrix} + t\begin{pmatrix} 2 \\ 3 \\ 2 \end{pmatrix}$, $s, t \in \mathbb{R}$ 또는 $5x - 8y + 7z - 49 = 0$

14 풀이 생략

15 $\mathbf{p} = -\frac{5}{14}(2\mathbf{i} + \mathbf{j} - 3\mathbf{k})$

16 $\left(-\frac{7}{9}, \frac{23}{9}, \frac{50}{9}\right)$

제3장

01 (1) $x_1 = \frac{5}{2}$, $x_2 = 6$, $x_3 = 2$

(2) $x_1 = 5 - t$, $x_2 = t$, $x_3 = -5$, $x_4 = 2$, $t \in \mathbb{R}$

02 (1) $t = 3$이면 해가 없음. $t \neq 3$이면 유일한 해가 존재

(2) $t = \pm 1$이면 무수히 많은 해가 존재. $t \neq \pm 1$이면 유일한 해가 존재

03 (1) $x_1 = 2$, $x_2 = 5$, $x_3 = 1$ (2) 불능

(3) $x_1 = 3 - \alpha$, $x_2 = \alpha - 1$, $x_3 = 2 - \alpha$, $x_4 = \alpha$ (α는 임의의 실수)

(4) $x_1 = 3\alpha + 3$, $x_2 = 0$, $x_3 = \alpha + 1$, $x_4 = \alpha$ (α는 임의의 실수)

(5) $x_1 = 1$, $x_2 = \frac{3}{2}$, $x_3 = -2$, $x_4 = \frac{3}{2}$

(6) $x_1 = 1$, $x_2 = 1$, $x_3 = -2$, $x_4 = 1$

04 $-5a + 2b + c = 0$

05 (1) (a) $k = -1$ (b) $k \neq \pm 1$ (c) $k = 1$

(2) (a) 불가능 (b) $k \neq -1$ (c) $k = -1$

(3) (a) $k = 1$ (b) $k \neq -2$ 그리고 $k \neq 1$ (c) $k = -2$

(4) (a) $k \neq 2$ 그리고 $k \neq -1$ (b) 불가능 (c) $k = 2$ 또는 $k = -1$

06 (a) $a = 5$ 그리고 $b \neq 4$ (b) $a \neq 5$ (c) $a = 5$ 그리고 $b = 4$

07 (a) $a \neq 1$ (b) $a = 1$

08 $\mathbf{x} = 0\mathbf{a} + 7\mathbf{b} - 3\mathbf{c}$

09 (1) 생성함 (2) 생성함 (3) 생성함 (2) 생성함

10 풀이 생략

11 풀이 생략

12 $x = \dfrac{28}{3},\ y = \dfrac{32}{3}$

13 $A = \begin{pmatrix} 2 & -1 \\ 1 & 3 \end{pmatrix}$

제4장

01 (1) $\begin{pmatrix} 1 & 2 & -3 \\ 2 & -1 & 1 \\ 4 & -1 & 1 \end{pmatrix}\begin{pmatrix} x_1 \\ x_2 \\ x_3 \end{pmatrix} = \begin{pmatrix} 9 \\ 0 \\ 4 \end{pmatrix}$ (2) $\begin{pmatrix} 1 & 2 & 0 \\ 2 & 1 & 1 \\ -1 & 1 & -1 \end{pmatrix}\begin{pmatrix} x_1 \\ x_2 \\ x_3 \end{pmatrix} = \begin{pmatrix} -1 \\ 1 \\ -1 \end{pmatrix}$

(3) $\begin{pmatrix} 1 & 1 & 1 & 1 \\ 1 & 1 & 3 & 3 \\ 1 & 1 & 2 & 3 \\ 1 & 3 & 3 & 3 \end{pmatrix}\begin{pmatrix} x_1 \\ x_2 \\ x_3 \\ x_4 \end{pmatrix} = \begin{pmatrix} 2 \\ 1 \\ 3 \\ 4 \end{pmatrix}$ (4) $\begin{pmatrix} 1 & 1 & 1 & 1 \\ 1 & 2 & 2 & 2 \\ 1 & 2 & 3 & 3 \\ 1 & 2 & 3 & 4 \end{pmatrix}\begin{pmatrix} x_1 \\ x_2 \\ x_3 \\ x_4 \end{pmatrix} = \begin{pmatrix} 1 \\ 1 \\ 0 \\ 1 \end{pmatrix}$

02 (1) $\begin{cases} x_1 - x_2 + x_3 = 1 \\ 2x_1 - 3x_2 = 2 \\ 5x_1 - 4x_2 + 4x_3 = 3 \end{cases}$ (2) $\begin{cases} -x_1 + 2x_2 + 3x_3 = 1 \\ 2x_1 + 2x_2 + 3x_3 = 2 \\ 2x_1 + 2x_2 + 4x_3 = 1 \\ -x_1 + x_2 + 5x_3 = 0 \end{cases}$

03 (1) $\mathbf{x} = \begin{pmatrix} \frac{6}{7} \\ \frac{3}{7} \end{pmatrix}$ (2) $\mathbf{x} = \begin{pmatrix} -1 \\ -1 \\ 1 \end{pmatrix}$

04 (1) $\begin{pmatrix} -17 & 2 & 11 \\ 3 & 0 & -2 \\ 11 & -1 & -7 \end{pmatrix}$,

$$\begin{pmatrix} 2 & 0 & 0 \\ 0 & 1 & 0 \\ 0 & 0 & 1 \end{pmatrix}\begin{pmatrix} 1 & 0 & 0 \\ 1 & 1 & 0 \\ 0 & 0 & 1 \end{pmatrix}\begin{pmatrix} 1 & 0 & 0 \\ 0 & 1 & 0 \\ 3 & 0 & 1 \end{pmatrix}\begin{pmatrix} 1 & 0 & 0 \\ 0 & \frac{7}{2} & 0 \\ 0 & 0 & 1 \end{pmatrix}\begin{pmatrix} 1 & 0 & 0 \\ 0 & 1 & 0 \\ 0 & -\frac{1}{2} & 1 \end{pmatrix}\begin{pmatrix} 1 & 0 & 0 \\ 0 & 1 & 0 \\ 0 & 0 & -\frac{1}{7} \end{pmatrix}$$

$$\begin{pmatrix} 1 & 0 & 0 \\ 0 & 1 & -\frac{2}{7} \\ 0 & 0 & 1 \end{pmatrix}\begin{pmatrix} 1 & -\frac{3}{2} & 0 \\ 0 & 1 & 0 \\ 0 & 0 & 1 \end{pmatrix}\begin{pmatrix} 1 & 0 & 2 \\ 0 & 1 & 0 \\ 0 & 0 & 1 \end{pmatrix}$$

(2) $\begin{pmatrix} -11 & 2 & 2 \\ -4 & 0 & 1 \\ 6 & -1 & -1 \end{pmatrix}$,

$$\begin{pmatrix} 1 & 0 & 0 \\ 2 & 1 & 0 \\ 0 & 0 & 1 \end{pmatrix}\begin{pmatrix} 1 & 0 & 0 \\ 0 & 1 & 0 \\ 4 & 0 & 1 \end{pmatrix}\begin{pmatrix} 1 & 0 & 0 \\ 0 & -1 & 0 \\ 0 & 0 & 1 \end{pmatrix}\begin{pmatrix} 1 & 0 & 0 \\ 0 & 1 & 0 \\ 0 & 1 & 1 \end{pmatrix}\begin{pmatrix} 1 & 0 & 0 \\ 0 & 1 & 0 \\ 0 & 0 & -1 \end{pmatrix}\begin{pmatrix} 1 & 0 & 0 \\ 0 & 1 & 1 \\ 0 & 0 & 1 \end{pmatrix}\begin{pmatrix} 1 & 0 & 2 \\ 0 & 1 & 0 \\ 0 & 0 & 1 \end{pmatrix}$$

(3) $\begin{pmatrix} \frac{1}{15} & -\frac{8}{15} & -\frac{4}{15} \\ -\frac{1}{15} & -\frac{7}{15} & -\frac{11}{15} \\ \frac{1}{5} & \frac{2}{5} & \frac{1}{5} \end{pmatrix}$,

$$\begin{pmatrix} 3 & 0 & 0 \\ 0 & 1 & 0 \\ 0 & 0 & 1 \end{pmatrix}\begin{pmatrix} 1 & 0 & 0 \\ -2 & 1 & 0 \\ 0 & 0 & 1 \end{pmatrix}\begin{pmatrix} 1 & 0 & 0 \\ 0 & 1 & 0 \\ 1 & 0 & 1 \end{pmatrix}\begin{pmatrix} 1 & 0 & 0 \\ 0 & 1 & 0 \\ 0 & -2 & 1 \end{pmatrix}\begin{pmatrix} 1 & 0 & 0 \\ 0 & 1 & 0 \\ 0 & 0 & 5 \end{pmatrix}\begin{pmatrix} 1 & 0 & 0 \\ 0 & 1 & \frac{11}{3} \\ 0 & 0 & 1 \end{pmatrix}\begin{pmatrix} 1 & 0 & \frac{4}{3} \\ 0 & 1 & 0 \\ 0 & 0 & 1 \end{pmatrix}$$

05 (1) $\begin{pmatrix} 1 & 0 & 0 & 0 \\ -1 & \frac{1}{2} & 0 & 0 \\ 0 & -\frac{1}{2} & \frac{1}{3} & 0 \\ 0 & 0 & -\frac{1}{3} & -\frac{1}{4} \end{pmatrix}$ (2) $\begin{pmatrix} 1 & 0 & 0 & 0 \\ 0 & 1 & 0 & 0 \\ 0 & 0 & 1 & 0 \\ -\frac{a}{d} & -\frac{b}{d} & -\frac{c}{d} & \frac{1}{d} \end{pmatrix}$

(3) $\begin{pmatrix} 0 & 0 & -1 & 1 \\ 0 & -1 & 1 & 0 \\ -1 & 1 & 0 & 0 \\ 1 & 0 & 0 & 0 \end{pmatrix}$

06 (1) $\begin{pmatrix} 12 \\ -3 \\ -8 \end{pmatrix}$ (2) $\begin{pmatrix} -9 \\ -1 \\ 5 \end{pmatrix}$ (3) $\begin{pmatrix} \frac{1}{3} \\ -\frac{4}{3} \\ 0 \end{pmatrix}$

07 (1) 3 (2) −14 (3) −17 (4) 40

08 (1) 14 (2) 0 (3) 11 (4) −25

09 (1) −27 (2) 35 (3) −2 (4) −6

10 (1) $(a-b)(b-c)(c-a)$ (2) $xyz(x-y)(y-z)(z-x)$

(3) $-(a-b)(b-c)(c-a)$ (4) $(x-y)(y-z)(z-x)$

11 (1) 4, −1 (2) 1, 2, 3 (3) 2 (4) −2, 3, 4

12 (1) 12 (2) −4 (3) −16 (4) 4

13 (1) −4 (2) 1, 3, 4

14 −144

15 (1) 0, 정칙 아님 (2) −1, 정칙 (3) −3, 정칙 (4) 0, 정칙 아님

16 (1) $C_{21}=1$, $C_{22}=-7$, $C_{23}=4$ (2) −11

17 (1) 9 (2) $adj(A)=\begin{pmatrix} -3 & 0 & 3 \\ 5 & 3 & -2 \\ -7 & 3 & 1 \end{pmatrix}$, $A(adj\,A)=\begin{pmatrix} 9 & 0 & 0 \\ 0 & 9 & 0 \\ 0 & 0 & 9 \end{pmatrix}$

18 (1) $\begin{pmatrix} 5 & -2 \\ -2 & 1 \end{pmatrix}$ (2) $\frac{1}{3}\begin{pmatrix} 2 & -1 \\ -5 & 4 \end{pmatrix}$

(3) $-\frac{1}{4}\begin{pmatrix} -10 & 1 & 6 \\ 2 & 1 & -2 \\ 2 & -1 & -2 \end{pmatrix}$ (4) $\frac{1}{2}\begin{pmatrix} -3 & 4 & 1 \\ -1 & 2 & 1 \\ 7 & -8 & -3 \end{pmatrix}$

19 (1) $x=5,\ y=-1$ (2) $x=-7,\ y=5$

(3) $x=7,\ y=-3,\ z=-1$ (4) $x=1,\ y=-5,\ z=3,\ w=3$

20 $k=1$ 또는 $k=-2$

21 풀이 생략

22 (1) -4 (2) $\frac{1}{4}$ (3) 108 (4) −16 (5) −16 (6) 256

23 (1) -48 (2) -27 (3) $-\frac{1}{243}$ (4) 81

24 $-\frac{1}{8}$

25 -141

26 풀이 생략

27 풀이 생략

제5장

01 (1) $\mathbb{R}^2$ 의 부분공간이다. (2) $\mathbb{R}^2$ 의 부분공간이 아니다.

(3) $\mathbb{R}^2$ 의 부분공간이다. (4) $\mathbb{R}^3$ 의 부분공간이 아니다.

(5) $\mathbb{R}^3$ 의 부분공간이다. (6) $\mathbb{R}^3$ 의 부분공간이 아니다.

02 부분공간이 아니다.

03 (1) 일차독립 (2) 일차종속 (3) 일차독립 (4) 일차종속

04 $a = 3b$

05 (1) 일차독립 (2) 일차독립 (3) 일차독립 (4) 일차종속 (5) 일차독립 (6) 일차독립

06 (1) 일차독립 (2) 일차독립

07 $a = b$ 또는 $b = c$ 또는 $c = a$

08 $c \neq 4$ 인 실수

09 $\mathrm{v} = (-3)\mathrm{a} + (-1)\mathrm{b} + \mathrm{c}$

10 (1) $2 - x + 6x^2 = p_1(x) + 2p_2(x) + (-1)p_3(x)$

(2) $4 + 4x + 6x^2 = (-1)p_1(x) + p_2(x) + p_3(x)$

11 (2)

12 (2), (3)

13 (1) 차원: 2, 기저가 아니다. (2) 차원: 2, 기저가 아니다.

14 (1) $\begin{pmatrix} -2 \\ -4 \\ 6 \end{pmatrix}$ (2) $\begin{pmatrix} 1 \\ 3 \\ 2 \end{pmatrix}$ (3) $\begin{pmatrix} 0 \\ -1 \\ 5 \end{pmatrix}$ (4) $\begin{pmatrix} 9 \\ 1 \\ -4 \end{pmatrix}$

15 (1) $[\mathrm{v}]_E = \begin{pmatrix} 3 \\ 8 \end{pmatrix}$ (2) $[\mathrm{v}]_E = \begin{pmatrix} 7 \\ 4 \\ -6 \end{pmatrix}$ (3) $[\mathrm{v}]_E = \begin{pmatrix} 4 \\ -5 \\ 2 \end{pmatrix}$ (4) $[\mathrm{v}]_E = \begin{pmatrix} 4 \\ 5 \\ 3 \\ -2 \end{pmatrix}$

16 (1) $\mathrm{b} = (-1)\begin{pmatrix} 3 \\ 2 \end{pmatrix} + 4\begin{pmatrix} 1 \\ 1 \end{pmatrix}$ (2) $\mathrm{b} = \frac{5}{26}\begin{pmatrix} 5 \\ -1 \end{pmatrix} + \frac{1}{26}\begin{pmatrix} 1 \\ 5 \end{pmatrix}$

17 (1) $N(A) = \left\{\begin{bmatrix} 0 \\ 0 \end{bmatrix}\right\}$(원소가 영벡터뿐인 집합), $N(A)$의 기저는 $\varnothing$ (예제 3.28 참고).

(2) $\left\{\begin{pmatrix} 1 \\ -1 \\ 1 \end{pmatrix}\right\}$ (3) $\left\{\begin{pmatrix} -5 \\ 2 \\ 1 \end{pmatrix}\right\}$ (4) $\left\{\begin{pmatrix} 1 \\ 1 \\ 1 \\ 0 \end{pmatrix}\right\}$

18 (1) 행공간의 기저: $\left\{\begin{pmatrix} 3 \\ -4 \end{pmatrix}\right\}$, 열공간의 기저: $\left\{\begin{pmatrix} 1 \\ -2 \end{pmatrix}\right\}$, 영공간의 차원: 1

(2) 행공간의 기저: $\left\{\begin{pmatrix} 1 \\ -2 \\ 1 \end{pmatrix}, \begin{pmatrix} 0 \\ 1 \\ -1 \end{pmatrix}\right\}$, 열공간의 기저: $\left\{\begin{pmatrix} 1 \\ 0 \\ -5 \end{pmatrix}, \begin{pmatrix} 0 \\ 1 \\ 3 \end{pmatrix}\right\}$,

영공간의 차원: 1

(3) 행공간의 기저: $\left\{\begin{pmatrix}1\\0\\0\end{pmatrix}, \begin{pmatrix}0\\1\\0\end{pmatrix}, \begin{pmatrix}0\\0\\1\end{pmatrix}\right\}$,

열공간의 기저: $\left\{\begin{pmatrix}1\\0\\0\end{pmatrix}, \begin{pmatrix}0\\1\\0\end{pmatrix}, \begin{pmatrix}0\\0\\1\end{pmatrix}\right\}$, 영공간의 차원: 0

(4) 행공간의 기저: $\left\{\begin{pmatrix}1\\1\\1\\1\end{pmatrix}, \begin{pmatrix}0\\1\\2\\3\end{pmatrix}\right\}$, 열공간의 기저: $\left\{\begin{pmatrix}1\\1\\1\\1\end{pmatrix}, \begin{pmatrix}0\\1\\4\\5\end{pmatrix}\right\}$,

영공간의 차원: 2

19 3

20 $x = 36$, $y = 72$, $x + y = 108$

21 14

22 4

23 $a = -1$

제6장

01 (4)

02 -11

03 $A = \begin{pmatrix} 2 & 3 \\ 0 & 5 \end{pmatrix}$

04 (1) $\lambda^2 - 5\lambda + 4 = 0$ (2) $\lambda^3 - 6\lambda^2 + 12\lambda - 8 = 0$

05 (3)

06 257

07 -2

08 6

09 (1) 고윳값 3에 대한 고유벡터 : $\alpha\begin{pmatrix}3\\1\end{pmatrix}$, α는 0이 아닌 상수

고윳값 −7 에 대한 고유벡터 : $\alpha\begin{pmatrix}1\\-3\end{pmatrix}$, α는 0이 아닌 상수

(2) 고윳값 3에 대한 고유벡터 : $\alpha\begin{pmatrix}6\\1\end{pmatrix}$, α는 0이 아닌 상수

고윳값 −4 에 대한 고유벡터 : $\alpha\begin{pmatrix}1\\-1\end{pmatrix}$, α는 0이 아닌 상수

(3) 고윳값 −1 에 대한 고유벡터 : $\alpha\begin{pmatrix}1\\2\\2\end{pmatrix}$, α는 0이 아닌 상수

고윳값 1 에 대한 고유벡터 : $\alpha\begin{pmatrix}-3\\1\\-7\end{pmatrix}$, α는 0이 아닌 상수

고윳값 2 에 대한 고유벡터 : $\alpha\begin{pmatrix}-1\\1\\-2\end{pmatrix}$, α는 0이 아닌 상수

(4) 고윳값 −3 에 대한 고유벡터 : $\alpha\begin{pmatrix}-3\\2\\5\end{pmatrix}$, α는 0이 아닌 상수

고윳값 2 에 대한 고유벡터 : $\alpha\begin{pmatrix}1\\1\\0\end{pmatrix}$, α는 0이 아닌 상수

고윳값 3 에 대한 고유벡터 : $\alpha\begin{pmatrix}1\\0\\1\end{pmatrix}$, α는 0이 아닌 상수

(5) 고윳값 −2 에 대한 고유벡터 : $\alpha\begin{pmatrix}2\\-1\\0\end{pmatrix}+\beta\begin{pmatrix}0\\0\\1\end{pmatrix}$, α, β는 적어도 하나는 0이 아닌 상수

(6) 고윳값 −1 에 대한 고유벡터 : $\alpha\begin{pmatrix}1\\0\\-1\end{pmatrix}$, α는 0이 아닌 상수

고윳값 2 에 대한 고유벡터 : $\alpha\begin{pmatrix}2\\0\\1\end{pmatrix}$, α는 0이 아닌 상수

10 -6

11 (1) 대각화 가능하지 않다.

(2) $A = PDP^{-1},\ P = \begin{pmatrix} 1 & 2 \\ -2 & 1 \end{pmatrix},\ D = \begin{pmatrix} -3 & 0 \\ 0 & 2 \end{pmatrix}$

(3) $A = PDP^{-1},\ P = \begin{pmatrix} \sqrt{5}-1 & \sqrt{5}+1 \\ 2 & -2 \end{pmatrix},\ D = \begin{pmatrix} \frac{5-\sqrt{5}}{2} & 0 \\ 0 & \frac{5+\sqrt{5}}{2} \end{pmatrix}$

(4) 대각화 가능하지 않다.

(5) 대각화 가능하지 않다.

(6) $A = PDP^{-1},\ P = \begin{pmatrix} 9 & 1 & 1 \\ 45 & 1 & 9 \\ 25 & 1 & 1 \end{pmatrix},\quad D = \begin{pmatrix} 0 & 0 & 0 \\ 0 & 4 & 0 \\ 0 & 0 & -4 \end{pmatrix}$

(7) $A = PDP^{-1},\ P = \begin{pmatrix} 3 & 1 & -2 \\ 4 & 1 & -2 \\ 1 & 0 & 1 \end{pmatrix},\quad D = \begin{pmatrix} 2 & 0 & 0 \\ 0 & 1 & 0 \\ 0 & 0 & -1 \end{pmatrix}$

(8) $A = PDP^{-1},\ P = \begin{pmatrix} 1 & 1 & 1 \\ -1 & -1 & 0 \\ 1 & 0 & -1 \end{pmatrix},\quad D = \begin{pmatrix} 1 & 0 & 0 \\ 0 & -2 & 0 \\ 0 & 0 & -2 \end{pmatrix}$

12 6

13 $3A^2 + 5A$ 의 고윳값은 $0,\ -2,\ 68$

14 2^{11}

15 (3)

16 I(2×2 단위행렬)

17 $A^{100} = \begin{pmatrix} 2-2^{100} & 2^{100}-1 \\ 2-2^{101} & 2^{101}-1 \end{pmatrix}$

18 $\dfrac{5^{100}-1}{3}$

19 $\begin{pmatrix} \frac{2}{3} & \frac{2}{3} \\ \frac{1}{3} & \frac{1}{3} \end{pmatrix}$

제7장

01 (1) $\begin{pmatrix} 2 & 0 \\ 0 & 3 \end{pmatrix}$ (2) 선형변환이 아니다

(3) $\begin{pmatrix} 0 & 1 \\ 1 & 0 \end{pmatrix}$ (4) $\begin{pmatrix} 0 & 0 \\ 0 & -1 \end{pmatrix}$

(5) 선형변환이 아니다 (6) $\begin{pmatrix} 1 & -1 \\ 1 & 0 \\ 1 & 1 \end{pmatrix}$

(7) $\begin{pmatrix} 0 & -1 \\ 1 & 0 \\ 0 & 0 \end{pmatrix}$ (8) $\begin{pmatrix} 1 & -1 \\ 0 & 0 \\ 1 & -2 \end{pmatrix}$

02 $\begin{pmatrix} 3 & 0 \\ 0 & 2 \end{pmatrix}$, $\begin{pmatrix} 3 \\ 4 \end{pmatrix}$, $\begin{pmatrix} -9 \\ 10 \end{pmatrix}$

03 $A = \begin{pmatrix} 1.2 & 0.5 \\ 0.3 & 0.8 \end{pmatrix}$, 사각형 $P_1P_2P_3P_4$의 넓이: 1

$L(P_1) = \begin{pmatrix} 0 \\ 0 \end{pmatrix}$, $L(P_2) = \begin{pmatrix} 1.2 \\ 0.3 \end{pmatrix}$, $L(P_3) = \begin{pmatrix} 1.7 \\ 1.1 \end{pmatrix}$, $L(P_4) = \begin{pmatrix} 0.5 \\ 0.8 \end{pmatrix}$

사각형 $L(P_1)L(P_2)L(P_3)L(P_4)$의 넓이: 0.81

$|\det(A)| = 0.81$

04 $A = \begin{pmatrix} 2 & 1 \\ 1 & 2 \end{pmatrix}$, $\lambda_1 = 1, \lambda_2 = 3$, $v_1 = \begin{pmatrix} -1 \\ 1 \end{pmatrix}$, $v_2 = \begin{pmatrix} 1 \\ 1 \end{pmatrix}$, $\frac{1}{2}\begin{pmatrix} 3^{2027} - 1 \\ 3^{2027} + 1 \end{pmatrix}$

05 $\begin{pmatrix} 1 & 1 & 0 \\ 0 & 1 & 1 \\ 1 & 0 & 1 \end{pmatrix}$, $\begin{pmatrix} 1 \\ 2 \\ 3 \end{pmatrix}$, $\begin{pmatrix} 1 \\ 2 \\ -3 \end{pmatrix}$

06 (1) $\begin{pmatrix} 1 & 1 & 0 \\ 0 & -1 & 1 \end{pmatrix}$ (2) $\begin{pmatrix} 1 & 2 & 1 \\ 1 & 5 & 3 \\ 0 & 1 & 0 \end{pmatrix}$

(3) $\begin{pmatrix} 0 & 1 \\ 2 & -1 \\ 1 & 3 \\ 1 & 0 \end{pmatrix}$ (4) $\begin{pmatrix} 0 & 0 & 0 & 1 \\ 0 & 0 & 0 & 0 \\ 0 & 0 & 1 & 0 \\ 0 & 1 & 1 & 0 \\ 1 & 0 & -1 & 0 \end{pmatrix}$

07 (1) $\begin{pmatrix} 0 & -1 \\ -1 & 0 \end{pmatrix}$ (2) $\begin{pmatrix} 1 & 0 \\ 0 & -1 \end{pmatrix}\begin{pmatrix} -\frac{1}{2} & -\frac{\sqrt{3}}{2} \\ \frac{\sqrt{3}}{2} & -\frac{1}{2} \end{pmatrix}$

(3) $\begin{pmatrix} 2 & 0 \\ 0 & 3 \end{pmatrix}$ (4) $\begin{pmatrix} 1 & 0 \\ 0 & 0 \end{pmatrix}$

(5) $\begin{pmatrix} \frac{1}{5} & \frac{2}{5} \\ \frac{2}{5} & \frac{4}{5} \end{pmatrix}$

(6) $\begin{pmatrix} \frac{1}{2} & \frac{1}{2} \\ \frac{1}{2} & \frac{1}{2} \end{pmatrix}\begin{pmatrix} \frac{\sqrt{3}}{2} & -\frac{1}{2} \\ \frac{1}{2} & \frac{\sqrt{3}}{2} \end{pmatrix}\begin{pmatrix} 0 & 1 \\ 1 & 0 \end{pmatrix}$

08 (1) x축으로 a배만큼 y축으로 2배만큼 확대한다

(2) x축으로 -2배만큼 y축으로 a배만큼 확대한다

(3) $y=-x$에 대칭시킨다

(4) 반시계방향으로 $\frac{\pi}{2}$만큼 회전이동한다

09 $\begin{pmatrix} 0 & -1 & 0 \\ 1 & 0 & 0 \\ 0 & 0 & 1 \end{pmatrix}$

10 풀이 생략

제8장

01 (1) $\langle A, B \rangle = 14$ (2) $\|A\| = \sqrt{17}$ (3) $\|B\| = \sqrt{23}$

02 (1) $\langle A, B \rangle = 3$ (2) $\|A\| = \sqrt{20}$ (3) $\|B\| = \sqrt{20}$

03 (1) $\|A-B\| = \sqrt{23}$ (2) $P = \frac{19}{41}B$

04 $\langle f_m(x), f_n(x) \rangle = \begin{cases} 0, & m \neq n \\ \pi, & m = n \end{cases}$, $\|f_m(x)\| = \sqrt{\pi}$

05 (1) 1 (2) $\frac{1}{5}$ (3) $\frac{1}{\pi}$

06 $\sqrt{2}$

07 $\frac{1}{\sqrt{30}}$

08 $\frac{\sqrt{15}}{4}$

09 $\frac{\pi}{6}$

10 $-\frac{1}{3}$

11 $\dfrac{5\sqrt{7}}{21}$

12 (1) $\|\mathbf{x}\|_1 = 5,\ \|\mathbf{x}\|_2 = \sqrt{7},\ \|\mathbf{x}\|_\infty = 2$

(2) $\|\mathbf{x}\|_1 = 8,\ \|\mathbf{x}\|_2 = \sqrt{22},\ \|\mathbf{x}\|_\infty = 4$

13 2차원

14 $\left\{\begin{pmatrix}-2\\-3\\1\\0\end{pmatrix},\ \begin{pmatrix}-1\\1\\0\\1\end{pmatrix}\right\}$

15 $\left\{\begin{pmatrix}2\\1\\-4\\0\\0\end{pmatrix},\ \begin{pmatrix}0\\1\\0\\2\\0\end{pmatrix},\ \begin{pmatrix}2\\1\\0\\0\\-4\end{pmatrix}\right\}$

16 $\left\{\dfrac{1}{\sqrt{2}}\begin{pmatrix}-1\\1\\0\\0\end{pmatrix},\ \begin{pmatrix}0\\0\\1\\0\end{pmatrix},\ \begin{pmatrix}0\\0\\0\\1\end{pmatrix}\right\}$

17 (1) $\mathbf{u}_1 = \dfrac{1}{\sqrt{3}}\begin{pmatrix}1\\1\\1\end{pmatrix},\ \mathbf{u}_2 = \dfrac{1}{\sqrt{2}}\begin{pmatrix}-1\\1\\0\end{pmatrix},\ \mathbf{u}_3 = \dfrac{1}{\sqrt{6}}\begin{pmatrix}1\\1\\-2\end{pmatrix}$

(2) $\mathbf{u}_1 = \dfrac{1}{\sqrt{3}}\begin{pmatrix}1\\1\\1\end{pmatrix},\ \mathbf{u}_2 = \dfrac{1}{\sqrt{2}}\begin{pmatrix}1\\-1\\0\end{pmatrix},\ \mathbf{u}_3 = \dfrac{1}{\sqrt{6}}\begin{pmatrix}-1\\-1\\2\end{pmatrix}$

18 (1) $\mathbf{u}_1 = \dfrac{1}{\sqrt{2}}\begin{pmatrix}1\\1\\0\\0\end{pmatrix},\ \mathbf{u}_2 = \dfrac{1}{2}\begin{pmatrix}1\\-1\\1\\1\end{pmatrix},\ \mathbf{u}_3 = \dfrac{\sqrt{2}}{6}\begin{pmatrix}-2\\2\\3\\1\end{pmatrix}$

(2) $\mathbf{u}_1 = \dfrac{1}{\sqrt{2}}\begin{pmatrix}1\\1\\0\\0\end{pmatrix},\ \mathbf{u}_2 = \dfrac{1}{\sqrt{2}}\begin{pmatrix}0\\0\\1\\1\end{pmatrix},\ \mathbf{u}_3 = \dfrac{1}{\sqrt{2}}\begin{pmatrix}0\\0\\1\\-1\end{pmatrix},\ \mathbf{u}_4 = \dfrac{1}{\sqrt{2}}\begin{pmatrix}-1\\1\\0\\0\end{pmatrix}$

(3) $\mathbf{u}_1 = \begin{pmatrix}1\\0\\0\\0\end{pmatrix},\ \mathbf{u}_2 = \begin{pmatrix}0\\1\\0\\0\end{pmatrix},\ \mathbf{u}_3 = \begin{pmatrix}0\\0\\1\\0\end{pmatrix},\ \mathbf{u}_4 = \begin{pmatrix}0\\0\\0\\1\end{pmatrix}$

19 $\{1,\ 2x-1,\ 12x^2-12x+2\}$

20 $\left\{\dfrac{1}{\sqrt{\pi}}\cos x,\ \dfrac{1}{\sqrt{\pi}}\sin x\right\}$

찾아보기

선형대수의 이해 -제2판-

저 자 국립부경대학교 수학교재편찬위원회
발행인 김지영
발행처 자유아카데미
주 소 경기도 파주시 회동길 37-42 파주출판도시
전 화 031-955-1321
팩 스 031-955-1322
홈페이지 www.freeaca.com
전자우편 main@freeaca.com (대표)
editor@freeaca.com (편집)
crm@freeaca.com (영업)
등 록 제406-2003-017호, 1980. 7. 12
제2판1쇄 2026년 2월 25일 발행

ISBN 979-11-5808-824-8 93410